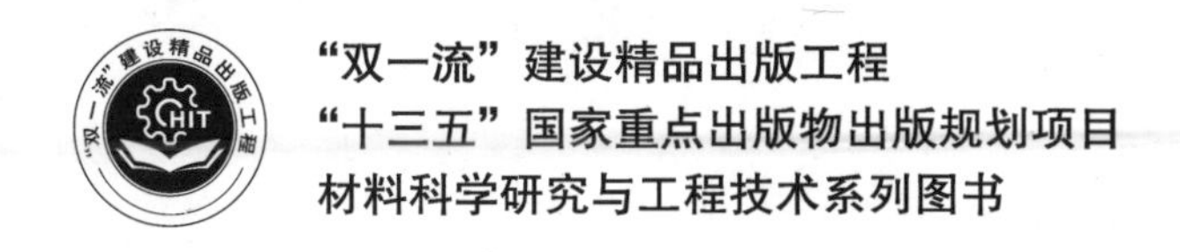

“双一流”建设精品出版工程
“十三五”国家重点出版物出版规划项目
材料科学研究与工程技术系列图书

新材料的第一性原理计算与设计

FIRST PRINCIPLES CALCULATIONS AND THE DESIGN FOR NEW MATERIALS

代建红　王丽娟　编著

哈尔滨工业大学出版社
HARBIN INSTITUTE OF TECHNOLOGY PRESS

内容简介

本书介绍了计算材料学里的原子和分子尺度模拟的一些常用的第一性原理和量子化学方法，并结合几类典型新材料的相关性质研究中的具体实例来说明这些方法的运用。全书共分8章，内容包括：第一性原理简介；量子化学的理论基础和计算方法；Mg，Al和Ti轻质合金相稳定性与弹性性质；合金元素和氧元素对Ti2448合金弹性性质的影响机制；储氢性质；光、电、磁性能计算；噻吩[2，3－b]苯并噻吩基衍生物的电子结构与电荷传输性质；有机小分子材料的热活性型延迟荧光性质。本书可以使读者对材料科学与工程相关的理论计算方法有一个较为全面的了解。

本书可作为高等学校材料科学与工程专业高年级本科生及研究生的计算材料学课程教材或参考书，也可供相关专业的科研人员和管理人员参考。

图书在版编目(CIP)数据

新材料的第一性原理计算与设计/代建红，王丽娟编著．—哈尔滨：哈尔滨工业大学出版社，2020.3(2023.7重印)

ISBN 978－7－5603－7599－1

Ⅰ.①新…　Ⅱ.①代…　②王…　Ⅲ.①工程材料－计算　Ⅳ.①TB305

中国版本图书馆CIP数据核字(2018)第185160号

材料科学与工程
图书工作室

策划编辑　许雅莹　杨　桦
责任编辑　李长波　庞　雪　杨　硕
封面设计　屈　佳
出版发行　哈尔滨工业大学出版社
社　　址　哈尔滨市南岗区复华四道街10号　邮编150006
传　　真　0451－86414749
网　　址　http://hitpress.hit.edu.cn
印　　刷　哈尔滨圣铂印刷有限公司
开　　本　787mm×1092mm　1/16　印张12.75　字数300千字
版　　次　2020年3月第1版　2023年7月第3次印刷
书　　号　ISBN 978－7－5603－7599－1
定　　价　34.00元

前　言

随着材料设计、加工和制造水平的进步，近年来新材料的研发得到了迅猛发展。作为新材料研发的基础之一，材料设计理论与方法的研究也取得了丰硕的成果。材料的设计方法主要有两类：实验方法和理论方法。实验方法在材料设计领域起非常重要的作用，在未来的支配地位也是不言而喻的。但是实验方法设计材料研发周期长、成本高，难以跟上新材料研发的步伐。理论方法包括相对宏观的设计理论和近年来发展的微观方法：分子动力学方法、蒙特卡洛方法以及第一性原理方法。其中第一性原理方法不依赖于任何经验参数，仅需要提供物质的基本参数，即可通过求解量子力学方程推导出物质的物理化学性质。目前第一性原理方法已获得了广泛的应用：在材料领域，采用第一性原理方法可以很容易获得材料体系的电荷分布特征、原子排列规律、晶格常数、弹性常数、相稳定性及相变路径和势垒等性质，结合一些物理模型，可以进一步获得体系的熵和焓等热力学性质；在物理化学领域，第一性原理方法擅长处理电子、原子等之间的相互作用，非常适合研究化学反应路径及势垒、电子激发和跃迁等性质。

随着计算材料学的发展以及高性能计算机的出现，采用理论计算方法开发和设计新型材料已成为材料研发的重要手段之一。基于量子理论的第一性原理方法由于不依赖经验参数，而越来越广泛地应用于材料性质的探索和新材料的设计。本书采用第一性原理方法分析结构材料的稳定性和弹性性质，并探索功能材料的电、光、磁等性能。

本书由代建红和王丽娟撰写。本书共分为 8 章，第 1、3、4、5、6 章由代建红撰写；第 2、7、8 章由王丽娟撰写。本书的出版得到了国家自然科学基金项目（项目号：21503056）的支持。在此对本书编写过程中所参考和引用文献资料的作者致以诚挚的谢意。

由于编者水平有限，书中难免有疏漏之处，恳请读者批评指正。

作　者

2019 年 12 月

目　　录

第1章　第一性原理简介

第一性原理(First Principles)是一个用于材料性能理论计算方面的专有名词,尤其用于量子化学或者计算物理领域。所以,第一性原理往往是与计算相联系的,在计算所研究体系的基态基本性质时,可以不需要任何其他实验性质、经验性质或半经验性质的数据,而完全从构成材料所用的原子类型及其排列方式出发去进行计算。它是由前人通过设置某些硬性的规定,再在其基础上推导、演化而得到体系性质的一种近似的计算方法,所具有的移植性较好。

通常,把一切在量子力学原理基础上进行的计算都称为第一性原理计算,这是对其含义的广义理解。它包括两大类,分别是密度泛函理论(Density Functional Theory,DFT)计算与从头算法(Abinitio),其中后者是基于 Hartree－Fork(简记作 H－F)自洽场计算而实现的。两种方法在计算时所采用的基本思想是一致的,它们都是借助于量子力学原理对由原子核和电子所构成的体系(这个体系也称为多粒子系统)的薛定谔方程组进行求解,进而求得能够描述体系状态的波函数以及与其相应的本征能量。由此,从理论层面上来说这样就能够依此推导出体系在基态下的所有性质。需要注意的是,所求解的这个多粒子系统是对多个原子所构成体系的抽象化等价体系。

然而,实际中所需要计算的物质除了一些简单的小分子外,大多都含有大量的电子和原子核,其数量级一般都能达到 $1\times10^{24}\ cm^{-3}$,而且这些离子之间的相互作用通常也是很难描述清楚的,所以针对这样的体系,所需要求解的薛定谔方程数目就会有很多,其形式往往也比较复杂,以至于使用配置最好的计算机也很难将其求解出来。因此,对于多粒子系统的计算,可以针对材料的特点进行一些合理的简化和近似,再进行求解。

首先,以绝热近似为基础,把电子的运动和原子核的运动分离开来,进而将多粒子系统的问题转化成多电子的问题,再采用 H－F 近似或密度泛函理论把多电子问题转化成单电子问题,从而将多电子的薛定谔方程简化为单电子方程,使薛定谔方程变得易于求解。而习惯上,将上述这种经过各种简化近似处理后再求解体系薛定谔方程的计算方法称为第一性原理。

所谓的从头算法,其计算核心就是对 H－F 方程进行求解。它通常是以非相对论近似、Born－Oppenheimer(玻恩－奥本海默)近似和单电子近似这三个近似为基础,而不再借助于任何经验参数去进行的一种量子化学计算。因此,从头算法的计算精度一般都很高。但由于它对体系没有做过多的简化,所以计算量会比较大,导致计算速度慢,耗时长。而第一性原理计算的狭义含义通常指的就是从头算法。目前的从头算法包括基于 H－F 方程的 H－F 方法以及在 H－F 方法基础上通过引入电子关联作用校正而发展起来的后 H－F 方法等。

密度泛函理论是在量子力学基础上逐渐发展起来的从头算理论。为了与上述的从头算法加以区别，人们通常主张后续的第一性原理计算都特指以密度泛函理论为基础而进行的模拟计算。在凝聚态物理中，如果要计算多电子体系的电子结构，密度泛函理论是最常采用的一种方法，其计算思想是将复杂的 n 电子波函数 $\Psi(x_1, x_2, \ldots, x_n)$ 用简单的电子密度函数取代，然后再将其作为研究的基本量，使得处理更加方便、快捷。而本书的计算就是基于密度泛函理论而展开的，因此，下面将对密度泛函理论的发展和框架进行具体介绍，并简要介绍计算所采用的软件包 Materials Studio 和 Vienna Abinitio Simulation Package(VASP)。

1.1 密度泛函理论

无论是从头算法，还是基于密度泛函理论而展开的模拟计算，最终目标都是要求解出薛定谔方程，进而获得体系微观粒子的状态。但实际所研究的物质系统，除了单个原子、双原子分子以及高对称的分子等简单体系外，都具有大量的粒子以及复杂的粒子间相互作用，所以很难做到对这些体系的薛定谔方程进行精确求解，而只能求其近似解。

对于含有多电子的原子或分子体系，可以依据绝热近似原理对体系中的原子核与电子的运动进行分开考虑；然后可以利用 H－F 自洽场近似实现多电子问题到单电子问题的转化，进而求解经过近似和简化后的薛定谔方程。

虽然在过去很长一段时间内，对于体系电子结构的计算，H－F 方法占据了一定的主导地位，但由于它没有把体系电子间的关联相互作用考虑在内，可能会导致其计算结果产生一定的偏差；另外，H－F 计算是以波函数为变量的，而且必须使用多重积分才能对电子之间的相互作用进行求解，这使得计算量会因电子数的增加而猛烈增大，甚至造成无法计算的严重后果。

针对 H－F 方法存在的弊端，20 世纪 60 年代，量子化学计算方法中又发展出了一种更为严格的解决多体问题的方法，这便是密度泛函理论。该理论不仅实现了由多电子问题向单电子问题的转化，而且还是计算物质电子结构以及总能量的重要途径。因此，它成为一种用于研究多粒子体系理论基态性质的方法。该方法的主题思想就是用电子密度代替波函数而成为研究的唯一基本变量。这是因为对于一个多电子体系，用于描述其所有粒子状态的波函数所依赖的变量有 $3N$ 个(其中 N 表示电子数目，且每个电子又具有三个空间变量)，而对于电子密度来说，它只是三个空间变量的函数。密度泛函理论提出的这一求解思想，大大降低了计算的复杂程度。

密度泛函理论经历了很长的发展历史。早在 1927 年，Thomas 和 Fermi 便想到了用电子密度这个变量来描述所研究体系的一些电子性质(如体系总能量)，并因此建立了 Thomas－Fermi(托马斯－费米)模型。该模型以将多电子体系假设成一种均匀电子气为前提，并忽略掉电子所受的外力以及之间的相互作用。因此，它只是一个很粗糙的框架模型。但它却为密度泛函理论的建立提供了思想基础。到了 1930 年，物理学家 Dirac 在托马斯－费米模型的基础上引入了电子交换作用的局域近似，这才给出了密度泛函理论的早期形式，但因为其计算误差较大而没有得到广泛的应用。直到 1964 年，Hohenberg－Kohn(恩伯格－科恩)定理的提出才使密度泛函理论具有了更严格的理论基础和广阔的应用前景。而真正实现密度泛函由单纯的理论到普遍的应用这一转变过程的是于 1965 年被提出的 Kohn—Sham 方程。

1.1.1 Born—Oppenheimer 近似

能够使用薛定谔方程描述且随时间变化的系统可以用下式描述：

$$\hat{H}\Psi(r,R,t)=\mathrm{i}\hbar\frac{\partial\Psi(r,R,t)}{\partial t} \tag{1.1}$$

式中，$\hat{H}$ 为哈密顿算符；Ψ 为波函数；t 为时间；r 为电子坐标；R 为原子核坐标；$\hbar$ 为约化普朗克常数。

在原子中，一个原子质量（^{12}C 原子质量的 1/12）是静止电子质量的 1 822.83 倍，而通常情况下电子运动速率要比原子核的运动速率高出至少三个数量级。通常，在研究某一瞬间的电子结构时，因为相对于高速运动的电子来说原子核仅在其平衡位置附近振动，所以原子核的运动可以忽略。基于将原子核和电子的运动分开考虑的可能，提出了玻恩一奥本海默近似（Born—Oppenheimer approximation，简称"BO 近似"），也称为"绝热近似"：考虑电子运动时原子核是处在它们的瞬时位置上，即原子核是固定不动的；而考虑原子核的运动时则不考虑电子空间分布的变化，即认为快速运动的电子建立了一个平均化了的负电荷分布，核在电子的负电荷平均场中运动。

要确定某个分子体系的电子结构，只需要解其定态薛定谔方程：

$$\hat{H}\Psi(r,R)=E\Psi(r,R) \tag{1.2}$$

这是量子力学的一个基本方程，即薛定谔（Schrödinger）方程，其中 Ψ 不含时间，即概率密度不随时间改变。

$$\hat{H}=-\sum_{I}\frac{\hbar^2}{2m_I}\nabla_I^2-\sum_{i}\frac{\hbar^2}{2m_i}\nabla_i^2-\sum_{i}\sum_{I}\frac{e^2Z_I}{r_{iI}}\nabla_I^2+\sum_{i<j}\frac{e^2}{r_{ij}}+\sum_{I<J}\frac{e^2Z_IZ_J}{r_{IJ}} \tag{1.3}$$

式中，第一项为原子核动能；第二项为电子动能；第三项为原子核与各电子之间的吸引能；第四项为电子与电子间的排斥能；最后一项为原子核之间的排斥能。

进而引入绝热近似，对原子核和电子的变量进行分离：

$$\Psi(r,R)=\Psi_{\mathrm{N}}(R)\cdot\Psi_{\mathrm{e}}(r,R) \tag{1.4}$$

$$H_{\mathrm{e}}(R)\Psi_{\mathrm{e}}(r)=E(R)\cdot\Psi_{\mathrm{e}}(r) \tag{1.5}$$

式中，Ψ_{N} 是描述原子核状态的波函数，它只和原子核的位置有关；Ψ_{e} 为描述电子状态的波函数，以原子核位置为参数；H_{e} 为描述电子状态的哈密顿算符；$E(R)$ 为与原子核位置有关的势能面。

绝热近似认为电子总是能不断地适应原子核的位置围绕着原子核运动，在运动过程中不会释放或吸收能量而发生跃迁。对于非常简单的体系才能求解薛定谔方程，在实际计算过程中，需要对上面的方程进行进一步的简化和近似。

1.1.2 Hohenberg—Kohn 定理

Hohenberg 和 Kohn 提出了两个基本定理。

定理一：体系的基态能量仅仅是电子密度的泛函。

定理二:以基态密度为变量,将体系能量最小化后就得到了基态能量。

根据这两个基本定理,系统的基态能量可以分为多电子系统的相互作用能(U)、多电子在外势场中的能量(V)和动能(T),即

$$E = T + V + U \tag{1.6}$$

该理论对任意相互作用的多粒子系统有效,特别是对在原子核外加势场下库仑相互作用的电子气有效。

1.1.3 Kohn－Sham 方程

用无相互作用的粒子模型代替有相互作用粒子的哈密顿量中的相应项是 Kohn－Sham(简记作 K－S)方程的基本思想,Kohn 和 Sham 构造了一个其中的电子没有相互作用但是与真实体系具有相同电子密度的虚拟体系,并将有相互作用的粒子的所有复杂性都归结到交换关联的相互作用中去,可以将电子间相互作用部分表示为 Hartree 项,因此体系的总能量可表示为

$$E[\rho] = T_0[\rho] + E_{ext}[\rho] + E_H[\rho] + E_{XC}[\rho] \tag{1.7}$$

式中,ρ 为描述体系的真实电子密度的函数;T_0 为各电子的动能之和;E_{ext} 为电子在外势场中的能量;E_H 为 Hartree 势,可以类比于库仑势,是电子间相互作用的库仑能;E_{XC} 为电子与电子之间交换关联相互作用能(即交换相关能)。

$$T_0[\rho] = -\frac{\hbar^2}{2m}\sum_i^n \int \mathrm{d}r\varphi_i^*(r)\nabla^2\varphi_i(r) \tag{1.8}$$

$$E_{ext}[\rho] = \int V_{ext}(r)\rho(r)\mathrm{d}r \tag{1.9}$$

其中,$V_{ext}(r)$ 包含原子核和电子之间的相互作用势。

$$E_H[\rho] = \frac{1}{2}\sum_{i\neq j}\iint \frac{\rho(r)\rho(r')}{r_{rr'}}\mathrm{d}r\mathrm{d}r' \tag{1.10}$$

通过对 K－S 轨道变分能量泛函就可以得到著名的单电子 K－S 方程:

$$\left\{-\frac{1}{2}\nabla^2 + v_{ext}(r) + v_H(r) + v_{XC}(r)\right\}\varphi_i(r) = c_i\varphi_i(r) \tag{1.11}$$

在方程中,$v_{ext}(r)$、$v_H(r)$ 和 $v_{XC}(r)$ 三部分构成有效势,由电子密度决定,电子密度又是由方程的本征函数轨道(φ) 中求解得到,因此求解 K－S 方程需要进行自洽。

1.1.4 交换相关能近似

在 K－S 方程中相互作用粒子的所有复杂性都归结到交换关联相互作用即交换相关项 E_{XC} 中去。一般情况下,电子之间有两种相关性:E_{XC} 是与库仑(Coulomb) 力相关的,它认为两个电子在空间中距离越远的这两个电子存在概率就越大;E 则是由泡利(Pauli) 不相容原理引起的,它认为自旋相同的电子不会出现在空间中的同一点。在实际密度泛函理论中存在以下各种近似。

(1) 局域密度近似(Local Density Approximation,LDA)是其中最简单的近似。如果考虑到电子自旋,就是局域自旋密度近似(Local Spin Density Approximation,LSDA)。该近似认为 E_{XC} 只与 ρ 相关但与梯度无关,将密度均匀电子气的交换相关泛函近似作为

非均匀系统，可将该系统分成许多足够小的体积微元，近似认为每个体积微元中的电荷密度都是一个常数，在这样的一个体积微元中电子气分布是均匀且没有相互作用的，但对于整个的非均匀电子体系来说，每个体积微元的电荷密度仅与其空间位置相关。因此交换相关项可近似表示为

$$E_{XC}^{LDA}[\rho]=\int\rho(r)\varepsilon_{XC}(\rho)\mathrm{d}r \tag{1.12}$$

式中，ε_{XC} 表示电子在密度为 ρ 的均匀电子气中交换能与关联能之和，如考虑自旋极化，ε_{XC} 则为局域交换关联能。

$$E_{XC}^{LSDA}[\rho]=\int\rho(r)\varepsilon_{XC}(\rho,\xi)\mathrm{d}r \tag{1.13}$$

式中，ξ 为体系自旋极化的物理量，即

$$\xi=(\rho_{+}-\rho_{-})/(\rho_{+}+\rho_{-})=(\rho_{+}-\rho_{-})/\rho \tag{1.14}$$

(2)实际上绝大部分体系的电荷密度都不是均匀分布的，所以 LDA 这种近似太过简单化，还需要额外考虑电荷密度的不均匀性，这就是广义梯度近似（Generalized Gradient Approximation，GGA）。交换关联能密度不仅与该体积微元内局域电荷密度有关，还与邻近体积微元内电荷密度有关，这种情况下就要考虑整个空间电荷密度的变化，也就是电荷密度梯度。因此，GGA 交换相关项就可近似表示为

$$E\frac{GGA}{XC}[\rho]=\int\varepsilon_{XC}(\rho_{\alpha}(r),\rho_{\beta}(r),\nabla\rho_{\alpha}(r),\nabla\rho_{\alpha}(r))\mathrm{d}r \tag{1.15}$$

较为常见的 GGA 交换关联泛函有 Becke88 (B88)、Perdew－Wang (PW91)、Perdew－Burke－Emerhof (PBE)和 Becke－Lee－Yang－Parr (BLYP)4 种形式。

(3) 在 GGA 的前提条件下，除了增加了密度梯度的阶梯度以外，在泛函中还同样包含了 K－S 轨道梯度以及一些其他的系统特征变量，通过这种方法得到的泛函称为 meta－GGA 泛函。例如在 PBE 泛函的基础上额外增加占据轨道的动能密度就可得到 Perdew－Kurth－Zupan－Blaha(PKZB)泛函，可表示为

$$\tau(r)=\frac{\hbar^{2}}{2m}\sum_{i}|\nabla\varphi_{i}(r)|^{2} \tag{1.16}$$

(4) 因为在理论中 HF 考虑到了反对称性并且包含精确的交换作用能，在密度泛函理论中混合部分进行 HF 交换就可提高精度，并得到了杂化密度泛函：

$$E_{XC}=aE_{X}^{HF}+(1-a)E_{X}^{DFT}+E_{C}^{DFT} \tag{1.17}$$

最常用的杂化密度泛函为 B3LYP，其中 3 表示该杂化泛函中包含三个参数，B 和 LYP 分别表示用到的交换泛函为 B88、相关泛函为 LYP，可表示为

$$E\frac{B3LYP}{XC}=aE\frac{HF}{X}+(1-a_{0})E\frac{slater}{X}+a_{X}E\frac{B88}{X}+a_{C}E_{C}^{VWN}+(1-a_{C})E_{C}^{LYP} \tag{1.18}$$

式中，slater 为局域自旋密度交换泛函；VWN 为 LDA 相关泛函。

1.1.5 基组

在实际数值计算中，需要采用基组方法，即将波函数在一组基函数中展开，一般是将

波函数表示为有限个解析函数的线性组合：

$$\varphi = \sum c_i \Phi_i \tag{1.19}$$

式中，c_i 为系数；Φ_i 为基函数，基组就是基函数的集合$\{\Phi_i\}$。

最简单的方法就是通过对原子轨道进行线性组合(Linear Combination of Atomic Orbitals，LCAO)形成分子轨道。通常情况下原子轨道可表示为

$$\Phi(r,R,\phi) = R_n(r) Y_{im}(\theta,\phi) \tag{1.20}$$

式中，Y_{im} 表示球谐函数；$R_n(r)$ 为径向部分，一般分为 Slater-type Orbital(STO)函数和 Gaussian-type Orbital(GTO)函数两种。

STO 函数表示为

$$\Phi_i = r^{n-1} \mathrm{e}^{-\zeta r} Y_{im}(\theta,\phi) \tag{1.21}$$

GTO 函数表示为

$$\Phi_i = r^{n-1} \mathrm{e}^{-\zeta r} Y_{im}(\theta,\phi) \tag{1.22}$$

式中，m、n 表示轨道类型；ζ 表示轨道指数。当 l、m 和 n 都等于 0 时表示 s 轨道；当 l,m 和 n 都等于 1 时表示 p 轨道；当 l,m 和 n 都等于 2 时表示 d 轨道。

STO 函数是指数为 r 的函数，r 的值等于$(x^2+y^2+z^2)^{1/2}$，Slater 型基组在远离原子核的区域内呈指数衰减。GTO 函数的指数为 r^2 的函数，能够把三维积分转换成相互独立的三个一维积分，Gaussian 基组给出了一个高斯线型，能够很大程度上简化计算。也就是说 STO 函数与真正的原子轨道波函数更为接近，但是其积分较困难；但 GTO 函数和实际原子轨道差别较大，但是对其积分相对容易。为了综合二者的优点，可用几个指数不同的 GTO 函数拟合成为一个 STO 函数，再将其作为基函数，就得到了收缩高斯基组。

在计算分子体系时，通常采用高斯型原子轨道基组(如 Gaussian 03)。在周期性计算的软件包中也有采用原子基组的，如 $DMol_3$ 及 crystal 等。

除原子轨道线性组合(LCAO)基组以外，还有平面波基组。任意单电子的波函数都可表示成平面波相互叠加的形式：

$$\varphi_n(r) = \int C_n(g) \mathrm{e}^{ig-r} \mathrm{d}g \tag{1.23}$$

当 $g=0$ 时波函数是常数，g 值越大，波函数振荡越剧烈。平面波基组具有能够通过增加截断能量，改善基函数集性质的优点。因为系统的波函数在原子核附近定域性很强，具有较大的动量，平面波的展开和收敛都很慢，所以在一般情况下平面波基组都与赝势(Pseudo Potential)方法相互联系。因为波函数在展开时必须要使用连续的平面波基矢，所以通常在将平面波展开并离散化时都需借助周期性边界条件，但是无论截断能多小，仍需处理大量的平面波基矢，通过采用具有周期性的超晶胞，就能够解决这个问题。超晶胞由晶体层和真空层两部分构成，在整个空间中具有周期性。为了使超晶胞的上下表面不存在相互作用，晶体层必须具有足够的厚度；为了能够忽略相邻晶体层之间的相互作用，真空层也同样必须有一定的厚度，这样才能够保证计算结果的真实性和准确性。

一般情况下，在计算体相材料或者表面时会使用平面波基组，并且其大小可通过截断能量来确定。VASP 和 CASTEP 等软件包均使用这种基组。

1.1.6 赝势

因为在原子中内层电子更加靠近原子核，所以在原子形成分子及固体时，这些内层电子的运动状态都基本保持不变，相对地，外层电子的状态则会发生明显变化。因此，可将截断半径 r_c 作为分界线，把原子周围空间分成两部分：① 近原子核区域(截断半径 r_c 以内，又称为芯区)，波函数由被原子核紧束缚的芯电子的波函数组成，它与近邻原子的波函数相互作用很小，在这个区域内的电子称为芯电子；② 其余区域(截断半径 r_c 以外的区域)，在该区域内价电子的波函数发生交叠并产生相互作用，在这个区域内的电子被称为价电子。

在使用平面波展开电子轨道波函数时，由于芯电子振荡剧烈，需要许多平面波，又因为大量平面波的截断能很大，所以计算十分困难。赝势方法在第一性原理计算中具有十分重要的作用，其核心是用原子赝势代替芯电子效应，使 K－S 方程只需要考虑求解价电子的波函数。因此，赝波函数相较于全电子波函数更加简单且平滑，在保持较高精度的前提下只需很少的平面波就能够展开，计算量也因此而大大降低。赝波函数在截断半径 r_c 内与真实波函数不同但是其电荷密度的积分相同，截断半径 r_c 以外与真实波函数相等。总体来说，截断半径 r_c 越小，计算误差越小，但是计算量越大。赝波函数不改变能量本征值，仍然对应与实际晶体价态的本征能量。赝势方法只能用于处理分析原子间存在相互作用的体系的性质，而不能处理分析原子本身的性质。

1.2 第一性原理计算软件简介

本书模拟计算的理论基础为密度泛函理论，所以主要将 Materials Studio 和 VASP 软件包作为计算工具，首先使用 Materials Studio 构建计算模型，然后再导出并且转换成 VASP 软件包计算所需的输入文件格式，进而进行优化计算。

1. Materials Studio

Materials Studio 简称为 MS，该软件既适用于服务器模式，又适用于客户机模式，是一个专业的用于进行建模和材料模拟的软件平台。MS 使用了微软的标准用户界面，用户可以直接使用控制面板对计算参数进行设置并且对计算结果进行分析。MS 通过 CASTEP 和 $DMol_3$ 两个模块进行密度泛函计算。

Materials Visualizer 是 MS 的核心模块。它提供了构建分子材料、晶体材料及高分子材料结构模型时所需的各种工具；能够用于对结构模型的观察、分析和操作，并且能够处理文本、表格及图表等各种形式的数据；提供了软件所需的分析工具和基本环境，并且能够支持 MS 的其他产品。综上所述，Materials Visualizer 模块为 MS 提供了核心建模能力和软件基础。

2. VASP

Vienna Abinitio Simulation Package(VASP)是维也纳从头计算模拟程序包，是一款以密度泛函理论为基础，采用赝势及平面波基组进行第一性原理计算的软件。VASP 是目前在计算科学和材料模拟领域使用最为广泛的计算软件之一，主要用于具有周期性结构的晶体或者表面进行计算，但在通常情况下都是将大单胞作为研究对象，再通过设置周期性边界条件进行计算。同样地，它也可以对小分子体系进行计算。

VASP 在近似求解薛定谔方程之后，再求解所研究体系的电子态以及能量。它既可以在 H－F 近似的基础下求解罗特汉(Roothaan)方程，又可以在泛函密度理论框架下求解 K－S 方程。与同类计算软件相比，VASP 具有最完整的赝势文件，几乎包含元素周期表中所有元素的许多种赝势，尤其是经过了严密测试投影扩充波赝势和超软赝势，并且具有极高的可用性，一定程度上可减少某些元素(如过渡金属)所需要平面波的数量，从而极大地降低了计算量。因此，VASP 凭借其计算效率高以及稳定性良好的优点，在材料计算领域得到广泛的应用。

1. 吸附能 E_{ads}

$$E_{ads} = E(A/M) - E(A) - E(M) \tag{1.24}$$

式中，$E(A/M)$ 为整个吸附体系的能量；$E(A)$ 为吸附剂(原子或分子) 的能量；$E(M)$ 为底物的能量。

吸附能(Adsorption Energy)的数值负值越大，表示吸附作用越强，体系越稳定。

2. 态密度

在能带图中以能量作为纵坐标，在一定能量间隔中可以包含许多能级(分子或原子轨道)，在这个能量范围中能级越密集(即轨道数越多)，态密度就越大。态密度(Density of State，DOS)用于描述电子能量分布，设在 k 空间中能量在 $\varepsilon \sim \varepsilon + \Delta\varepsilon$ 邻等能面之间的状态(state)数目为 ΔZ，DOS 可定义为

$$N(\varepsilon) = \lim_{\Delta\varepsilon \to 0} \frac{\Delta Z}{\Delta\varepsilon} \tag{1.25}$$

对态密度进行积分就可得到电子数。因此，能带图和态密度图具有一定的对应关系。

3. 电荷密度

电荷密度(Charge Density)就是晶体中电子密度的分布。通过电荷密度可以分析晶体中原子间的成键状态：共价键、离子健、金属键和氢键。

1.3 第一性原理计算结果的分析方法

1.3.1 电荷密度分析方法

1. Mulliken 集居数分析

马利肯(Mulliken)集居数分析是将两原子之间波函数的重叠部分一分为二，平均分配给两个原子，再计算原子各轨道上的电子数。Mulliken 集居数可以分析分子中原子的成键特征，在某些情况下该方法对基组很敏感。对于同一个分子中的原子，不同基组计算得到的电荷可能不同且变化没有一定的规律。特别是对含过渡金属的配合物，Mulliken 集居数分析结果与实验测试值往往相差很大。

2. 自然布居分析

自然轨道理论(Natural Bond Orbital，NBO)由自然轨道组成一个单电子基函数，并

由该基函数构成 N 个粒子的电子基组。这样进行组态相互作用(Configuration Interaction,CI)展开时,该方法的组态比正则 Hartree－Fock 轨道基组更少,因此计算速度快。Weinhold 等人在此基础上系统地提出了自然自旋轨道、自然键轨道及自然杂化轨道等概念,并发展成为 NBO 理论。自然原子轨道的布居数是通过单中心角对称密度矩阵块在构建好的 NBO 基底下,对本征值求解而得到的。通过 NBO 分析很容易找出分子中的原子集居数,讨论分子轨道类型以及分子间的相互作用。此外,NBO 分析本质上是基于分子波函数,而不是人为选择的轨道基组,因此 NBO 对布居数分析的稳定性较好并能更好地描述有较高离子特征化合物中的电子分布,克服了 Mulliken 布局分析的弱点。

3. 拓扑学分析

量子拓扑学理论是以分子中的电荷密度作为研究对象,讨论电荷密度的分布对分子的性质的影响。由 Hohenberg－Kohn 定理可知,电荷密度是决定分子性质的主要因素。基于这一理论,Bader 等人创立了电荷密度拓扑分析方法。该方法清晰地描述了分子中相邻原子边界的划分,并给出了键径(Bond Path)、键合临界点(Bond Crictial Point)。Bader 的分子中的原子理论(Atoms in Molecules,AIM)理论是根据电荷密度 $\rho(\boldsymbol{r})$ 的一阶导数把体系划分为原子域,并找到临界点。由 AIM 理论确定的分子体系性质符合价键理论,通过电荷密度的拓扑分析把分子的性质与原子性质联系起来。实践证明 AIM 理论是一种成功的理论,其定义如下:

$$\nabla\rho(r)=\boldsymbol{i}\frac{\partial}{\partial x}\rho(\boldsymbol{r})+\boldsymbol{j}\frac{\partial}{\partial y}\rho(\boldsymbol{r})+\boldsymbol{k}\frac{\partial}{\partial z}\rho(\boldsymbol{r}) \tag{1.26}$$

$$\hat{\boldsymbol{H}}=\begin{bmatrix}\dfrac{\partial^2}{\partial x^2} & \dfrac{\partial^2}{\partial x\partial y} & \dfrac{\partial^2}{\partial x\partial z}\\ \dfrac{\partial^2}{\partial y\partial x} & \dfrac{\partial^2}{\partial y^2} & \dfrac{\partial^2}{\partial y\partial z}\\ \dfrac{\partial^2}{\partial z\partial x} & \dfrac{\partial^2}{\partial z\partial y} & \dfrac{\partial^2}{\partial z^2}\end{bmatrix} \tag{1.27}$$

拓扑学分析采用数学形式描述了电荷密度的分布特征,从而推测出分子结构及化学性质。$\nabla\rho(\boldsymbol{r})=0$ 的点称为临界点。式(1.27)为黑塞(Hessian)矩阵,可以表示三维空间中对坐标轴所做的二次微分。Hessian 矩阵经对角化操作后所得的三个本征值之和为 $\nabla^2\rho(\boldsymbol{r})$。$\nabla^2\rho(\boldsymbol{r})<0$ 的临界点处密度为极大值,$\nabla^2\rho(\boldsymbol{r})>0$ 的临界点处密度为极小值且临界点的电子分布与键的性质密切相关。

4. 电子密度局域函数

电子密度局域函数(Electron Localization Function,ELF)可以非常方便地描述原子间的成键特征,应用 ELF 可以很容易地确定不同原子间的成键强度。ELF 的定义如下:

$$\mathrm{ELF}(\boldsymbol{r})=\left[1+\left(\frac{D}{D_{\mathrm{h}}}\right)^2\right]^{-1} \tag{1.28}$$

$$D_{\mathrm{h}}=\frac{3}{10}(3\pi^2)^{5/3}\rho^{5/3}(\boldsymbol{r}) \tag{1.29}$$

$$D=\frac{1}{2}\sum_i|\nabla\Psi_i(\boldsymbol{r})|^2-\frac{1}{8}|\nabla\rho(\boldsymbol{r})|^2\rho(\boldsymbol{r}) \tag{1.30}$$

式中,$\boldsymbol{r}$ 为位置矢量;$\rho(\boldsymbol{r})$ 为电荷密度;D 为由泡利排斥作用产生的局域动能密度;D_{h} 是自

由电子气的 Thomas－Fermi 动能密度。

ELF($\boldsymbol{r}$) 描述了电荷局域的自由度：ELF($\boldsymbol{r}$) =1 表示电荷高度局域；ELF($\boldsymbol{r}$) =0.5 表示自由电子气分布特征；ELF($\boldsymbol{r}$) =0 则表示电荷完全非局域分布。

1.3.2 材料弹性及韧性性能的表征

材料的力学性质由材料的一系列抵抗形变的强度构成，包括弹性模量、压缩模量、剪切模量及强度等，这些力学性能指标反映了材料对不同形变的抵抗能力，与材料的弹性、硬度、韧性等密切相关。

1. 材料的弹性模量

本书以金属或合金的弹性性质为主要研究对象。弹性模量是指材料在弹性变形范围内，材料在应力作用(如拉伸、弯曲、扭曲、剪切等)下与材料产生的相应应变的比例系数。弹性模量可以反映晶体中原子间结合力的强弱及材料形变的难易程度。多晶体弹性模量的计算常采用 Voigt－Reuss－Hill(VRH)方法：应变均匀的 Voigt 法和应力均匀分布的 Reuss 法以及 Voigt 与 Reuss 法二者的平均(Hill 法)。在等应变模型中相邻晶粒之间的应力很难平衡，且晶粒在晶界上也不能连续畸变，因此 Voigt 和 Reuss 的估算方法都有一定偏差，Voigt 法为真实值的上限，而 Reuss 法则是真实值的下限。Hill 取 Voigt 法和 Reuss 法计算值的平均值为多晶材料的弹性模量。

2. 材料的韧性

合金的综合力学性能与材料的韧性密切相关，在设计材料时除了考察材料的强度外，还应重点考察材料的韧性。材料的韧性可以通过轴比判据、Cauchy(柯西)压力判据、Pugh 判据以及泊松比判据进行判定。

(1)轴比判据。轴比是晶格 c 轴和 a 轴的比值 c/a，反映了材料的延展性。轴比值减小，则晶体的各向同性增加，从而有利于材料的塑性变形。

(2)Cauchy 压力判据。Cauchy 压力通过计算 ($C_{12}-C_{44}$) 的值来衡量材料的韧性。Cauchy 压力越大，材料的韧性越好。

(3)Pugh 判据。B/G (体模量与剪切模量比值)的值称为 Pugh 判据，该值小于 1.5 则表明材料呈脆性，反之材料呈韧性。B/G 的值越大，材料的韧性越好。

(4)泊松比判据。泊松比是材料横向应变和纵向应变的比值，反映了材料横向变形的难易程度，可以用来衡量材料的塑性和晶格的稳定性。泊松比越大，则材料的塑性越好，但是金属材料的泊松比值一般变化较小。

1.3.3 合金设计及弹性性质估算的经验方法

1. 当量设计思想

当量设计方法是以对合金性能有重大影响的某合金元素为标准，将其他合金元素的影响按质量分数折算为该合金元素的当量，再建立当量与合金结构和性能间的关系。如铁合金常用 C 当量来设计，钛合金常用 Mo 当量来设计。钛合金中 Mo 当量可按下式计算：

$$\begin{aligned} w_{\mathrm{Mo(eq)}} = & w_{\mathrm{Mo}} + w_{\mathrm{V}}/1.5 + w_{\mathrm{W}}/2 + w_{\mathrm{Nb}}/3.6 + w_{\mathrm{Ta}}/4.5 + \\ & w_{\mathrm{Fe}}/0.35 + w_{\mathrm{Cr}}/0.63 + w_{\mathrm{Mn}}/0.65 + w_{\mathrm{Ni}}/0.8 - w_{\mathrm{Al}} \end{aligned} \tag{1.31}$$

当 Mo 当量低于 2.8%时合金为 α+β 相；当 Mo 当量高于 30%时合金则为 β 型钛合金；当 Mo 当量为 2.8%～23%时，合金一般属于亚稳定 β 型或近 β 型钛合金。性能优良的生物医用钛合金的 Mo 当量一般为 2.8%～17.7%。由于当量设计方法为简单的经验设计方法，科学内涵尚不明确，而且当量与合金性能间没有必然联系，因此难以将当量作为指导设计合金。随着计算材料学的发展以及高速计算集群的出现，利用理论计算建立合金成分与合金物理性质间的联系已成为可能，d－电子设计理论正是该设计方法的代表之一。

2. d－电子设计理论

多元合金涉及各合金成分间的相互作用和复杂的相变过程与相组织，合金的性能与微观机制间的对应关系很难确定。采用第一性原理方法计算合金的电子结构，通过归纳总结合金电子结构与合金性能间的联系是一种可行的研究方法。其中 d－电子合金设计方法的理论基础是运用离散变分 Xα 方法计算体系的电子结构，进而提取相应参数进行合金设计。

DV－Xα 计算方法是基于 Hartree－Fock－Slater 近似的分子轨道计算方法，采用 Slater 的 Xα 形式的电子交换关联势：

$$V_{\mathrm{XC}}=-3\alpha\left[\frac{3}{8\pi}\rho(\boldsymbol{r})\right]^{1/3} \tag{1.32}$$

式中，$\boldsymbol{r}$ 为位置矢量；$\rho(\boldsymbol{r})$ 为 $\boldsymbol{r}$ 处的电荷密度；参数 α 等于 0.7。

分子轨道由原子轨道的线性组合构造而成。d－电子理论采用两个参数来设计新型合金：

(1)d 轨道能级 M_{d}。在合金团簇中，由于合金元素的 d 轨道影响，合金体系 Fermi 能级之上会产生新的能级，称为 d 轨道能级，即 M_{d}。该能级随着元素在周期表中的位置不同而不同。M_{d} 和元素的电负性以及原子的半径相关，M_{d} 随着合金元素电负性的减少而增加，也随元素半径的增加而增加。

(2)键级 B_{o}。另一个合金设计参数为键级，原子 ν 和 ν' 间的电子重叠布局 $Q_{\nu\nu'}$ 定义为

$$Q_{\nu\nu'}=\sum_{l}\sum_{ij}C_{il}^{\nu}C_{jl}^{\nu'}\int\psi_i^{\nu}-\psi_j^{\nu'}\,\mathrm{d}V \tag{1.33}$$

式中，ψ_i^{ν} 和 $\psi_j^{\nu'}$ 为原子 ν 和 ν' 的第 i 和第 j 个轨道；C_{il}^{ν} 和 $C_{jl}^{\nu'}$ 为第 l 个分子轨道的组成系数；$Q_{\nu\nu'}$ 就是键级 B_{o}，该参数可以用来反映原子间的共价键强弱。

实际应用中，常采用 M_{d} 和 B_{o} 的组分平均值：

$$\overline{M}_{\mathrm{d}}=\sum X_i\cdot(M_{\mathrm{d}})_i \tag{1.34}$$

$$\overline{B}_{\mathrm{o}}=\sum X_i\cdot(B_{\mathrm{o}})_i \tag{1.35}$$

式中，X_i 为原子的原子数分数。

几种常用的合金元素在体心立方 Ti 中的 B_{o} 和 M_{d} 值列于表 1.1。

表 1.1 体心立方 Ti 中合金元素的 B_o 和 M_d 值 eV

3d	B_o	M_d	4d	B_o	M_d	5d	B_o	M_d	其他	B_o	M_d
Ti	2.790	2.447	Zr	3.086	2.934	Hf	3.110	2.975	Al	2.426	2.200
V	2.805	1.872	Nb	3.099	2.424	Ta	3.144	2.531	—	—	—
Cr	2.779	1.478	Mo	3.063	1.961	W	3.125	2.072	—	—	—
Mn	2.723	1.194	Tc	3.026	1.294	Re	3.061	1.490	Si	2.561	2.200
Fe	2.651	0.969	Ru	2.704	0.859	Os	2.980	1.010	—	—	—
Co	2.529	0.807	Rh	2.736	0.561	Ir	3.168	0.677	—	—	—
Ni	2.414	0.724	Pd	2.208	0.347	Pt	2.252	0.146	Sn	2.283	2.100
Cu	2.114	0.567	Ag	2.094	0.196	Au	1.953	0.258	—	—	—

该理论目前已成功指导设计了性能优异的生物医用植入钛合金 Ti29Nb13Ta4.6Zr(质量分数)和橡胶金属。Abdel－Hady 等分析了系列钛合金的 B_o-M_d 值，对 d 电子理论进行了总结，阐明了合金相变及性能与 B_o-M_d 的关系。画出合金元素的 B_o-M_d 值图，对于多元合金，可以利用四边形求和法则，求各成分的矢量和即可得到合金的 B_o 和 M_d 值。依据计算得到的 B_o 和 M_d 值即可得到该合金的相组织，并判断或预测该成分的合金性能及区分 α 相、β 相及 α＋β 相，并能表示马氏体相变区和变形机制，因而该方法得到了较为广泛的应用。

1.3.4 弹性模量的估算方法

1. 力学方法

金属晶体原子间的结合主要依靠带负电的电子云与正离子间的库仑吸引力，该吸引力没有方向，且正离子排列越紧密，吸引力就越大。在平衡条件下，晶体中的原子以一定的间距排列并小幅度地振动。如果给晶体施加拉力，原子间距变大，原子间的吸引力大于排斥力。反之，在静水压下，晶胞缩小，原子间距变小，原子间产生排斥力，外力做功使得晶体内能增加。在平衡体积位置时，晶体的内能的一阶导数为零，内能为最小值。如果把内能近似表示为

$$U(r)=U_{\text{吸引}}(r)+U_{\text{排斥}}(r)=-\frac{A}{r^m}+\frac{B}{r^n} \tag{1.36}$$

那么在平衡状态下，原子的间距和内能的表达式分别为

$$r_0=\sqrt[n-m]{\frac{Bn}{Am}} \tag{1.37}$$

$$U_c=U(r_0)=-\frac{A}{r_0^m}(1-\frac{m}{n}) \tag{1.38}$$

晶体的体弹性模量是晶体在静水压力下，抵抗外界变形的能力，其定义为

$$B_m=-V\left(\frac{\partial p}{\partial V}\right)_T \tag{1.39}$$

式中，V 为晶体的体积；p 为外界的压力；T 为温度。

压力 p 与晶体的内能间的关系可以表示为

$$p=-\frac{\partial U}{\partial V}=-\frac{\partial U}{\partial r}\cdot\frac{\partial r}{\partial V} \tag{1.40}$$

因而,体弹性模量可以进一步表示为

$$B_{\mathrm{m}}=V(\frac{\partial^2 U}{\partial V^2})=V(\frac{\partial^2 U}{\partial r^2})\cdot(\frac{\partial r}{\partial V})^2 \tag{1.41}$$

假设,绝对零度下晶体中原子间的距离为 r_0,晶体包含 N 个原胞,每个原胞的体积与 r_0^3 成正比,其平衡体积可以表示为

$$V_0=N\beta r_0^3 \tag{1.42}$$

式中,β 为晶体的几何结构参数,晶体结构为体心立方时 β 为

$$\beta=\frac{4\sqrt{3}}{9} \tag{1.43}$$

因此,平衡时晶体的体弹性模量可以表示为

$$B_{\mathrm{m}}=\frac{mn\mid U_{\mathrm{c}}\mid}{9N\beta r_0^3} \tag{1.44}$$

如果采用近似内能,则体弹性模量可以表示为

$$B_{\mathrm{m}}=\frac{\mid A(mn-m^2)\mid}{9N\beta r_0^{3+m}} \tag{1.45}$$

2. 自由电子简并压法

在理想费米体系中,由于泡利不相容原理,同一状态下不能容纳两个费米子,使费米子之间产生了相互排斥力。该排斥力为自由电子简并压,可以抵抗外界对晶胞的压力变形,简并压已广泛应用于解释黑洞、白矮星演变等。由于金属中的价电子可以在晶体中自由移动,因此金属中的价电子可近似为费米子。

由泡利不相容原理可知,电子总是从最低能量状态向高能量状态逐一排列,体系中电子所处的最高能量常被称为费米能量 ε_{F}。在绝对零度非相对论近似条件下,自由电子气的费米能量为

$$\varepsilon_{\mathrm{F}}=(\frac{6\pi^2 n}{g})^{2/3}\cdot\frac{\hbar^2}{2m} \tag{1.46}$$

式中,n 为费米气体的粒子数密度。

在绝对零度下,费米体系的能量密度 u_0 为

$$u_0=\int_0^{\varepsilon_{\mathrm{F}}} g(\varepsilon)\varepsilon\mathrm{d}\varepsilon=\frac{3}{5}n\varepsilon_{\mathrm{F}} \tag{1.47}$$

式中,$g(\varepsilon)=\dfrac{4\pi g\sqrt{2m^3\varepsilon}}{(2\pi\hbar)^3}$。

因而,简并压为

$$p_{\mathrm{nr}}=\frac{2}{3}u_0=\frac{1}{5}(\frac{6\pi^2}{g})^{\frac{2}{3}}\cdot\frac{n^{\frac{5}{3}}\hbar^2}{m} \tag{1.48}$$

同理,在相对论近似下,简并压可以表示为

$$p_{\mathrm{r}}=\frac{1}{3}u_0=(\frac{3\pi^2}{32g})^{\frac{1}{3}}\cdot n^{\frac{4}{3}}c\hbar \tag{1.49}$$

因此，在非相对论和相对论近似下，体弹性模量可以分别近似为

$$B_{mnr} = -V\frac{\partial p}{\partial V} = \frac{5}{3}p_{nr} \tag{1.50}$$

$$B_{mr} = -V\frac{\partial p}{\partial V} = \frac{4}{3}p_{r} \tag{1.51}$$

3. Finnis 方法

弹性常数与体系的能量和原子间的势能有关，对 sp 键合的简单金属，体系能量可以写为

$$U = F(V) + (2N)^{-1}\sum_i\sum_j{}'\Phi(R_{ij}) \tag{1.52}$$

式中，V 为体积；R_{ij} 为原子间的距离；$\Phi(R_{ij})$ 为原子间作用势，与原子间距离及平均价电子浓度相关。

根据 Finnis 在 1974 年的分析可知，中心势可以扩展到第二近邻，体心立方晶格金属的弹性常数可以表示为

$$C_{11} = \frac{2}{3\alpha}(2\alpha_1 + \beta_1) + \frac{2}{\alpha}\beta_2 + K(V) \tag{1.53}$$

$$C_{12} = \frac{2}{3\alpha}(-4\alpha_1 + \beta_1) - \frac{2}{\alpha}\alpha_2 + K(V) \tag{1.54}$$

$$C_{44} = \frac{2}{3\alpha}(2\alpha_1 + \beta_1) + \frac{2}{\alpha}\alpha_2 \tag{1.55}$$

式中，α 是晶格常数。α 和 β 的表达形式分别为

$$\alpha_n = \{(1/R)(\partial\Phi(R,\rho)/\partial R)\}_{R=R_n} \tag{1.56}$$

$$\beta_n = \{\partial^2\Phi(R,\rho)/\partial R^2\}_{R=R_n} \tag{1.57}$$

式中，n 为最近邻和次近邻的位置。

$K(V)$ 与体积有关，是体弹性模量对体积的依赖，Finnis 于 1974 年给出的关系式如下：

$$K(V) = (2V\frac{\partial^2}{\partial V\partial V_{s.c.}} + V\frac{\partial^2}{\partial^2 V_{s.c.}})U_{b.s.} \tag{1.58}$$

式中，$U_{b.s.}$ 为能带结构能；$V_{s.c.}$ 为屏蔽体积。

1.4 VASP 的理论基础

以下内容主要为翻译、整理自 VASP 的官方网站和官方文档，仅包含部分 VASP 的算法背景信息，更详细的信息（如平面波及赝势等）请查看 VASP 软件指定的参考文献。

1.4.1 电子基态的计算算法

本部分将讨论 VASP 中的最小化算法，电荷密度优化通常为外层循环，而波函数优化时则是内层循环。VASP 中的大多数算法使用体对角线方案、共轭梯度方案、简单戴维森迭代方案，或者余量最小化方案（RMM－DIIS）。电荷密度的混合方案采用布罗依丹/普洛伊（Broyden/Pulay）混合方案。

图 1.1 所示为 VASP 典型的计算流程图。首先需要输入初始的电荷密度和波函数，这两者为独立的变量。共轭梯度方案和余量最小化方案并不是重新计算精确的 Kohn－Sham 本征函数，而是任意线性组合 N_{bands} 个最低本征值函数。因此，有必要使用三次波函数在子空间中对角化哈密顿量，并对波函数进行相应的变换（例如：对波函数进行归一化，使哈密顿量在子空间中对角化），这一步通常称为子空间对角化。另外也可使用瑞利变分方案（Rayleigh Ritz）进行子空间对角化：

$$\langle \Phi_j | H | \Phi_i \rangle = H_{ij} \tag{1.59}$$

$$H_{ij} U_{ij} = \varepsilon_k U_{ij} \tag{1.60}$$

$$\Phi_j \longleftarrow U_{jk} \Phi_k \tag{1.61}$$

式中，U 为近似波函数。

波函数的对角化可以在进行共轭梯度或残余最小化计算之前或之后执行。测试表明在自洽计算过程中前者是首选。

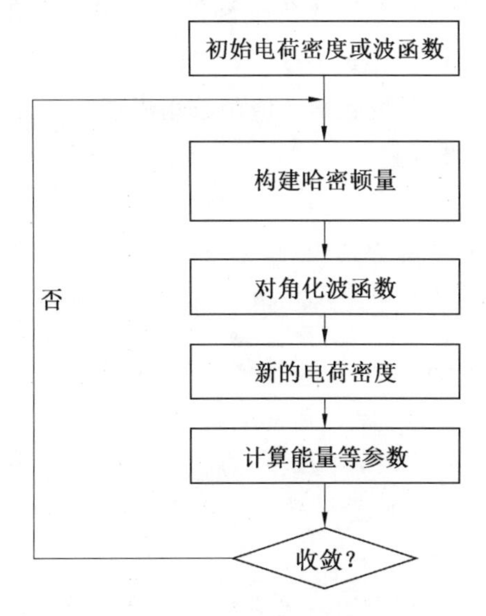

图 1.1　VASP 典型的计算流程图

一般来说，所有迭代算法工作起来都非常相似，核心是残余向量，有

$$|R_n\rangle = (H - E) | \Phi_n \rangle \tag{1.62}$$

$$E = \frac{\langle \Phi_n | H | \Phi_n \rangle}{\langle \Phi_n | \Phi_n \rangle} \tag{1.63}$$

这个残余向量被添加到波函数 Φ_n 中，不同算法的执行方式不同。

1. 预处理

预处理的目的是为了找到一个矩阵，使该矩阵与残余向量相乘，得到波函数中的精确误差。这个矩阵（格林函数）可以表示为

$$\boldsymbol{M} = \frac{1}{H - \varepsilon_n} \tag{1.64}$$

式中，ε_n 为感兴趣的能带的精确本征值。

考虑到对大的 $\boldsymbol{G}$ 向量，动能支配着哈密顿量（例如 $H_{G,G'} \rightarrow \delta_{G,G'} \dfrac{h^2}{2m} \boldsymbol{G}^2$ ），实际上不可

能对该矩阵进行计算,用对角函数把大的 $\boldsymbol{G}$ 向量逼近于 $\frac{2m}{h^2\boldsymbol{G}^2}$,且小的 $\boldsymbol{G}$ 向量为常量。VASP 实际上使用了 Teter 等人提出的预处理函数。

$$\langle \boldsymbol{G} \mid \boldsymbol{K} \mid \boldsymbol{G}' \rangle = \delta_{GG'} \frac{27 + 18x + 12x^2 + 8x^3}{27 + 18x + 12x^2 + 8x^3 + 16x^4} \tag{1.65}$$

$$x = \frac{h^2}{2m} \frac{\boldsymbol{G}^2}{1.5 E_{\text{kin}}(R)} \tag{1.66}$$

式中,$E_{\text{kin}}(R)$ 为残余向量的动能。预处理残余向量然后得到简化:

$$\mid p_n \rangle = K \mid R_n \rangle \tag{1.67}$$

2. 简单戴维森迭代方案

将每个能带的残值向量进行预处理,结果为 $2N_{\text{bands}}$ 基矢:

$$\boldsymbol{b}_{i,i=1,2*N_{\text{bands}}} = \{\Phi_n / p_n \mid n = 1, N_{\text{bands}}\} \tag{1.68}$$

在这个子空间内,计算了 N_{bands}个最低本征值函数以求解本征值问题:

$$\langle \boldsymbol{b}_i \mid H - \varepsilon_j \boldsymbol{S} \boldsymbol{b}_j \rangle = 0 \tag{1.69}$$

式中,$\boldsymbol{S}$ 为重叠矩阵。将 N_{bands}个最低本征值函数用于下一步计算中。

3. 单能级,最速梯度下降方案

戴维森迭代方案同时优化每条能级,一次优化一个能级可以节省 N_{bands}梯度所需的存储。在一个简单的最速梯度下降方案中,预处理的残余向量 $\boldsymbol{p}_n$被正交化为当前的波矢:

$$\boldsymbol{g}_n = \left(1 - \sum_{n'} \mid \Phi_{n'} \rangle \langle \Phi_{n'} \mid \boldsymbol{S}) \mid \boldsymbol{p}_n \rangle\right) \tag{1.70}$$

然后线性组合这个搜索方向矩阵的 $\boldsymbol{g}_n$和当前波函数 Φ_n的值,从而可使哈密顿量的期望值最小化。整个过程需要求解 2×2 特征值的问题:

$$\langle \boldsymbol{b}_i \mid H - \varepsilon \boldsymbol{S} \mid \boldsymbol{b}_j \rangle = 0 \tag{1.71}$$

其中,基矢为 $\boldsymbol{b}_i = \{\Phi_n / \boldsymbol{g}_n\}$ $(i = 1, N-1)$。

4. 高效单带本征值最小化

通过增加前面每一迭代步骤中的基矢集可以获得有效的计算最低本征值的方案,即在步骤 n 求解本征值问题:

$$\langle \boldsymbol{b}_i \mid H - \varepsilon \boldsymbol{S} \mid \boldsymbol{b}_j \rangle = 0 \tag{1.72}$$

其中基矢为

$$\boldsymbol{b}_i = \{\boldsymbol{\Phi}_n / \boldsymbol{g}_n^1 / \boldsymbol{g}_n^2 / \boldsymbol{g}_n^3 / \cdots\} \quad (i = 1, N-1) \tag{1.73}$$

最低本征值的求解为计算一个新的可能预处理过的搜索向量 $\boldsymbol{g}_n^N$ 。

5. 共轭梯度优化

上述迭代方案类似于准牛顿法,用连续的共轭梯度法优化哈密顿量的期望值也是可行的。第一步与前述的最速梯度下降方案一致。在接下来的步骤中,将预设梯度 $\boldsymbol{g}_n^N$ 共轭化为先前的搜索方向,得到的共轭梯度算法几乎和最速梯度下降算法一样有效。

6. Davidson-Block 迭代方案

从 $\{\boldsymbol{\Phi}_n \mid n = 1, \cdots, N_{\text{bands}}\} \Rightarrow \{\boldsymbol{\Phi}_k^1 \mid k = 1, \cdots, n_1\}$ 中选择所有能带的子集,通过在当前子空间中添加正交预处理残余向量来优化这个子集:

$$\left\{\boldsymbol{\Phi}_k^1/\boldsymbol{g}_k^1=\left(1-\sum_{n=1}^{N_{\text{bands}}}|\boldsymbol{\Phi}_n\rangle\langle\boldsymbol{\Phi}_n|\boldsymbol{S}\right)K(H-\varepsilon_{\text{app}}\boldsymbol{S})\boldsymbol{\Phi}_k^1\mid k=1,\cdots,n_1\right\} \quad (1.74)$$

然后在这些矢量空间中应用瑞利－里兹(Rayleigh－Ritz)方案确定最低的矢量 $\{\boldsymbol{\Phi}_k^2 \mid k=1,n_1\}$，并添加额外的预处理残差，这些残差可根据优化的能级进行计算。

$$\left\{\boldsymbol{\Phi}_k^1/\boldsymbol{g}_k^1/\boldsymbol{g}_k^2=\left(1-\sum_{n=1}^{N_{\text{bands}}}|\boldsymbol{\Phi}_n\rangle\langle\boldsymbol{\Phi}_n|\boldsymbol{S}\right)K(H-\varepsilon_{\text{app}}\boldsymbol{S})\boldsymbol{\Phi}_k^2\mid k=1,\cdots,n_1\right\} \quad (1.75)$$

随后通过添加第四组预处理向量继续迭代，如果迭代完成，则将优化的波函数存储在集合 $\{\boldsymbol{\Phi}_k \mid k=1,\cdots,N_{\text{bands}}\}$ 中，再继续对下一个子块 $\{\boldsymbol{\Phi}_k^1 \mid k=n_1+1,\cdots,2n_1\}$ 进行计算。在每个能带被优化之后，再在空间 $\{\boldsymbol{\Phi}_k \mid k=1,\cdots,N_{\text{bands}}\}$ 中进行一次瑞利－里兹优化。该方法大约比残余最小化方案慢 1.5～2 倍，但更稳定，且可并行计算。

7. 迭代子空间中残余最小化方案(RMM－DIIS)

上述试图通过增加试验基集来优化每一波函数的哈密顿期望值，除了最小化期望值之外，还可以最小化残余向量的范数，但必须求解不同的本征值问题。

优化本征值与残余矢量的正交化之间存在显著差异。残余向量的正交化由下式给出：

$$\langle R_n \mid R_n\rangle=\langle\Phi_n \mid (H-\varepsilon)^+(H-\varepsilon)\mid\Phi_n\rangle \quad (1.76)$$

在每个特征函数 Φ_n 上都有一个二次无限制的最小值，如果对特征值函数有一个好的初始猜测值，那么可以在不知道其他波函数的情况下使用该算法，因此不需要预先处理残值向量。在这种情况下，对所有能带采用 Gram－Schmid 方法进行正交化处理是必要的，以获得一个新的正交实验基组。如果没有正交化试验当前基组，无论从哪个波矢开始，所有其他算法都将倾向于收敛到最低的能带。

1.4.2 包络误差

本小节将讨论包络误差。如果 FFT 网格不够大，就会出现误差。如果 FFT 网格包含 $2\boldsymbol{G}_{\text{cut}}$ 的所有 $\boldsymbol{G}$ 向量，则不存在该误差。

电荷密度可包含高达 $2\boldsymbol{G}_{\text{cut}}$ 的分量，其中 $2\boldsymbol{G}_{\text{cut}}$ 是基组中最长的平面波，平面波定义如下：

$$|\phi_{nk}\rangle=\sum_{\boldsymbol{G}}C_{\boldsymbol{G}nk}\mid k+\boldsymbol{G}\rangle \quad (1.77)$$

在实空间中

$$\langle r \mid \phi_{nR}\rangle=\sum_{\boldsymbol{G}}\langle r \mid k+\boldsymbol{G}\rangle\langle k+\boldsymbol{G} \mid \phi_{nk}\rangle=\frac{1}{\Omega^{1/2}}\sum_{\boldsymbol{G}}\mathrm{e}^{\mathrm{i}(k+G)r}C_{\boldsymbol{G}nk} \quad (1.78)$$

使用快速傅立叶变换可以将其定义为

$$C_{rnk}=\sum_{\boldsymbol{G}}C_{\boldsymbol{G}nk}\mathrm{e}^{\mathrm{i}Gr} \quad C_{\boldsymbol{G}nk}=\frac{1}{N_{\text{FFT}}}\sum_{\boldsymbol{G}}C_{rnk}\mathrm{e}^{-\mathrm{i}Gr} \quad (1.79)$$

因此实空间内的波函数为

$$\langle r \mid \phi_{nk}\rangle=\phi_{nk}(r)=\frac{1}{\Omega^{1/2}}C_{rnk}\mathrm{e}^{\mathrm{i}kr} \quad (1.80)$$

电荷密度为

$$\rho_r^{ps} \equiv \langle r \mid \rho^{ps} \mid r \rangle = \sum_k w_k \sum_n f_{nk} \phi_{nk}(r) \phi_{nk}^*(r) \tag{1.81}$$

倒易空间中可以表示为

$$\rho_G^{ps} \equiv \frac{1}{\Omega} \int \langle r \mid \rho^{ps} \mid r \rangle \mathrm{e}^{-\mathrm{i}Gr} \mathrm{d}r \rightarrow \frac{1}{N_{\mathrm{FFT}}} \sum_r \rho_r^{ps} \mathrm{e}^{-\mathrm{i}Gr} \tag{1.82}$$

通过上式中的 ρ^{PS} 和 C_{mk} 很容易就能看出 ρ_r^{PS} 含有高达 $2\boldsymbol{G}_{\mathrm{cut}}$ 的傅立叶组元。

通常，f_r^1 和 f_r^2 的傅立叶组元分别达到 $\boldsymbol{G}_1$ 和 $\boldsymbol{G}_2$ 时，两个函数的卷积 $f_r = f_r^1 f_r^2$ 的傅立叶组元达到 $\boldsymbol{G}_1 + \boldsymbol{G}_2$。当计算哈密顿量对波函数的作用时，卷积的性质再次发挥作用，局域势的作用为：$a_r = V_r C_{mk}$。

只考虑 $|\boldsymbol{G}| < \boldsymbol{G}_{\mathrm{cut}}$ 时的分量 a_G（在对波函数 $\boldsymbol{C}_{Gnk}$ 的迭代细化过程中，将 a_G 添加到波函数中，且 C_{Gnk} 只包含分量达到 $\boldsymbol{G}_{\mathrm{cut}}$ 的平面波）。从前面的定理中我们可以知道 a_r 包含高达 3 $\boldsymbol{G}_{\mathrm{cut}}$ 的分量（V_r 包含高达 2 $\boldsymbol{G}_{\mathrm{cut}}$ 的分量）。如果 FFT 网格包含最多 2 $\boldsymbol{G}_{\mathrm{cut}}$ 的所有分量，则产生的包装误差再次为 0。如图 1.2 所示，电荷密度包含高达 $2\boldsymbol{G}_{\mathrm{cut}}$ 球（第二个球）的分量，加速度 a 包含高达 $3\boldsymbol{G}_{\mathrm{cut}}$ 的分量，因为 FFT 网 0 格的尺寸有限，所以这些分量反映在第三个球上。然而，$\boldsymbol{G} < \boldsymbol{G}_{\mathrm{cut}}$ 时 a_G 量没有误差，即小球体与第三大球体不相交。

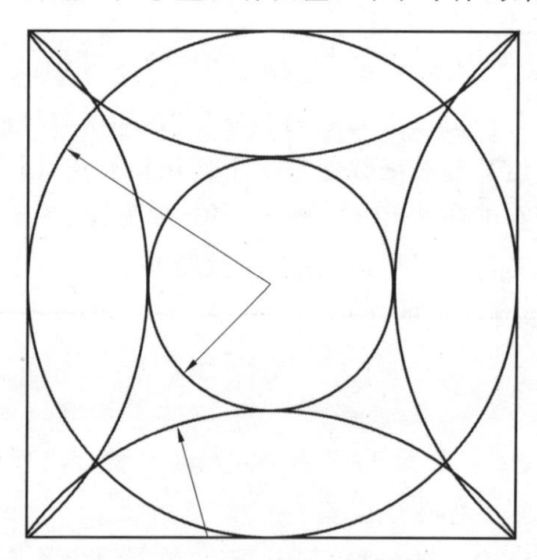

图 1.2 小球体包含基组 $\boldsymbol{G} < \boldsymbol{G}_{\mathrm{cut}}$ 中所有的平面波

1.4.3 非自洽 Harrias—Foulkes 泛函

最近，人们对 Harrias—Foulkes(HF) 泛函越来越感兴趣。这个函数是非自洽的：势是由某些“输入”电荷密度构造的，能带结构则采用这些固定的非自洽势进行计算。根据输入电荷密度计算出双重校正，函数可以写为

$$E_{\mathrm{HF}}[\rho_{\mathrm{in}}, \rho] = (\text{能带结构})(V_{\mathrm{in}}^H + V_{\mathrm{in}}^{xc}) + Tr[(-V_{\mathrm{in}}^H/2 - V_{\mathrm{in}}^{xc})\rho_{\mathrm{in}}] + E^{xc}[\rho_{\mathrm{in}} + \rho_c] \tag{1.83}$$

有趣的是，即使是像共价键这样的系统（如 Ge），函数给出了一个很好的关于弯曲能量、平衡晶格常数和体模量的描述，在测试计算中，发现 Sb 的配对相关函数与 HF 泛函和完整的 K—S 函数有略微的差别，但在许多情况下，与自洽计算相比的计算增益也是非常小的（对 Sb 而言，计算量的增加不足 20%）。因此，使用 HF 泛函的主要原因是了解和确

定 HF 泛函的准确性,这是目前被广泛讨论的一个话题。VASP 是少数几种采用赝势就能在非常基本的层次上获得 HF 泛函的,且不需要对局部基矢附加任何限制。

在 VASP 中,采用与自洽计算相同的平面波基组和精度能够计算能带结构。力和应力张量是正确的,它们由 HF 泛函的导数确定。在 MD 或离子弛豫过程中,电荷密度得到优化。

1.4.4 部分占据方法

首先是为什么要使用部分占据的问题,这是因为部分占据有助于减少计算精确能带结构所必需的 k 点的数量。我们要计算的是能带中被填充部分的积分:

$$\sum_n \frac{1}{\Omega_{BZ}}\int_{\Omega_{BZ}} \varepsilon_{nk}\theta(\varepsilon_{nk}-\mu)\mathrm{d}k \tag{1.84}$$

式中,$\theta(x)$ 为 Dirac 阶梯函数。由于计算机资源有限,这个积分必须用一组离散的 k 点来计算:

$$\frac{1}{\Omega_{BZ}}\int_{\Omega_{BZ}} \rightarrow \sum_k w_k \tag{1.85}$$

保持阶梯函数,可以得到一个总数:

$$\sum_k w_k \varepsilon_{nk}\Theta(\varepsilon_{nk}-\mu) \tag{1.86}$$

该值对 k 点数量收敛得非常缓慢。这种缓慢的收敛速度来源于 Fermi 能级从 1 到 0 的占用率。如果一个能带被完全填满,可以用少量 k 点精确地计算积分(这就是半导体和绝缘体的情况)。

对于金属,阶梯函数 $\theta(\varepsilon_{nk}-\mu)$ 被函数 $f(\{\varepsilon_{nk}\})$ 替代,导致收敛速度大大加快,但不会破坏总和的精度。为了解决这个复杂的问题,本书提出了以下几种方法。

1.线性四面体法

在线性四面体法中,术语 ε_{nk} 在两个 k 点之间进行线性插值,Bloechel 对四面体法进行了修正,为每个带和 k 点提供了有效的权值 $f(\{\varepsilon_{nk}\})$ 。此外,Bloechel 还得到了一个修正公式,该公式消除了线性四面体法固有的二次误差,即为 Bloechel 修正线性四面体法。线性四面体法使用简单,主要缺点是如果把修正条件包括在内,Bloechel 修正线性四面体法对部分占据不会有变化,因此计算的力可能有几个百分点的误差。如果需要精确的力,建议采用有限温度法。

2.有限温度法

如需要精确计算力,阶梯函数可简单地被光滑函数所取代,如 Fermi−Dirac 函数:

$$f\left(\frac{\varepsilon-\mu}{\sigma}\right)=\frac{1}{\exp\left(\frac{\varepsilon-\mu}{\sigma}\right)+1} \tag{1.87}$$

或者类高斯函数:

$$f\left(\frac{\varepsilon-\mu}{\sigma}\right)=\frac{1}{2}\left(1-\mathrm{erf}\left[\frac{\varepsilon-\mu}{\sigma}\right]\right) \tag{1.88}$$

这些函数是在固态计算中经常使用的。然而,如果使用光滑函数,总能量不再是变分的(或最小的),有必要用一些广义自由能来代替总能量,即

$$F = E - \sum_{nk} w_k \sigma S(f_{nk}) \tag{1.89}$$

力为该自由能 F 的导数。根据 Fermi－Dirac 的统计，自由能可能被解释为电子在一定温度下的自由能 $\sigma = k_B T$ 。

表 1.2 所示为不同金属的 σ 的典型取值，铝具有极其简单的 DOS，锂和碲也是简单的近乎自由电子金属，因此 σ 可能很大。对于铜来说，由于其 d 带位于 Fermi 能级以下约 0.5 eV，因此 σ 值不能太大。钯和钒在 Fermi 面具有相当复杂的结构，σ 值则很小。

表 1.2　不同金属的 σ 的典型取值

金属	σ/eV
铝	1.0
锂	0.4
碲	0.8
铜和钯	0.4
钒	0.2
铑	0.2
钾	0.3

电子占据在高斯展宽情况下的意义尚不清楚，尽管存在这类问题，用公式从有限的结果中得到 $\sigma \to 0$ 的精确外推是可能的：

$$E(\sigma \to 0) = E_0 = \frac{1}{2}(F + E) \tag{1.90}$$

用这种方法，我们从有限温度的计算中得到了一个“物理量”，有限温度法可以作为一个数学工具来获得关于 k 点数的快速收敛。对于金属 Al 而言，这种方法的收敛速度比线性四面体法的收敛速度更快。

3. Methfessel 和 Paxton 的方法

Methfessel 和 Paxton 的方法有两个缺点：

（1）由 VASP 计算得出的力是电子自由能 F 的导数。因此，力不能用来获得平衡基态，而平衡基态对应的能量最小值为 $E(\sigma \to 0-)$。尽管如此，力的误差通常都很小，可以接受。

（2）必须非常小心地选择参数 σ。如果 σ 太大，即使是一个无限的 k 点网格，能量 $E(\sigma \to 0-)$ 也将收敛到错误的值；如果 σ 太小，k 点数目的收敛速度将变差。表 1.2 列出了几种情况下 σ 的最佳选择。要获得较好的 σ，唯一的方法是对 σ 执行几个具有不同 k 点网格和不同参数的计算。

这些问题可以通过采用稍微不同的 $f(\{\varepsilon_{nk}\})$ 函数形式进行解决，可以通过在一组完整的正交形函数中扩展阶梯函数（Methfessel 和 Paxton 的方法）。高斯函数只是一阶近似（$N=0$）的阶梯函数，很容易得到进一步的近似（$N=1,2,\cdots$）。与有限温度法相似的是，能量必须被广义自由能函数所取代，即

$$F = E - \sum_{nk} w_k \sigma S(f_{nk}) \tag{1.91}$$

与有限温度法不同的是，熵这一项 $\sum_{nk} w_k \sigma S(f_{nk})$ 对于 σ 来说是非常小的(如表 1.2 中给出的值)。$\sum_{nk} w_k \sigma S(f_{nk})$ 是自由能 F 和物理能量 $E(\sigma \to 0)$之间的简单误差估计。如 σ 采用较大的值，误差将变得非常大。

1.4.5 力

在有限温度范围内，力被定义为广义自由能的导数，其值很容易计算。函数 F 取决于波函数 Φ，部分占据 f 和离子 R 的位置。本小节将简短地讨论自由能的变分性质，并且解释为什么要计算作为自由能导数的力。给出的公式是非常有象征意义的，没有考虑到对占据数或波函数的任何限制。将整套波函数定义为 Φ，将部分占据集合表示为 f。

电子基态由自由能的变分性质决定，即

$$0 = \delta_F(\Phi, f, R) \tag{1.92}$$

Φ 和 f 是可以任意变化的，所以可以将等式的右边写为

$$\frac{\partial F}{\partial \Phi}\delta_\Phi + \frac{\partial F}{\partial \Phi}\delta_f \tag{1.93}$$

如果 $\frac{\partial F}{\partial \Phi}=0$ 和 $\frac{\partial F}{\partial f}=0$，那么这一量对于任意的微扰均为 0，致使方程组在电子基态条件下确定 Φ 和 f。将力定义为自由能在离子位置上的导数，也就是说

$$force = \frac{\mathrm{d}F(\Phi, f, R)}{\mathrm{d}R} = \frac{\partial F}{\partial \Phi}\frac{\partial \Phi}{\partial R} + \frac{\partial F}{\partial f}\frac{\partial f}{\partial R} + \frac{\partial F}{\partial R} \tag{1.94}$$

对于平衡状态下，前两个条件是 0，可以写为

$$force = \frac{\mathrm{d}F(\Phi, f, R)}{\mathrm{d}R} = \frac{\partial F}{\partial R} \tag{1.95}$$

可以把 Φ 和 f 固定在它们各自的基态值上，这样只需要计算自由能在离子位置上的偏导数。

之前我们提到过，唯一的物理量是 $\sigma \to 0$ 的能量。在理论上可以用离子坐标来评价 $E(\sigma \to 0)$ 的导数，但这并不容易，且会带来额外的计算量。

1.5 VASP 软件的使用

VASP 是一套多功能的第一性原理分子动力学模拟软件，该软件基于平面波，使用赝势或投影缀加平面波方法描述电子和离子的相互作用，可以显著减少过渡金属元素的平面波数目，通过计算力和应力张量，VASP 可以弛豫优化原子到平衡状态。

1. VASP 软件的优点

(1)使用 USPP 或 PAW 方法，可以使用不超过 100 个平面波描述原子，而且大多数情况下，仅 50 个平面波/原子即可得到较为可靠的结果。

(2)在 VASP 软件中，对大约 2 000 个电子能带的体系，N^3 部分的计算量才与其他部分的计算量相当，因此 VASP 计算体系的计算规模可达到 4 000 个价电子。VASP 软件能自动决定体系的对称性。

(3)对块体材料的计算,Monkhorst－Pack 取样得到的 k 点也采用了对称性。

(4)VASP 能正常运行于众多超算中心及多种 CPU 型号的电脑上,VASP 的大多数计算可以在一个目录中完成,在计算前,必须检查一些计算输入文件,尤其是四个最重要的文件:INCAR,POTCAR,POSCAR 和 KPOINTS。

(5)INCAR 是核心的输入文件,指示 VASP 计算什么及怎么去算,是自由格式的 ASCII 文件,每一行由相应参数与"＝"及其赋值所组成,每组参数间由分号";"隔开,或另起一行,例如:

```
ISTART=0
ICHARG=2
LREAL=A
NELMIN=4
ISYM=0
NSW=10000
NBLOCK=1 ; KBLOCK=100
SMASS=2.0
POTIM=1.00
TEBEG=300
TEEND=300
PC-function
APACO=10.0         ! distance for P. C.
   LCHG=.F
   LCHARG=.F
SIGMA=0.2
PREC=M
ISMEAR=0
IBRION=0
ISIF=2
NPAR=1
```

(6)POSCAR 文件包含了离子的位置信息,通常包括晶格适量矩阵及对应的离子坐标,其中每个离子坐标后可接"T"或"F",以表示某原子在该方向上可动或不可动,例如:

```
New structure
   1.00000000000000
     10.6384386553266257    0.0000000000000000    0.0000000000000000
      0.0000000000000000   10.6384386553266257    0.0000000000000000
      0.0000000000000000    0.0000000000000000   10.6384386553266257
     Y B H
8   24   96
S
```

```
Direct
  0.2789494611499108  0.2836722750579338  0.2543106576575219 T T T
  0.7301180539476952  0.7057973398702203  0.7469002037061043 T T T
  0.2189264404540619  0.7147190454206078  0.7590480284839158 T T T
  0.7760380145657831  0.3068608953479261  0.2484601000461650 T T T
  0.7693291754618744  0.7925388891620394  0.2547302545815763 T T T
  0.2245666405685215  0.2084223635285744  0.7495053689931842 T T T
  0.7408839557106391  0.2193412380010919  0.7453037410901835 T T T
  0.2642710497697646  0.7845324588706737  0.2562183624153754 T T T
  0.2936925813275073  0.2567701460388332  0.9981597891189229 F F F
…
```

(7) KPOINTS 文件决定了 k 点的设置，如下例使用 Monkhorst－Pack 方法，自动产生 k 点(第三行第一个字符为“M”)：

444！代表注释；

0！代表产生 k 点；

Monkhorst！M 表示使用 Monkhorst－Pack 方法，Gama 表示 k 点包括 Gama 中心；

4 4 4！代表网格为 4×4×4；

0 0 0！代表偏移，一般为 0。

KPOINTS 中的具体网格的数值可以通过查文献或者计算测试得到，比较不同数值的 k 点计算得到的总能量。一般而言，k 点网格的数值与对应的晶格常数的乘积应不小于 30。

(8)POTCAR 文件包括计算体系所包含元素的赝势文件，POTCAR 文件一般包含元素的质量、价电子的构成及原子参考构型的能量等，如：

```
PAW_GGA Y_sv 10Feb1998
11.0000000000000000
parameters from PSCTR are:
  VRHFIN=Y: 4s4p5s4d
  LEXCH   =91
  EATOM   =   1047.6225 eV,    76.9981 Ry

  TITEL   =PAW_GGA Y_sv 10Feb1998
  LULTRA=            F       use ultrasoftPP ?
  IUNSCR=            1       unscreen: 0-lin 1-nonlin 2-no
  RPACOR=       2.200        partial core radius
  POMASS=     88.906; ZVAL   =     11.000      mass and valenz
  RCORE   =       2.600       outmost cutoff radius
…
```

每种元素对应一个 POTCAR 文件，POTCAR 文件可以在赝势压缩包中，假如对应的 POTCAR 文件在～psudopotential/paw_pbe/目录下，可能就包含很多种元素的 POTCAR，且每种元素有多种形式的赝势文件，具体使用哪一种，需要根据文献或者测试并与实验结果进行对比。

如果 POSCAR 文件中，元素出现的先后顺序为 Y，B，H，首先需要找到 Y，B，H 三种元素的 POTCAR 文件，如果分别重命名为 POTCAR_Y，POTCAR_B 和 POTCAR_H，那么体系的 POTCAR 文件可以通过如下命令得到：cat POTCAR_Y POTCAR_B POTCAR_H > POTCAR，有必要强调的是，在同一个计算体系中，每种元素的 POTCAR 文件类型应一致，且文件包含的元素顺序应与 POSCAR 中的元素顺序一致。

(9)执行 VASP，串行计算，使用 vasp 命令，并行则需要根据集群所使用的排队系统而定，可以为 mpirun －np 12 vasp，该命令表示使用 12 个 CPU 核心同时进行 VASP 计算。

(10)VASP 会产生较多的输出文件，如 OSZICAR，OUTCAR，CONTCAR，EIGENVAL 等。

①OSZICAR 文件记录了 VASP 迭代计算中的重要信息，比如：

```
       N        E                     dE             d eps          ncg     rms          rms(c)
RMM:   1   0.468456766402E+03   0.46846E+03   -0.30615E+04   3808   0.582E+02
RMM:   2  -0.568844644823E+01  -0.47415E+03   -0.45784E+03   3808   0.114E+02
RMM:   3  -0.112882133857E+03  -0.10719E+03   -0.10045E+03   3808   0.418E+01
RMM:   4  -0.136587324952E+03  -0.23705E+02   -0.19614E+02   3808   0.371E+01
RMM:   5  -0.143588100459E+03  -0.70008E+01   -0.54564E+01   3808   0.172E+01
RMM:   6  -0.145919148889E+03  -0.23310E+01   -0.18052E+01   3808   0.135E+01
RMM:   7  -0.146692786541E+03  -0.77364E+00   -0.71103E+00   3808   0.670E+00
RMM:   8  -0.147010114881E+03  -0.31733E+00   -0.27858E+00   3808   0.517E+00
RMM:   9  -0.147238098117E+03  -0.22798E+00   -0.22046E+00  11944   0.270E+00
RMM:  10  -0.147229264180E+03   0.88339E-02   -0.49873E-02  14647   0.294E-01
RMM:  11  -0.147229543711E+03  -0.27953E-03   -0.32583E-03  12763   0.902E-02
RMM:  12  -0.147229521617E+03   0.22094E-04   -0.15704E-04  10702   0.182E-02   0.229E+01
RMM:  13  -0.157575422902E+03  -0.10346E+02   -0.84970E+01   9252   0.206E+01   0.210E+01
RMM:  14  -0.149234469506E+03   0.83410E+01   -0.23679E+01   7904   0.129E+01   0.117E+01
RMM:  15  -0.153048950467E+03  -0.38145E+01   -0.27425E+00   8614   0.402E+00   0.891E+00
RMM:  16  -0.154278767630E+03  -0.12298E+01   -0.36139E+00   8234   0.422E+00   0.748E+00
RMM:  17  -0.154349311059E+03  -0.70543E-01   -0.12390E+00   8671   0.298E+00   0.367E+00
RMM:  18  -0.154239407254E+03   0.10990E+00   -0.12343E-01   9021   0.902E-01   0.148E+00
RMM:  19  -0.154223622396E+03   0.15785E-01   -0.64464E-02   9276   0.545E-01   0.164E-01
RMM:  20  -0.154223893884E+03  -0.27149E-03   -0.31896E-03   9955   0.122E-01   0.121E-01
RMM:  21  -0.154223847112E+03   0.46773E-04   -0.54198E-04   9953   0.526E-02   0.504E-02
RMM:  22  -0.154223836443E+03   0.10668E-04   -0.92055E-05   8892   0.173E-02   0.116E-02
RMM:  23  -0.154223842677E+03  -0.62336E-05   -0.30241E-05   6636   0.164E-02
   1F=-.15422384E+03 E0=-.15422846E+03  dE=0.138580E-01  mag=0.0026
```

其中，N 为电子迭代步，E 为当前自由能，dE 为上一步与当前步的自由能差，d eps 是能带结构能的改变。

②OUTCAR 记录了主要的输出信息，一般需要妥善保存，OUTCAR 中记录内容如下：

```
vasp.5.2.215Apr09 complex
(Dawning) Compiled for SSC Magic Cube by Z.J. 2010-04-02
```

```
executed on        Ifort－ompi-MKL date 2013.03.11   14:14:03
running on    12 nodes
distr:  one band on    12 nodes,      1 groups
------------------------------------------------------------
INCAR:
POTCAR:   PAW_GGA Mg 05Jan2001
POTCAR:   PAW_GGA Al 05Jan2001
POTCAR:   PAW_GGA O_s 04May1998
POTCAR:   PAW_GGA Ni 03Mar1998
POTCAR:   PAW_GGA Mg 05Jan2001
   VRHFIN＝Mg: s2p0
   LEXCH  ＝91
   EATOM  ＝     23.0823 eV,      1.6965 Ry

   TITEL  ＝PAW_GGA Mg 05Jan2001
   LULTRA＝           F      use ultrasoftPP ?
   IUNSCR＝           1      unscreen: 0－lin 1－nonlin 2－no
...
```

③CONTCAR 记录了 VASP 优化后的构型，其格式与 POSCAR 一致，也需要保存。

④XDATCAR 记录了包含 NBLOCK 个原子坐标信息的信息，通常为每个离子步的原子坐标信息的汇总。

⑤LOCPOT 包含有静电势（单位为 eV），需要在 INCAR 中设置 LVTOT＝.TRUE.。在 LOCPOT 中的默认情况下不包含交换关联势，如果需要包含这方面信息，可以参考手册修改主程序(main.F)。

⑥EIGENVAL 为所有 k 点的 K－S 本征值。

⑦DOSCAR 包含所有的态密度及积分态密度信息。如果设置 LORBIT＝10 或 11，可以得到投影态密度。

⑧CHGCAR 为电荷密度文件，默认输出，如果不输出，则 LCHARG＝.False。

⑨WAVECAR 为二进制文件，包含波函数、本征值等信息，如果设置 LWAVE＝.False，则不输出该文件。实际计算时，CHG，CHGCAR 和 WAVECAR 一般占较多硬盘空间，可以不输出，如果后续需要用到，可以再自洽计算一次。

⑩NCORE 决定一个轨道的计算使用多少核心，NCORE＝总核心数/NPAR，默认值为 1。如果 NCORE 设置为核心数，此时 NPAR＝1，意味着所有的核心计算同一条能带，这通常会使计算减慢，应尽量避免，但如果体系较大、内存不够时，可以尝试使用 NPAR＝1。VASP 官方推荐的 NPAR＝每个节点的核心数。

⑪NELM 的默认值为 60，为电子迭代步数，一般而言，如果电子迭代步数超过 60 仍然没有收敛，则一般较难收敛了。此时可以变换 ISMEAR 和 IALGO 的取值，或者改变 AMIX 和 BMIX 的值。

⑫EDIFF 为电子迭代步的收敛参数，默认为 0.000 1 eV，如果两个电子步间的自由

能及能带结构能量变化(本征值的变化)都小于 EDIFF,则电子迭代步收敛,一般不建议使用更小的 EDIFF 值。

⑬EDIFFG 是离子弛豫步的收敛条件,如果两个离子弛豫步的总自由能小于该值,则收敛。如果 EDIFFG 为负数,则收敛条件为所有的力都小于 EDIFFG 的绝对值。

⑭NSW 为最大的离子迭代步,默认值为 0。在弛豫优化时,一般将其设为很大的数,例如 500 步,如果离子迭代收敛了,则会自动跳出。如果 500 步还没有收敛,则在 500 步计算完后跳出迭代步。

⑮IBRION。当 NSW=0 或 NSW=1 时,IBRION 的默认值为-1,其他情况默认值为 0。该参数决定了离子的移动方式,除分子动力学外(IBRION=0),其他算法只能优化到能量局部最小,对于较难收敛的体系,推荐使用 CG(共轭梯度算法),如果初始构型非常差,可使用 IBRION=3 先计算若干步,如果较为接近平衡状态,则推荐使用 IBRION=1。IBRION=5,6 时使用有限差分方法计算声子频率;IBRION=7,8 时使用密度泛函微扰理论计算声子等信息;IBRION=44 时,使用 dimer 方法计算过渡态。

对于 IBRION=1,2,3 而言,ISIF 决定离子或晶胞形状的变化,此时,POTIM 仅为缩放系数,对于大多数体系,IBRION 取值为 0.5。但对于分子动力学的计算,POTIM 是时间步长,单位为 fs,一般而言时间步长设置为 1 fs。

⑯ISIF。在 MD 计算中,ISIF 默认值为 0,在其他情况下,其默认值为 2。一般情况下,如果需要优化原子位置和晶胞,可设置 ISIF=3,如果仅需要优化原子位置(对于大体系、表面或界面等),设置 ISIF=2 即可。

⑰TEBEG 和 TEEND 为分子动力学计算中控制温度的参数,在默认情况下,TEBEG=TEEND,单位为 K。

⑱SMASS 控制 MD 计算中离子的速度,SMASS=-3 为微正则,SMASS>0 为正则。

⑲LORBIT 控制电子结构参数的输出,态密度计算时一般用 10 或 11。

⑳ISMEAR 决定原子轨道大部分的占据方式,单位为 eV,ISMEAR=-1 为费米,ISMEAR=0 为高斯,ISMEAR=1~N 为 Methfessel-Paxton 阶。一般金属体系选择大于等于 1,绝缘体选择为 0,半导体一般为-5,但如果 k 点少于 4 时,不能用-5,需要选择为 0。由于四面体校正方法(-5)通过计算能得到较好的 DOS 和较准确的能量,所以一般推荐使用该设置。由于该方法无法处理部分占据,因此,对金属体系的力和应力张量的计算误差较大。计算声子频率时推荐使用 ISMEAR 大于 0 的值。

㉑ENCUT。PREC=High 可得到精确的能量,此时 ENCUT 默认为 POTCAR 中最大 ENMAX 的 1.3 倍。在弹性计算时,可以进一步增大 ENCUT 值。

㉒ISPIN 控制自旋极化的计算,ISPIN=1 时为非自旋极化(默认值),ISPIN=2 应该考虑自旋。

㉓MAGMOM 为每个原子初始磁动量。

㉔ICHARG 默认等于 2,使用原子电荷密度叠加确定体系初始电荷密度。ICHARG=11 时,用于计算体系本征值(能带)或态密度的 DOS。

ISTART=0,重新计算;ICHARG=1 时,从 WAVECAR 中读入波函数。

㉕LDA+U。

LDAU=.True 打开+U 计算

LDAUL=0,1,2,3 分别对应 s,p,d,f 电子,−1 不考虑+U

LDAUU=定义 U 值

LDAUJ=定义 J 值

对于体系中包含的每种元素必须定义对应的 U 值和 J 值,一般该值可以参考文献或通过测试计算其带隙等能带参数与实验值对比,确定 U 值。

㉖Hartree−Fock 及杂化泛函集散。对于小体系,推荐 LHFCALC=.TRUE,ALGO=Normal,TIME=0.4(如果不收敛,可以减小该值)。

PRECFOCK 控制 Hartree−Fock 计算中的傅立叶变化格子,默认为 Normal。

HFSCREEN 决定杂化泛函的形式,0.2 为 HSE06 形式。

㉗光学性质的计算,LOPTICS=.True。

㉘vdW 校正,IVDW 参数选择 DFT−D2 等方式进行校正。

2. INCAR 文件设置

在 VASP 不同类型的计算中,大多数情况下仅需要修改输入文件 INCAR(能带计算时还需要修改 KPOINTS 文件),在 INCAR 中,大部分控制参数都可以为默认值。为了避免计算中的包络错误(wrap around error),需要在 INCAR 中设置 PREC=HIGH。当机器内存不够时,可设置 NPAR=1,ISYM=0,牺牲计算速度,以减少内存的消耗。

为方便读者尽快开展自己的计算,这里给出一些常见的举例,仅作为参考,因作者水平有限,难以保证没有疏漏之处,还请参考自己所用版本 VASP 软件对应的手册。一般计算分为弛豫优化、自洽计算、态密度和能带计算。

以下为 INCAR 文件设置:

(1)优化。

```
System=magnetic
ISTART=0
ICHARG=2
PREC=A
IBRION=2
NSW=500                    ! 离子计算步数
ISIF=3                     ! 优化原子位置及晶胞参数
ENCUT=500                  ! 截断能,需要测试或参考文献
ISMEAR=0
SIGMA=0.2
EDIFF=0.0001               ! 电子收敛参数
EDIFFG=-0.01               ! 离子步收敛参数,力
LDAU    =.TRUE.            ! LDA+U 方法校正带隙
LDAUTYPE=2
LDAUL=  -1  2  3  2
```

```
LDAUU=0.05.0  6.7  4.0
LDAUJ=0.00.0  0.7  0.0
LDAUPRINT=2
ISPIN=2                              ! 磁性计算
LMAXMIX=6
LASPH=.TRUE.
NPAR=1                               ! 节省内存
ISYM=0                               ! 取消对称性,节省内存
MAGMOM=54*0 50*0 2*2  2*5 ! 初始磁动量
LWAVE=.F
LCHG=.F
LCHARG=.F
```

(2)自洽。

此时,需要将弛豫计算得到的 CONTCAR 文件重命名为 POSCAR 文件。

```
System=ZnO
ISTART=0
ICHARG=2
PREC=A
IBRION=2
NSW=200
ISIF=2
ENCUT=500
ISMEAR=-5                            ! 以得到准确能量
SIGMA=0.2
EDIFF=0.0001
EDIFFG=-0.02
LDAU    =.TRUE.
LDAUTYPE=2
LDAUL=  -1  2  3  2
LDAUU=0.05.0  6.7  4.0
LDAUJ=0.00.0  0.7  0.0
LDAUPRINT=2
ISPIN=2
LMAXMIX=6
LASPH=.TRUE.
NPAR=1
ISYM=0
MAGMOM=54*0 50*0 2*2  2*5
```

(3)态密度。

```
System=ZnO
ISTART=1                               ! 读取自洽计算得到的波函数文件
ICHARG=11                              ! 读取自洽计算得到的电荷密度文件
PREC=A
IBRION=2
NSW=0
ISIF=2
ENCUT=500
ISMEAR=-5                              ! 以得到准确的态密度
SIGMA=0.2
EDIFF=0.0001
EDIFFG=-0.01
LDAU    =.TRUE.
LDAUTYPE=2
LDAUL=   -1  2  3  2
LDAUU=0.05.0  6.7  4.0
LDAUJ=0.00.0  0.7  0.0
LDAUPRINT=2
ISPIN=2
LMAXMIX=6
LASPH=.TRUE.
NPAR=1
ISYM=0
MAGMOM=54*0 50*0 2*2  2*5
LORBIT=10                              ! 投影态密度输出
LELF=.T                                ! 局域电荷密度输出
LAECHG=.TRUE.                          ! 用于 bader 电荷计算
```

(4)能带。

```
System=ZnO
ISTART=1
ICHARG=11
PREC=A
IBRION=2
NSW=0
ISIF=2
ENCUT=500
ISMEAR=0
```

```
SIGMA=0.2
EDIFF=0.0001
EDIFFG=-0.01
LDAU    =.TRUE.
LDAUTYPE=2
LDAUL=  -1  2  3  2
LDAUU=0.05.0  6.7  4.0
LDAUJ=0.00.0  0.7  0.0
LDAUPRINT=2
ISPIN=2
LMAXMIX=6
LASPH=.TRUE.
NPAR=1
ISYM=0
MAGMOM=54*0 50*0 2*2  2*5
```

值得注意的是，ENCUT 取值需要测试，KPOINTS 也需要经过充分的测试，前三步的 KPOINTS 为

```
KPOINTS file
0
GAMMA
3 3 2
0 0 0
```

第四步的 KPOINTS 为

```
Kpoints along high symmetry lines
3
Line-mode
rec
0 0 0.5           ! A
0.5 0 0.5         ! L

0.5 0 0.5         ! L
0.5 0 0           ! M

0.5 0 0           ! M
0 0 0             ! gamma

0 0 0             ! gamma
0 0 0.5           ! A
```

```
0 0 0.5                  ! A
0.33333 0.333330.5       ! H

0.33333 0.333330.5       ! H
0.33333 0.33333 0        ! K

0.33333 0.33333 0        ! K
0 0 0                    ! gamma
```

POSCAR 可以通过 Material Studio 或 VESTA 建模得到，一般需要查找实验文献的晶格常数、空间群和原子位置，借助于建模软件，通过 VESTA 输出为 VASP 的 POSCAR 格式，具体形式为

```
CIF file
  1.00000000000000
     9.7244452221943636    -0.0000127834051635    -0.0000005045676357
    -4.8622348592410782     8.4216101812315056    -0.0000001373172092
    -0.0000011943512332    -0.0000010102249034    15.5973432796774087
  O    Zn   Ce   Mn
  54   50   2    2
Direct
0.1422418244384664  0.2432900783582738  0.1163687825569153
0.1127159716994511  0.2226464685891190  0.4666483040595040
0.1113805766913284  0.2232375404257497  0.7948227210865251
0.1097498123917593  0.5512468966045904  0.1238844802802926
...
```

POTCAR 文件为元素所选用的势函数，一般情况下也需要经过测试，对大多数情况，PAW 势的结果较好，POTCAR 的具体形式为

```
PAW_PBE O 08Apr2002
6.00000000000000000
parameters from PSCTR are:
   VRHFIN=O: s2p4
   LEXCH  =PE
   EATOM  =   432.3788 eV,   31.7789 Ry

   TITEL  =PAW_PBE O 08Apr2002
   LULTRA=          F     use ultrasoftPP ?
   IUNSCR=          0     unscreen: 0-lin 1-nonlin 2-no
   RPACOR=       .000     partial core radius
```

```
POMASS=   16.000; ZVAL   =    6.000     mass and valenz
RCORE  =    1.520     outmost cutoff radius
RWIGS  =    1.550; RWIGS   =     .820     wigner-seitz radius (au A)
ENMAX  =   400.000; ENMIN  =   300.000 eV
ICORE  =        2     local potential
LCOR   =        T     correctaug charges
LPAW   =        T     paw PP
EAUG=   605.392
DEXC   =     .000
RMAX   =    2.264     core radius for proj-oper
RAUG   =    1.300     factor for augmentation sphere
RDEP   =    1.550     radius for radial grids
QCUT   =   -5.520; QGAM   =   11.041     optimization parameters

Description
...
```

任务提交:提交计算任务脚本名称为 vaspsub,内容为

```
#! /bin/bash
#PBS -l nodes=1:ppn=8
#PBS -N test
#PBS -l walltime=240:00:00
#PBS -l cput=240:00:00
#PBS -q students2
cd $PBS_O_WORKDIR
echo `cat $PBS_NODEFILE`
NPROCS=`wc -l < $PBS_NODEFILE`
echo This job has allocated $NPROCS nodes
mpirun -machinefile $PBS_NODEFILE -np $NPROCS /export/software/vasp2011/vasp52/vasp.5.2/vasp
```

提交计算的命令为 qsub vaspsub;查看任务计算状态用 qstat 命令;杀掉任务用 qdel 命令。

值得注意的是,提交计算任务、查看计算任务状态等需要结合自己的集群管理系统。一般对于小型集群,可以自己安装 torque 进行任务的队列管理。

1.6 Linux 基本知识

VASP 等绝大多数第一性原理计算软件需要安装在 Linux 系统下,由于 Linux 的稳定、开源等特点,建议读者尽量使用 Linux 系统进行理论计算。Linux 分为图形窗口和终

端，通常情况下，在终端模式下，只能通过命令行的形式进行计算。Linux 系统包含的命令非常多且杂，如仅进行第一性原理的计算工作，掌握少量必要的操作即可。一般情况下，我们需要通过 SSH 软件以 SSH 的形式登录到 Linux 服务器，在服务器上建立相应的文档、文件并提交计算任务和查看计算任务等。Linux 的一些基本命令简单叙述如下。

首先登录到 Linux 服务器，需要下载免费软件（如 SSH Secure Shell），安装后，双击打开，如图 1.3 所示。

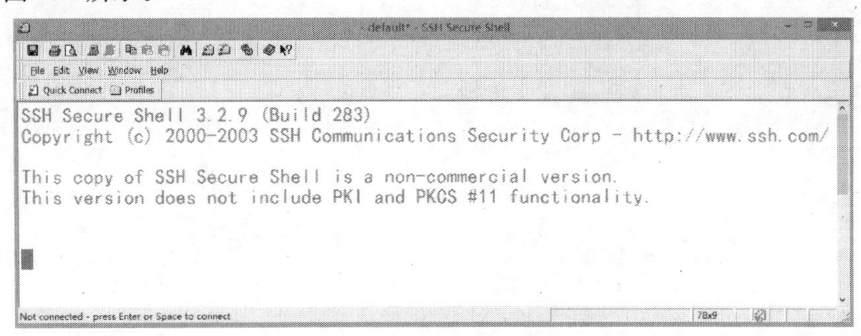

图 1.3 SSH 软件主界面

如图 1.4 所示，点击图 1.3 中的 Quick Connect，在 Host Name 中输入服务器的 IP 地址或服务器的名称，User Name 中输入自己在服务器上的用户名，Port Number 为端口号，一般为默认值 22。再点击 Connect，在出现的 Enter Password 的窗口中输入密码，如图 1.5 所示，再点击 OK 即可。首次登录可能会出现提示保存密码的对话，点击 Yes 即可登录 Linux 服务器。

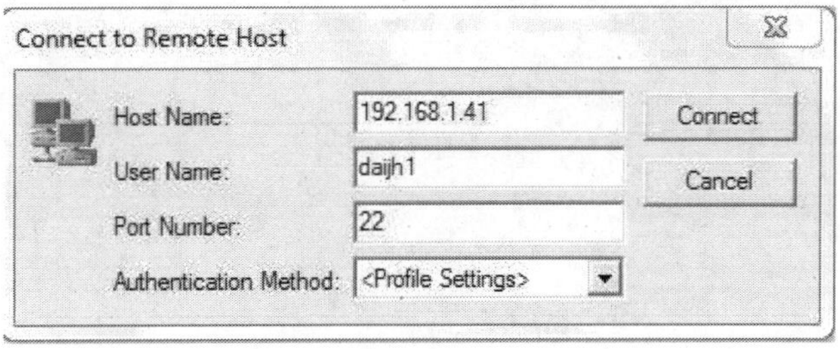

图 1.4 SSH 软件登录设置

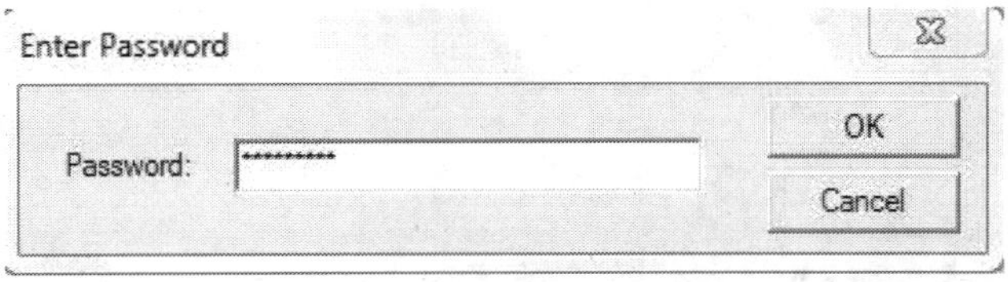

图 1.5 SSH 软件输入密码界面

点击主界面上端第二行、右边第四个图标（文件夹样式），即可激活上传、下载文件的窗口，我们可以在其中上传需要计算的文件，下载输出文件。上传时，把文件拖入 SSH 即可，下载时，可在 SSH 窗口中选中所需下载的文件，点击右键，选择 download 即可，如图 1.6 和图 1.7 所示。

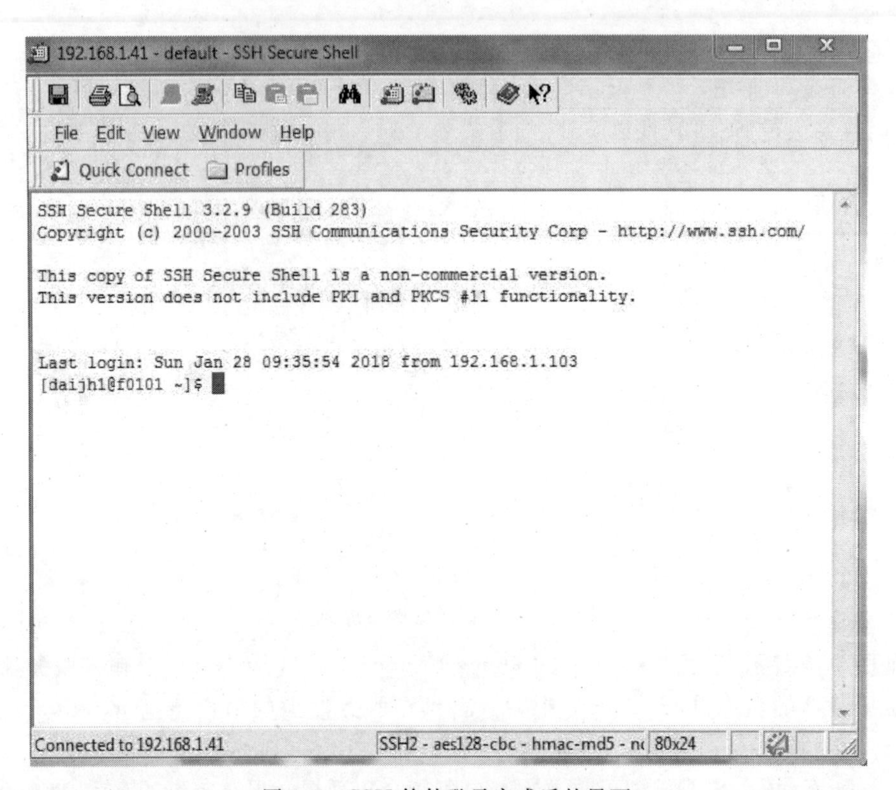

图 1.6 SSH 软件登录完成后的界面

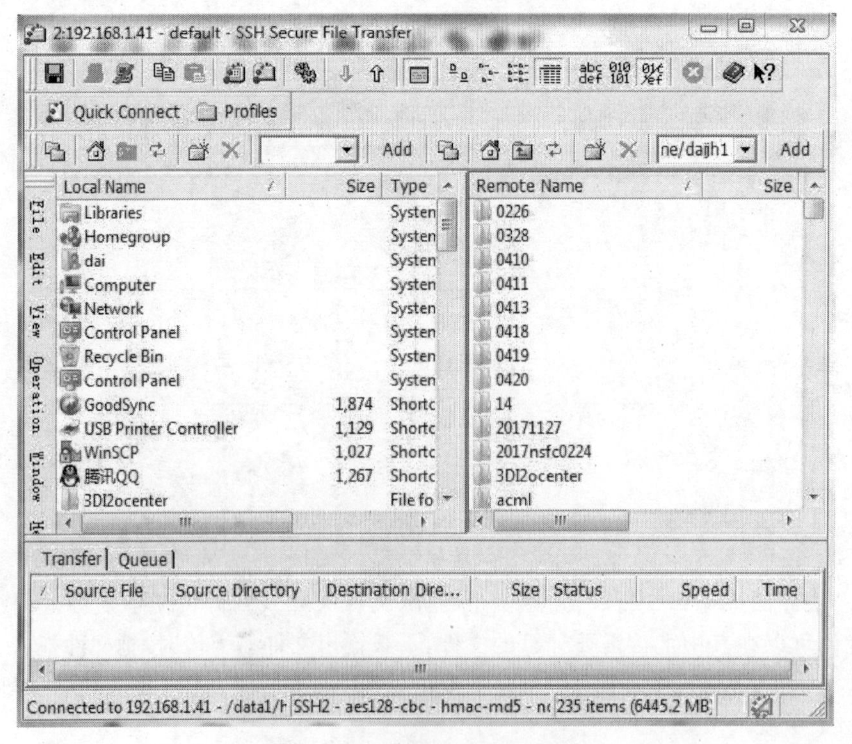

图 1.7 SSH 软件文件传输界面

1. 浏览文件和目录

ls 用来显示用户当前或指定目录的内容：

```
[hitdai@console test]$ ls -ltr
total 11012
-rwx------  1 hitdai 551 11249215 Dec 10  2012 Ni.tar.gz
drwx------  2 hitdai 551     4096 Apr 26  2014 Ni
drwxr-xr-x  3 hitdai adm     4096 Nov 19 14:31 123
```

2. 定位文件和目录

(1)pwd 命令用来显示用户所在的位置。

如下所示，“hitdai”表示登录用户名，“console”代表计算机名，对于普通用户账号，提示符为“$”；对于 root，提示符为“#”。

```
[hitdai@console ~]$ pwd
/export/home/hitdai
```

(2) cd 命令用来改变工作目录。

改变当前所处的目录：

```
[hitdai@console ~]$ cd test
[hitdai@console test]$ pwd
/export/home/hitdai/test
```

注意 cd 后的空格。

(3)返回上级目录。

```
[hitdai@console test]$ cd ␣
[hitdai@console ~]$ pwd
/export/home/hitdai
```

(4)返回用户主目录。

```
[hitdai@console test]$ cd ~
[hitdai@console ~]$
```

如果要在最近工作过的两个目录间切换，可以执行命令“cd -”。

3. 合并文件

将 file2 与 file1 文件合并到 file3。

```
[hitdai@console test]$ cat 123
his

[hitdai@console test]$ cat 1234
good

[hitdai@console test]$ cat 123 1234 > 12345
[hitdai@console test]$ cat 12345
his
good
```

4. 操作文件和目录

(1) cp 为复制文件或目录,如 cp 1 2。

(2) mv 为移动文件或重命名,如 mv 1 2。

(3) rm 为删除文件,如 rm 1。

(4) mkdir 为创建目录,如 mkdir 1。

5. 建立新的文件命令 vi

(1)进入 vi:键入 vi 并按回车。

(2)到输入模式: 按〈i〉。

(3)输入文本:将文本键入缓冲区。

(4)到命令模式:按〈Esc〉。

(5)保存缓冲区到文件:键入 wq ,并按回车。

(6)退出 vi:键入 q,并按回车。

1.7 VASP 的 POSCAR 文件的建立

POSCAR 文件的建立为整个模拟计算中的重中之重,包含了模拟体系的模型。该文件一般需要通过晶体构建软件进行,如 Material Studio 或 VESTA 等软件,前者为商业软件,后者为免费软件。这里以免费软件 VESTA 为例,简单叙述 POSCAR 文件的建立。

首先需要找到建立晶体结构的晶格常数、原子坐标及空间群等信息。此类信息一般需要查找实验文献,或者是理论计算文献。本书以宋岩教授 2004 年发表的文章 *Influence of selected alloying elements on the stability of magnesium dihydride for hydrogen storage applications: A first-principles investigation* 为例。

该文章中第二页给出了建立 MgH_2模型所需的信息"MgH_2 has a tetragonal symmetry (*P*42/ mnm, group No. 136). The Mg atom occupies the 2a (0,0,0) site and the H atom the 4f (0. 304,0. 304,0) site, The lattice parameters are a=0. 450 1 nm and c=0. 301 nm"。总结起来,MgH_2 的空间群号为 136,晶格常数 a = 4. 501 Å,c = 3. 01 Å (1 Å=0. 1 nm),Mg 原子位置为(0,0,0),H 原子位置为(0. 304,0. 304,0)。

下载 VESTA 软件,解压缩安装后,双击打开 VESTA 软件,如图 1. 8 所示。

依次点击 File 和 New Structure(图 1. 9),再点击上方的 Unit cell 选项,出现图 1. 10 所示窗口。

在 Space group 选项后的空格中输入 136,并按键盘上的 Tab 键,在 Lattice parameters 中 a 下方空格中输入 4. 501,c 下方空格中输入 3. 01,如图 1. 10 所示。

再点击图 1. 10 中的 Structure parameters,点击右边的 New,在 Symbol 中选择 Mg 原子,x,y,z 下方的空格中输入 0,0,0;再继续点击 New,选择 H 原子,x,y,z 下方的空格中输入 0. 304,0. 304,0,如图 1. 11 所示。

最后点击 OK 即可出现 MgH_2的晶胞模型,如图 1. 12 所示,其中大球为 Mg 原子,小球为 H 原子。

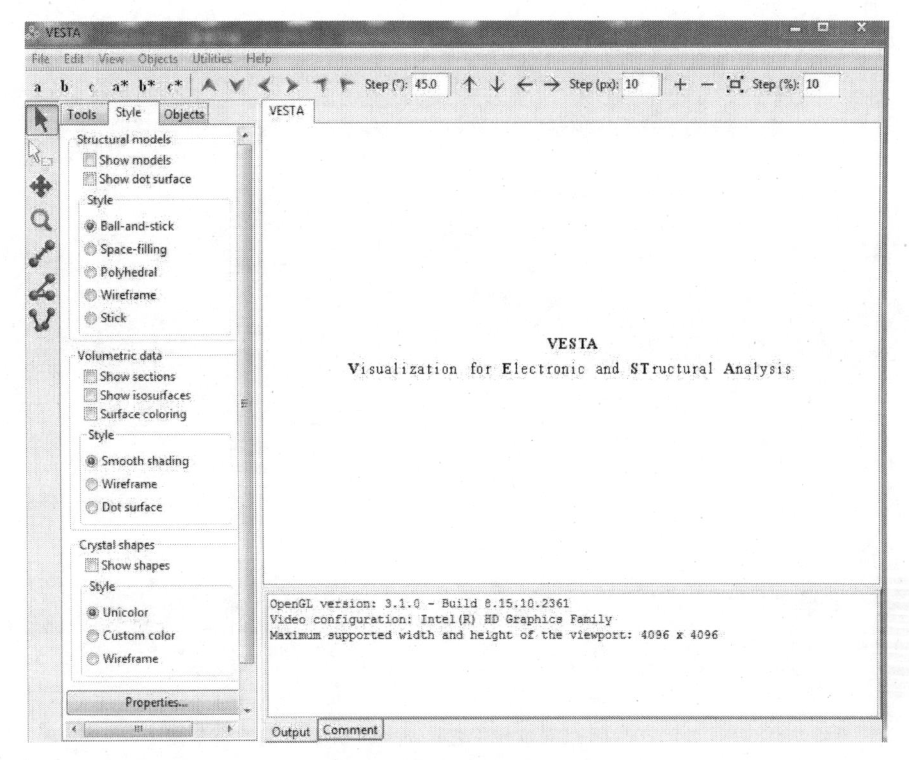

图 1.8 VESTA 软件的主界面

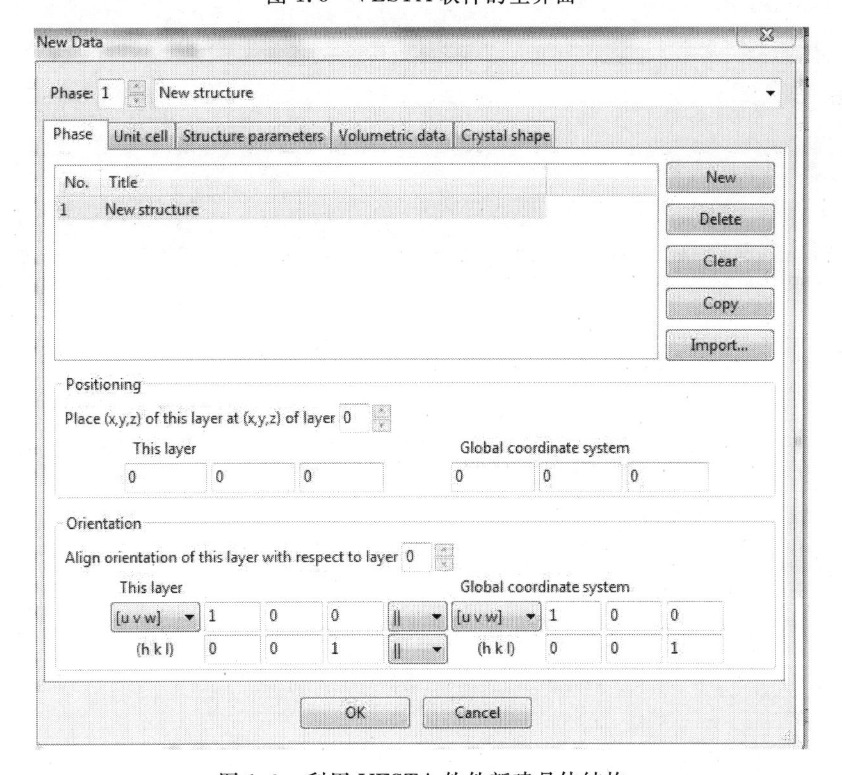

图 1.9 利用 VESTA 软件新建晶体结构

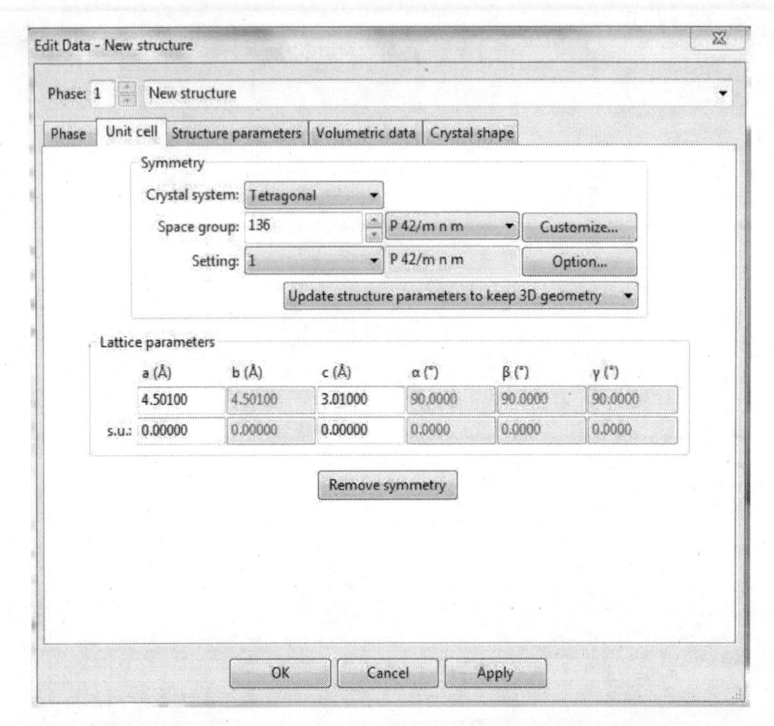

图 1.10　在 VESTA 软件中输入晶格常数及空间群等信息

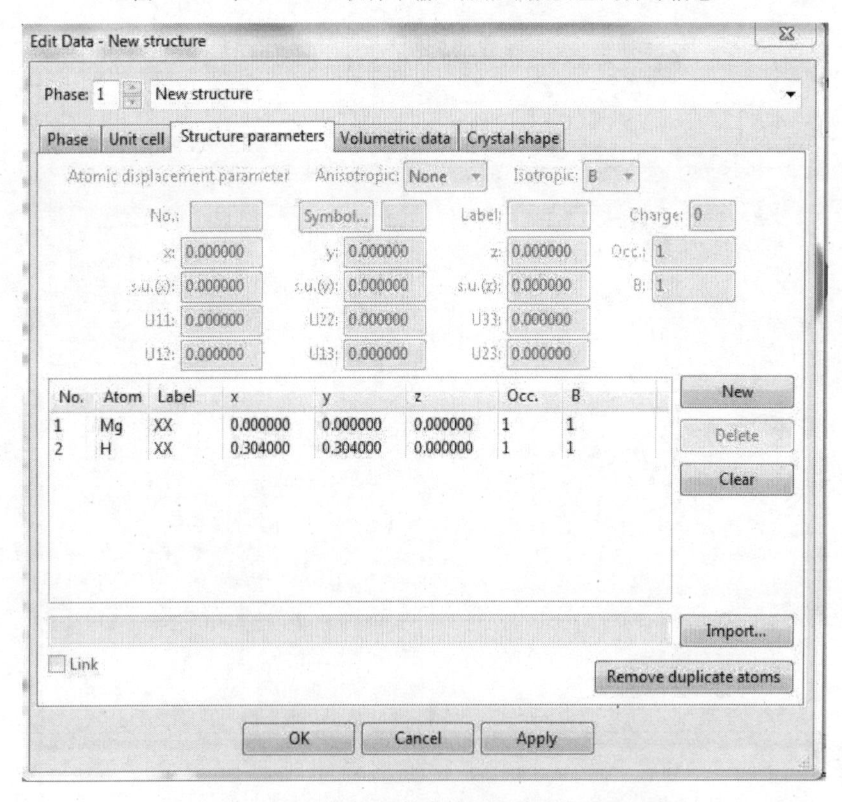

图 1.11　在 VESTA 软件中输入晶胞中的原子坐标

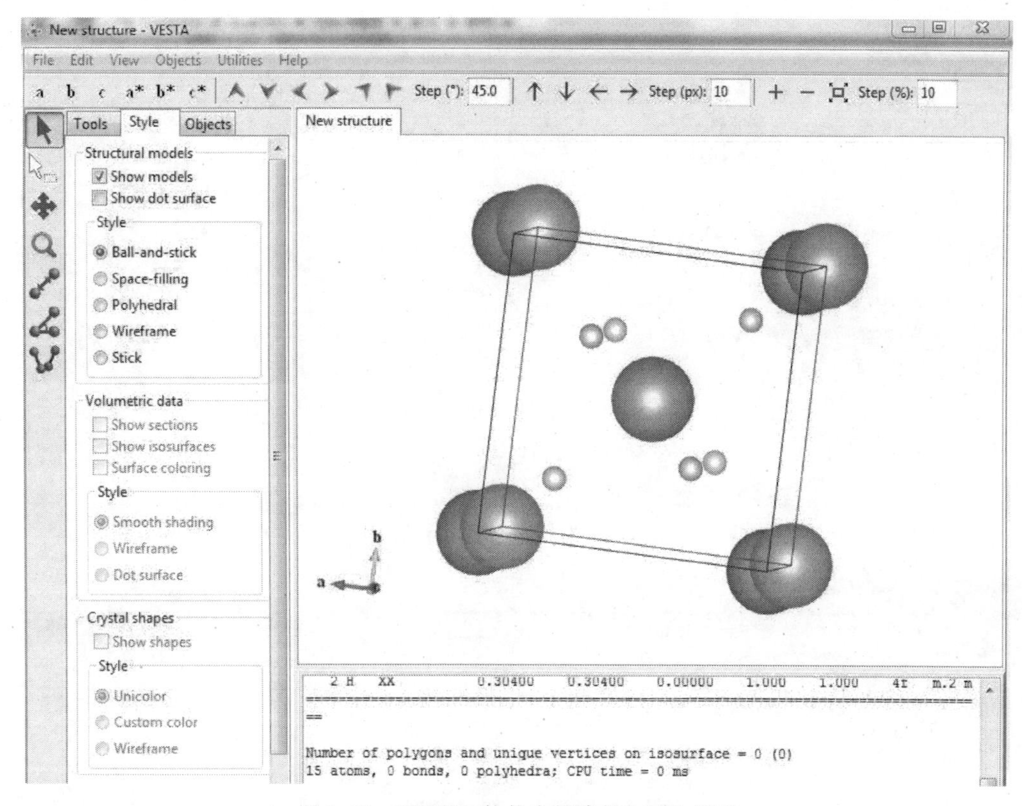

图 1.12 VESTA 软件中新建的 MgH_2 模型

最后依次点击“File”“Export data”和“Save as type”选择 VASP，即可输出为 VASP 的 POSCAR 文件。

在掺杂计算中，常需要采用超胞(supercell)进行掺杂，依次点击“Edit”“Edit data”和“Unit cell”，在图所示的界面中，点击“Option”，然后在出现的“Rotation matrix P”的对角线部分三行中分别输入 2，2，2，即可得到 2×2×2 的超晶胞，如图 1.13 所示。

最后依次点击“Edit”“Edit data”和“Structure parameters”，在最下面的原子位置框中，选中所需置换的元素，修改成所需要的元素，即可完成置换掺杂。如果是间隙掺杂，则需要点击 New，输入间隙原子坐标。值得注意的是，由于对称性的原因，最好是在掺杂前，先把超晶胞导出为 VASP 格式的 POSCAR 文件，然后把 POSCAR 文件拖入 VESTA 软件，再按上述步骤进行掺杂，最后另存为 VASP 格式的 POSCAR 文件，即可完成掺杂体系模型的建立工作，如图 1.14 所示。

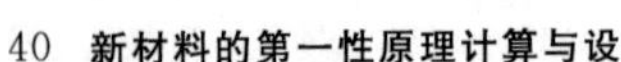

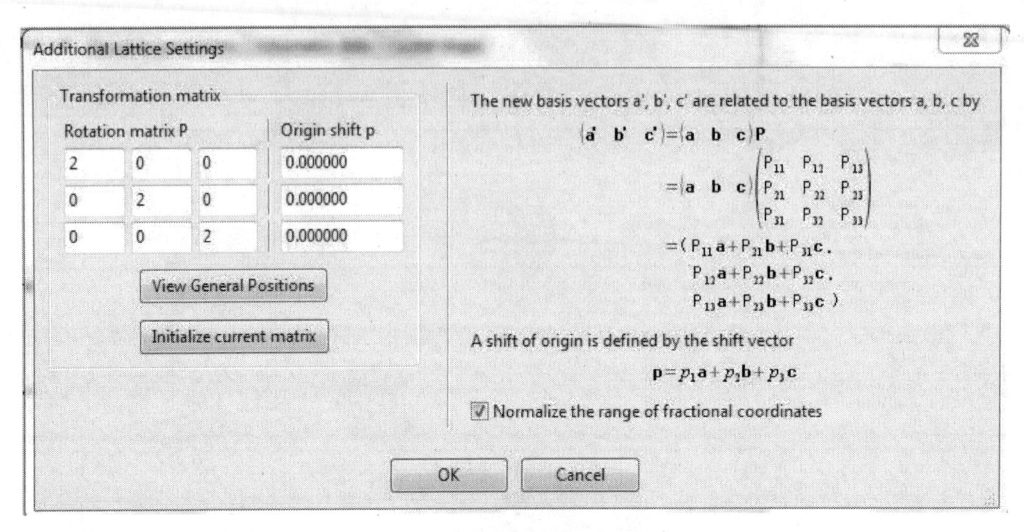

图 1.13　VESTA 建立超晶胞

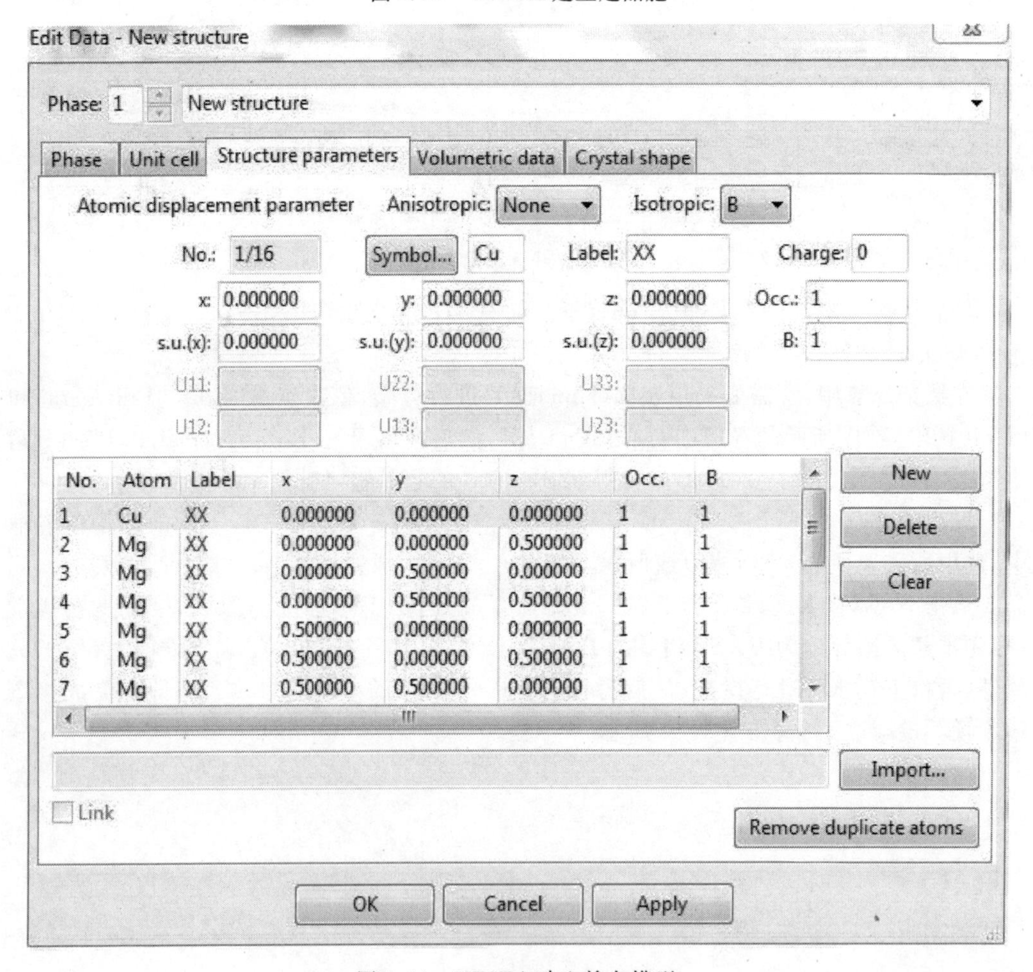

图 1.14　VESTA 建立掺杂模型

本章参考文献

[1] KOHN W，BECKE A D，PARR R G. Density functional theory of electronics structure[J]. J. Phys. Chem.，1996，100(31):12974-12980.

[2] BADER R F W，ESSEÉN H. The characterization of atomic interactions[J]. J. Chem. Phys.，1984，80(5):1943.

[3] BECKE A D，EDGECOMBE K E. A simple measure of electron localization in atomic and molecular systems[J]. J. Chem. Phys.，1990，92(9):5397-5403.

[4] SAVIN A，NESPER R，WENGERT S，et al. ELF：The electron localization function[J]. Angew Chem. Int. Edit，1997，36(17):1809-1832.

第 2 章 量子化学的理论基础和计算方法

随着计算机性能的高速发展，计算速度和计算精度不断提高，量子化学计算方法也随之飞速发展。如今，量子化学已经逐渐渗透到分子、晶体的电子结构，分子间相互作用力，化学键性质以及各种光谱、波谱和电子能谱的研究中，研究范围涉及无机化合物、有机化合物、生物大分子和各种功能材料体系。正如瑞典皇家科学院于 1998 年颁发诺贝尔化学奖时所讲述的：化学不再是纯实验科学了。本章主要介绍关于量子化学理论的基本理论基础和本书后续章节中用到的量子化学计算方法，为本书第 7 章和第 8 章做理论铺垫。

2.1 理论基础

1972 年，IBM 计算化学实验室创始人、量子化学计算领域的开拓者之一 Enrico Clementi曾说："我们能计算一切。"虽然此话有些夸张，却推动了计算化学以及相应计算硬件的发展。量子化学理论的发展使得人们可以严格论证化学经验知识和直觉概念，使化学学科实现了从定性到定量、从经验到理论的质的飞跃。

2.1.1 分子轨道理论

Hartree－Fork－Roothann (HFR)方程是分子轨道理论的核心。H－F 方程是一个应用变分法计算多电子系统波函数的方程式，是量子化学中最重要的方程之一。基于分子轨道理论的所有量子化学计算方法都是以 H－F 方程为基础的，它是现代量子化学的基石。H－F 分子轨道模型扩展得到 Roothann 方程。

1. 闭壳层分子的 HFR 方程

对于含有 N 个电子的分子体系，必须有 $n=N/2$ 个空间轨道，而这 n 个空间轨道的行列式波函数可以表示为

$$\psi_0 = \left| \varphi_1 \alpha_{(1)} \varphi_1 \beta_{(2)} \varphi_2 \alpha_{(3)} \varphi_2 \beta_{(3)} \cdots \varphi_{\frac{n}{2}} \alpha_{(n-1)} \varphi_{\frac{n}{2}} \beta_{(n)} \right| \tag{2.1}$$

体系的 Hamilton 量在不考虑磁相互作用的情况下，可以表示为

$$\hat{H} = \sum_{i=1}^{N} \hat{h}(i) + \sum_{i<j}^{N} \hat{g}(i,j) \tag{2.2}$$

式中，单电子算符为 $\hat{h}(i) = -\frac{1}{2}\nabla_i^2 - \sum_{\alpha=1}^{N} \frac{Z_\alpha}{r_{\alpha i}}$（$N$ 代表原子核数目）；双电子算符为 $\hat{g}(i,j) = \frac{1}{r_{ij}}$。

可通过下面方程表达体系的能量：

$$E = 2\sum_{i} \langle \varphi_i | h(i) | \varphi_j \rangle + \sum_{i,j=1}^{\frac{N}{2}} [2\langle \varphi_i \varphi_j | g(i,j) | \varphi_i \varphi_j \rangle - \langle \varphi_i \varphi_j | g(i,j) | \varphi_j \varphi_i \rangle] \tag{2.3}$$

假设基函数集合 $\{\chi_u\}(u=1,2,3,\cdots,m)$ 形式的展开式为 $\varphi_i=\sum_{u=1}^{m}c_{ui}\chi_u$，于是式(2.3)展开为

$$E=2\sum_{u,v}\sum_{i}c_{ui}^{*}c_{vi}h_{uv}+\sum_{u,v,\lambda,\sigma}\sum_{i,j}c_{ui}^{*}c_{vi}c_{\sigma i}^{*}[2\langle uv\mid\lambda\sigma\rangle-\langle u\sigma\mid\lambda v\rangle] \tag{2.4}$$

在计算系数 c_{ui} 为满足空间轨道的正交归一性（$\langle\varphi_i\mid\varphi_j\rangle=\delta_{ij}$）条件下的最优值的情况下，就必须建立函数 $w=E-2\sum\varepsilon_{ij}\langle\varphi_i\mid\varphi_j\rangle$，因此有

$$\sum_{v}(\boldsymbol{F}_{uv}-\boldsymbol{\varepsilon}_i\boldsymbol{S}_{uv})c_{vi}=0\ (u=1,2,3,\cdots,m;i=1,2,3,\cdots,m) \tag{2.5}$$

其中

$$\begin{aligned}\boldsymbol{F}_{uv}&=h_{uv}+\boldsymbol{G}_{uv}\\&=h_{uv}+\sum_{\lambda,\sigma}(\sum_{j}c_{\sigma j}c_{\lambda j}^{*})(2\langle uv\mid\lambda\sigma\rangle-\langle u\sigma\mid\lambda v\rangle)\\&=h_{uv}+\sum_{\lambda,\sigma}(2\langle uv\mid\lambda\sigma\rangle-\langle u\sigma\mid\lambda v\rangle)\boldsymbol{P}_{\sigma\lambda}\end{aligned}$$

式(2.5)是闭壳层分子体系的 HFR 方程。

式(2.5)可被表示为矩阵形式：

$$\boldsymbol{FC}=\boldsymbol{SC\varepsilon} \tag{2.6}$$

式中，$\boldsymbol{S}$ 是重叠矩阵；$\boldsymbol{C}$ 是本征矢（分子轨道系数）矩阵；$\boldsymbol{\varepsilon}$ 是对角矩阵；$\boldsymbol{G}$ 为电子排斥矩阵；$\boldsymbol{h}$ 为 Hamilton 矩阵；$\boldsymbol{F}$ 为 Fock 矩阵，$\boldsymbol{F}=\boldsymbol{h}+\boldsymbol{G}$。

2. 开壳层分子的 HFR 方程

相比于闭壳层，开壳层的分子体系有两种可能的电子排布方法。其一是自旋限制的 HF 理论，这一理论与闭壳层情况非常相似，它的 HFR 方程可以表示为

$$\boldsymbol{F}^{C}\boldsymbol{C}_{\mathrm{k}}=\sum\boldsymbol{SC}_{j}\boldsymbol{\varepsilon}_{j\mathrm{k}} \tag{2.7}$$

$$\gamma\boldsymbol{F}^{0}\boldsymbol{C}_{\mathrm{m}}=\sum\boldsymbol{SC}_{j}\boldsymbol{\varepsilon}_{j\mathrm{m}} \tag{2.8}$$

式中，$\boldsymbol{C}_{\mathrm{k}}$为闭壳层分子轨道的系数矩阵；$\boldsymbol{C}_{\mathrm{m}}$为开壳层分子轨道的系数矩阵。

其二是自旋非限制 HF 理论，表示如下：

$$\psi_i^{\alpha}=\sum_{\mu}c_{\mu i}^{\alpha}\varphi_{\mu} \tag{2.9}$$

$$\psi_i^{\beta}=\sum_{\mu}c_{\mu i}^{\beta}\varphi_{\mu} \tag{2.10}$$

其中，$c_{\mu i}^{\alpha}$ 和 $c_{\mu i}^{\beta}$ 线性无关。

类似地，按照闭壳层体系的处理方法可以得出：

$$\sum_{\nu=1}^{N}(\boldsymbol{F}_{\mu i}^{\alpha}-\varepsilon_i^{\alpha}\boldsymbol{S}_{\mu\nu})\boldsymbol{C}_{\mu i}^{\alpha}=0 \tag{2.11}$$

$$\sum_{\nu=1}^{N}(\boldsymbol{F}_{\mu i}^{\beta}-\varepsilon_i^{\beta}\boldsymbol{S}_{\mu\nu})\boldsymbol{C}_{\mu\nu}^{\beta}=0 \tag{2.12}$$

这里，矩阵可以定义为

$$\boldsymbol{F}_{\mu\nu}^{\alpha}=H_{\mu\nu}^{\mathrm{core}}+\sum_{\lambda,\sigma=1}^{N}[(\boldsymbol{P}_{\lambda\sigma}^{\alpha}+\boldsymbol{P}_{\lambda\sigma}^{\beta})\langle\mu\nu\mid\lambda\sigma\rangle-\boldsymbol{P}_{\lambda\sigma}^{\alpha}\langle\mu\lambda\mid\nu\sigma\rangle] \tag{2.13}$$

$$\boldsymbol{F}_{\mu\nu}^{\beta}=H_{\mu\nu}^{\text{core}}+\sum_{\lambda,\sigma=1}^{N}\left[(\boldsymbol{P}_{\lambda\sigma}^{\alpha}+\boldsymbol{P}_{\lambda\sigma}^{\beta})\langle\mu\nu\mid\lambda\sigma\rangle-\boldsymbol{P}_{\lambda\sigma}^{\beta}\langle\mu\lambda\mid\nu\sigma\rangle\right] \tag{2.14}$$

而密度矩阵则可以定义为

$$\boldsymbol{P}_{\mu\lambda}^{\alpha}=\sum_{i=1}^{\alpha_{\text{ecc}}}c_{\mu i}^{\alpha^*}c_{\nu i}^{\alpha} \tag{2.15}$$

$$\boldsymbol{P}_{\mu i}^{\beta}=\sum_{i=1}^{\beta_{\text{ecc}}}c_{\mu i}^{\beta^*}c_{\nu i}^{\beta} \tag{2.16}$$

用迭代法来求解其本征向量和本征值也同样适用于开壳层体系的 HFR 方程。

2.1.2 含时密度泛函理论

对传统的密度泛函理论进行推广得到含时密度泛函理论(Time-Dependent Density Functional Theory, TDDFT)。它仅局限于不含时体系,且仅限于基态性质的研究。1978 年,V. Peukert 首次提出了 K－S 方程。B. M. Deb,Ghosh 及 L. J. Bartolotti 等人对于限制性外部微扰的 TDDFT 理论做了深入阐述。经过 20 多年的努力,TDDFT 方法已经发展成为比较系统的理论方法,广泛应用在闭壳层体系和开壳层体系。

含时的 Schrödinger 方程表示为

$$\mathrm{i}\frac{\partial}{\partial}\Psi(t)=\hat{H}(t)\Psi(t) \tag{2.17}$$

这里 Hamilton 算符 $\hat{H}$ 可表示为:$\hat{H}=\hat{T}+\hat{W}+\hat{V}(t)$,其中 $\hat{W}$ 为库仑相互作用,$\hat{T}$ 为动能,$\hat{V}(t)$ 为含时的外部势能。

Runge 和 Gross 发展了 Runge－Gross 理论,这使得含时过程中参数 $\alpha(t)$ 也不一样:

$$\Psi(t)=\mathrm{e}^{-\mathrm{i}\alpha(t)}\widetilde{\Psi}[\rho](t) \tag{2.18}$$

这里,含时量子力学算符 $\hat{O}(t)$ 的期望值为独特的密度函数:

$$O[\rho](t)=\langle\widetilde{\Psi}[\rho](t)\,|\,\hat{O}(t)\,|\,\widetilde{\Psi}[\rho](t)\rangle \tag{2.19}$$

精确的含时密度中所需的静止点可从 Euler－Lagrange 方程中获取:

$$\frac{\delta A[\rho]}{\delta\rho(\boldsymbol{r},t)}=0 \tag{2.20}$$

密度函数 $A[\rho]$ 还可重新表达为

$$A[\rho]=B[\rho]-\int_0^t\mathrm{d}t\int\mathrm{d}r\rho(\boldsymbol{r},t)v(\boldsymbol{r},t) \tag{2.21}$$

其中,常函数 β 为

$$\beta[\rho]=\int_0^{t_1}\mathrm{d}t\langle\Psi[\rho](t)\left|\mathrm{i}\frac{\partial}{\partial t}-\hat{T}-\hat{W}\right|\Psi[\rho](t)\rangle \tag{2.22}$$

该参数在含时理论中具有普遍函数 $F(\rho)$ 的作用。

上面是求 $\rho(\boldsymbol{r},t)$ 的常规方法,但是不可行,还需在该理论基础上引入一系列含时的 K－S 方程。在基态中,假设存在一个唯一势能 $v_s(\boldsymbol{r},t)$:

$$i\frac{\partial}{\partial t}\varphi_j(\boldsymbol{r},t)=\left(-\frac{\nabla^2}{2}+v_s[\rho](\boldsymbol{r},t)\right)\varphi_j(\boldsymbol{r},t) \tag{2.23}$$

而密度 $\rho(\boldsymbol{r},t)$ 则可以由非相互作用轨道得出:

$$\rho(\boldsymbol{r},t)=\sum_{j=1}^{N}|\varphi_j(\boldsymbol{r},t)|^2 \tag{2.24}$$

势能 $v_s(\boldsymbol{r},t)$ 被称为含时 K－S 势能，其表达式为

$$v_s[\rho](\boldsymbol{r},t)=v(\boldsymbol{r},t)+\int \mathrm{d}r' \frac{\rho(\boldsymbol{r}',t')}{|\boldsymbol{r}-\boldsymbol{r}'|}+v_{XC}(\boldsymbol{r},t) \tag{2.25}$$

式中，$v(\boldsymbol{r},t)$ 为外场能；$v_{XC}(\boldsymbol{r},t)$ 为含时的相关交换势能。它通过下面方程与 A_{XC} 部分相关：

$$v_{XC}[\rho](\boldsymbol{r},t)=\frac{\delta A_{XC}[\rho]}{\delta\rho(\boldsymbol{r},t)} \tag{2.26}$$

这里，A_{XC} 定义为

$$A_{XC}[\rho]=B_s[\rho-\frac{1}{2}\int_0^t \mathrm{d}t\int \mathrm{d}r\int \mathrm{d}r' \frac{\rho(\boldsymbol{r},t)\rho(\boldsymbol{r}',t)}{|\boldsymbol{r}-\boldsymbol{r}'|}] \tag{2.27}$$

采用 TDDFT 理论计算激发态能量的方法于 1996 年由 Petersilka 等人首次提出。假设体系的外势 $V(\boldsymbol{r},t)=V_0(\boldsymbol{r})+V_1(\boldsymbol{r},t)$，则密度响应函数定义为

$$\chi(\boldsymbol{r}t,\boldsymbol{r}'t')=\frac{\delta\rho[V](\boldsymbol{r},t)}{\delta V(\boldsymbol{r}',t')}\Big|_{V|\rho_0|} \tag{2.28}$$

式中，$\rho_0(\boldsymbol{r})$ 为体系基态的电荷密度。微扰势 $V_1(\boldsymbol{r},t)$ 的线性密度响应 $\rho_1(\boldsymbol{r},t)$ 可表达为下列方程式：

$$\rho_1(\boldsymbol{r},t)=\int \mathrm{d}t'\int \mathrm{d}\boldsymbol{r}'\chi(\boldsymbol{r}t,\boldsymbol{r}'t')V_1(\boldsymbol{r}'t') \tag{2.29}$$

K－S 方程相应函数定义为

$$\chi_s(\boldsymbol{r}t,\boldsymbol{r}'t')=\frac{\partial\rho[V_s](\boldsymbol{r},t)}{\delta V_s(\boldsymbol{r}',t')} \tag{2.30}$$

K－S 方程中的有效势为

$$f_{XC}[\rho](\boldsymbol{r}t,\boldsymbol{r}'t')=\frac{\partial V_{XC}[\rho](\boldsymbol{r}t)}{\partial\rho(\boldsymbol{r}'t')} \tag{2.31}$$

式中，$V_{XC}[\rho](\boldsymbol{r}t)$ 为交换相关势，因此

$$\chi(\boldsymbol{r}t,\boldsymbol{r}'t')=\chi_s(\boldsymbol{r}t,\boldsymbol{r}'t')+\int \mathrm{d}\boldsymbol{x}\int \mathrm{d}\tau\int \mathrm{d}\boldsymbol{x}\int \mathrm{d}\tau'\chi_s(\boldsymbol{r}t,\boldsymbol{x}\tau)\times \\ (\frac{\delta(\tau-\tau')}{|\boldsymbol{x}-\boldsymbol{x}'|}+f_{XC}[\rho_0](\boldsymbol{x}\tau,\boldsymbol{x}'\tau'))\chi(\boldsymbol{x}'\tau',\boldsymbol{r}'t') \tag{2.32}$$

而

$$\rho_1(\boldsymbol{r},t)=\int \mathrm{d}t'\int \mathrm{d}\boldsymbol{r}'\chi_s(\boldsymbol{r}t,\boldsymbol{r}'t')V_{s1}(\boldsymbol{r}'t') \tag{2.33}$$

$$V_{s1}(\boldsymbol{r}t)=V_1(\boldsymbol{r},t)+\int \mathrm{d}\boldsymbol{r}' \frac{\rho(\boldsymbol{r}',t)}{|\boldsymbol{r}-\boldsymbol{r}'|}+\int \mathrm{d}\boldsymbol{r}'\int \mathrm{d}t' f_{sd}[\rho_0](\boldsymbol{r}t,\boldsymbol{r}'t')\rho_1(\boldsymbol{r}',t') \tag{2.34}$$

对上面方程进行傅立叶交换，得到方程：

$$\rho_1(\boldsymbol{r}\omega)=\int \mathrm{d}\boldsymbol{r}'\chi_s(\boldsymbol{r},\boldsymbol{r}';\omega)[V_1(\boldsymbol{r}'\omega)+\int \mathrm{d}\boldsymbol{x}(\frac{1}{|\boldsymbol{r}-\boldsymbol{x}|}+f_{xc}[\rho_0](\boldsymbol{r}',\boldsymbol{x};\omega)\rho_1(\boldsymbol{x}\omega)] \tag{2.35}$$

式(2.35)也可写为

$$\int \mathrm{d}\boldsymbol{x}[\delta(\boldsymbol{r}-\boldsymbol{x})-\int \mathrm{d}\boldsymbol{r}'\chi_s(\boldsymbol{r},\boldsymbol{r}';\omega)\left\{\frac{1}{|\boldsymbol{r}'-\boldsymbol{x}|}+f_{\mathrm{XC}}[\rho_0](\boldsymbol{r}',\boldsymbol{x};\omega)\right\}]\rho_1(\boldsymbol{x}\omega)$$

$$=\int \mathrm{d}\boldsymbol{r}'\chi_s(\boldsymbol{r},\boldsymbol{r}';\omega)V_1(\boldsymbol{r}'\omega) \tag{2.36}$$

式中，$\rho_1(\boldsymbol{x}\omega)$ 为 ω 的函数，在 $\omega=\Omega$ 处有极点，X_s则在 $\omega=\omega_{jk}$ 处有极点。当 $\omega=\Omega$ 时方程右边为有限值，如

$$\int \mathrm{d}\boldsymbol{r}\int \mathrm{d}\boldsymbol{r}'\chi_s(\boldsymbol{x},\boldsymbol{r};\omega)[\frac{1}{|\boldsymbol{r}-\boldsymbol{r}'|}+f_{\mathrm{XC}}[\rho_0](\boldsymbol{r},\boldsymbol{r}';\omega)]\xi(\boldsymbol{r}'\omega)=\lambda(\omega)\xi(\boldsymbol{x}\omega) \tag{2.37}$$

用上面方程即可求得精确的激发能 Ω。

上述方法因为对交换相关势采用了绝热近似，因而只适用于低激发态，误差较小；而对于高激发态的计算则误差较大。

2.1.3 分子的光物理过程

为了更好地理解有机光电功能材料中结构与性质的关系，理解有机分子内发生的光物理过程是非常必要的。基态有机分子受到激发后，会发生电子跃迁，产生激发态。基态指的是分子的稳定态，即能量的最低状态。在适当的光辐射下，分子中的电子吸收光能后达到一个能量更高的值，产生激发态分子。一旦一个基态分子吸收光子被激发，它可以通过荧光发射回到基态，但是还有很多其他可能的去激发路径：内转换（没有荧光发射直接回到基态）、系间窜越（可能伴随磷光发射）、分子内电荷转移和构象改变。激发态中与其他分子的相互作用也可能与去激发过程（电子转移、质子转移、能量转移及激基缔合物的形成）竞争。这些去激发路径如果发生在与分子在激发态停留平均时间（寿命）相同的范围内，可能与荧光发射竞争。受任何激发态过程影响的荧光特性，包括激发态分子与周围环境的相互作用，可以提供这种微环境中的有用信息。由图 2.1 可以直观地看出各种过程的简单路径：光子吸收、内转换、荧光、系间窜越、磷光及无辐射跃迁等。单重电子态定义为 S_0（基态），S_1，S_2，…三重电子态定义为 T_1，T_2，…振动能级与每个电子态相关。值得注意的是，吸收过程（$\approx 10^{-15}$ s）相对于其他过程非常快，吸收使得分子激发到 S_1 和 S_2 振动能级上，也就出现了各种可能的去激发过程。下面对分子内的电子过程涉及的重要概念进行介绍。

（1）基态（S_0）。

基态是指分子的稳定态，即能量最低状态，当一个分子中所有电子的排布完全遵从构造原理（能量最低原理、泡利不相容原理和洪特规则）时，则称此时的分子处于基态。

（2）激发态。

如果一个分子受到辐射使其达到一个能量更高的值时，则称这个分子被激发了。分子被激发后，分子中的电子排布不完全遵从构造原理，这时称分子处于激发态。激发态是分子的一种不稳定状态，其能量相对较高。

根据分子多重性的不同，又分为单线态激子（S）和三线态激子（T）。

（3）激子。

激子是指分子受激后产生的相互关联的电子—空穴对。

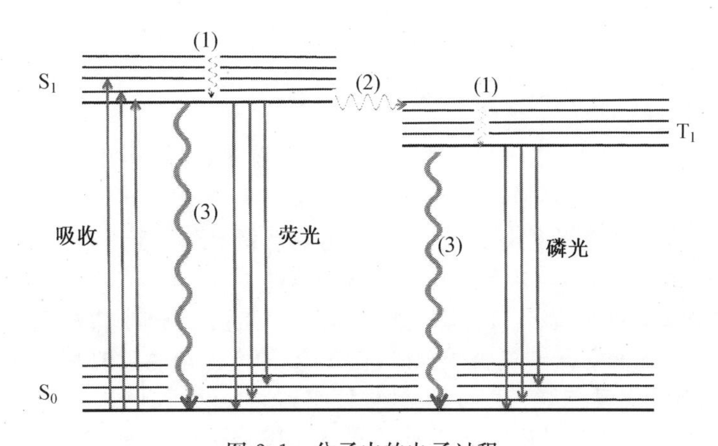

图 2.1 分子内的电子过程

(1)—内转换;(2)—系间窜越;(3)—非辐射跃迁

(4)光的吸收和发射。

基态有机分子吸收光能后成为激发态的过程称为吸收;相反,激发态有机分子伴随着光辐射的衰减过程称为发射,该过程也称为激子的辐射衰变。

(5)荧光。

伴随 $S_1 \rightarrow S_0$ 弛豫发射光子的过程称为荧光。需要指出的是,除了一些特殊的例子,荧光发射均由 S_1 态出发,因此它的特性并不依赖于激发波长。对于吸收和荧光来说 0—0 跃迁是相同的。然而,由于激发态振动弛豫过程的能量损失,荧光光谱相对吸收光谱位于较高波长处(低能)。一般而言,基态和激发态中振动能级之间的不同是类似的。因此荧光光谱通常位于第一吸收带,吸收光谱与荧光光谱呈镜像关系。最大吸收峰与最大发射峰之间的带隙称为斯托克斯位移(Stokes Shift),可以认为荧光发射过程是一个自发射过程。

(6)磷光。

在室温溶液中,三重态 T_1 的无辐射跃迁过程相对于辐射跃迁变为主体,发射的光子称为磷光。事实上,$T_1 \rightarrow S_0$ 的跃迁是禁阻的(但是因为其自旋轨道耦合作用而被观察到),因此辐射跃迁的速率通常较低。在这种迟缓的过程中,与溶剂分子的多次碰撞有利于系间窜越和到 S_0 态的振动弛豫。

相反,低温下和在刚性介质中,磷光可以被观察到。在这种条件下,三重态的寿命可能长到可以观察到磷光,其时间范围可达几秒、几分钟甚至更长。磷光光谱位于比荧光光谱更长的位置,因为三重态 T_1 的较低振动能级的能量比单重态 S_1 的较低振动能级的能量低。

(7) 内转换。

内转换是相同自旋多重度的两个电子态之间的无辐射跃迁过程。在溶液中,该过程伴随着向最终电子态的最低振动能级的振动弛豫。过多的振动能量在激发态分子与周围溶剂分子碰撞的过程中转移到溶剂中。当分子被激发到更高的能级上(比第一电子态的最低振动能级高)时,振动弛豫导致激发态分子以 $10^{-13} \sim 10^{-11}$ s 的速度向 S_1 单重态 0 振动能级跃迁。

S_1 向 S_0 的内转换是可以发生的,但是不如从 S_2 到 S_1 有效,因为 S_1 与 S_0 之间有更大的能隙。因此，从 S_1 到 S_0 的内转换可以与光子发射（荧光）竞争，系间窜越到光子发射（磷光）三重态可能被捕获到。

（8）无辐射跃迁。

激发态分子回到基态或者高级激发态到达低级激发态，但不发射光子的过程称为无辐射跃迁，这种过程包括内转换和系间窜越。

内转换是相同多重度的能态之间的一种无辐射跃迁，跃迁过程中电子的自旋不改变。如 $S_m \to S_n$ 或 $T_m \to T_n$，这种跃迁是非常迅速的，只需 10 ~ 12 s。

系间窜越是一个由 S_1 态到 T_1 态的跃迁过程，它是两个不同多重度电子态的两个等能振动能级之间的无辐射跃迁过程。例如，在 S_1 态的 0 振动能级的激发态分子可以移动到 T_n 三重态的等能振动能级；然后振动弛豫使它到达最低 T_1 的振动能级。系间窜越可以快到 $10^{-7} \sim 10^{-9}$ s，可以同其他由 S_1 出发的去激发路径竞争。

系间窜越是在不同多重度的态之间窜跃，原则上是禁止的，但是由于自旋轨道耦合（Spin－Orbit Coupling）作用足够大使得这一过程成为可能。系间窜越的概率取决于涉及的单重态和三重态。例如，如果跃迁过程 $S_0 \to S_1$ 为 $n \to \pi^*$ 跃迁，系间窜跃通常是有效的。应该指出的是，重原子（即原子数较大的原子，比如 Br 和 Pb 原子）的存在能够增大自旋轨道耦合从而有利于系间窜越过程的发生。

（9）自旋轨道耦合。

当有机分子 / 晶体中的单线态电子轨道和三线态电子轨道能量接近，且空间位置也相邻时，这两个轨道的自旋状态可以发生耦合，使三线态电子失去其固有特性而表现出部分单线态特性，导致了系间窜越和磷光发射过程，这就是自旋－轨道耦合效应。

（10）延迟荧光。

① 热活性型延迟荧光（Thermally Activated Delayed Fluorescence，TADF）。当 S_1 和 T_1 态之间的能量差非常小，并且 T_1 态的寿命足够长的时候，反向系间窜越 $T_1 \to S_1$ 过程可以发生。这一发射过程与正常荧光有同样的光谱分布。但是由于从 S_1 发射之前分子停留在三重态，具有更长的衰退时间常数。这一荧光发射为热活性，因此，其效率随着温度的升高而提高。因为这一过程首次在四溴荧光素（eosin）化合物中发现，也称为 E 型延迟荧光。它通常不发生在芳烃中，因为其 S_1 和 T_1 态之间具有相对较大的能隙。相反，延迟荧光在富勒烯中非常有效。

② 三重态－三重态湮灭。在浓溶液中，两个 T_1 态分子之间碰撞可以提供足够的能量使得其中一个分子返回 S_1 态。这种三重态－三重态湮灭导致延迟荧光发射（也称为 P 型延迟荧光），因为这种现象首次在芘（pyrene）中发现。因为这类化合物激发态的电子组态为（π,π^*）态，S_1 和 T_1 态能量相差较大，不可能靠从环境中取得热能达到 S_1 态。这时有可能在两个 T_1 态分子靠近时，通过两个三重态分子的湮灭过程重新生成 S_1 态。

2.2 计算方法

2.2.1 载流子迁移率的计算方法

有机光电器件中的电荷传输效率对于电子器件的性能起着关键作用，因此研究电荷传输的机理至关重要。载流子迁移率是有机光电器件中的关键参数之一。电荷传输机理随着温度的不同而改变。低温下,载流子在完美有序材料中离域,相应于连续带状运动。在这种情况下,载流子迁移率主要取决于价带(空穴传输)和导带(电子传输)的宽度。当温度增加时,晶格振动导致电荷散射并有效地减小整个带宽从而减小了载流子迁移率。能带体系可看作简单的紧束缚估算,这里整个价带(导带)宽(W)来自每个分子的 HOMO(LUMO)能级的相互作用。例如,在无限的一维堆叠体系中,整个带宽 W 等于 $4t$, t 为邻近分子的传输积分。在包含两个相互作用分子的二聚体中,每个分子的 HOMO(LUMO)能级劈裂,等于 $2t$。这一结果通常提供了一种估算传输积分的简单可靠的方法。然而,当相互作用的分子不是对称平衡结构式,这一估算(通常被称为"二聚体中的能级劈裂")会因为极化作用导致点能的不同而失效。

高温下,载流子因为分子振动的相互作用而局域化。在这种情况下,电荷传输变为邻近分子的连续电子跳跃过程。大部分共轭齐聚物和聚合物在室温下均被认为是通过热活性跳跃机理传输电荷。将每次跳跃过程看作非绝热电子转移反应,邻近分子的电荷运动速率可通过 Marcus 理论描述。在 Marcus 理论的半经典限制中,电子传输过程的速率可表达为

$$k_{\mathrm{ET}}=\frac{4\pi^2}{h}V_{\mathrm{RP}}^2\frac{1}{(4\pi\lambda k_{\mathrm{B}}T)^{1/2}}\exp\left(-\frac{(\Delta G^0+\lambda)^2}{4\lambda k_{\mathrm{B}}T}\right) \tag{2.38}$$

式中,ΔG^0 为电子转移反应的吉布斯自由能;V_{RP} 为始态和终态之间的电子耦合;λ 为重组能。

重组能主要包括两部分:① 内重组能 λ_{i},描述的是电荷转移过程中几何构型的变化;② 外重组能 λ_{s},指的是周围环境导致的电子和原子核极化的改变。当 ΔG^0 为负值时,由指数项中$(\Delta G^0+\lambda)^2$ 可以看出传输速率为 λ(正值) 的函数,传输速率存在峰值,当 $|\Delta G^0|=\lambda$ 时,传输速率最大。

值得注意的是,半经验的 Marcus 理论是基于假设体系已经达到跃迁态传输可以发生,这里忽略了特别是在低温下可以帮助传输的隧穿效应。因此更加先进的电子振动理论被发展起来,特别是 Jortner 和 Bixon 提出的理论,考虑了特定振动模对电荷转移速率的影响:

$$k_{\mathrm{ET}}=\frac{4\pi^2}{h}V_{\mathrm{RP}}^2\frac{1}{(4\pi\lambda_{\mathrm{s}}k_{\mathrm{B}}T)^{1/2}}\sum_{\nu}\exp(-S)\frac{S^{\nu}}{\nu!}\exp\left[-\frac{(\Delta G^0+\lambda_{\mathrm{s}}+\nu\hbar\langle\omega\rangle)^2}{4\lambda_{\mathrm{s}}k_{\mathrm{B}}T}\right] \tag{2.39}$$

式中,黄一里斯(Huang—Rhys)因子 S 与内重组能直接相关,可表达为 $S=\frac{\lambda_{\mathrm{i}}}{\hbar\omega}$ 。

最终,在不存在任何外部影响的情况下,载流子迁移率可以由电荷传输速率通过 Einstein—Smoluchowski 方程估算:

$$D=\frac{k_{\mathrm{ET}}\langle X^2\rangle}{n} \tag{2.40}$$

式中,D 为扩散系数;$\langle X^2\rangle$ 为电荷的均方位移;n 为整数,对于一维、二维和三维体系分别为 2, 4 和 6。

D 与载流子迁移率 μ 的关系可通过 Einstein 方程表示:

$$\mu = \frac{e}{k_B T} D \tag{2.41}$$

式中,e 为电子电荷。

外电场的应用包括载流子的漂移,载流子迁移率可被定义为电荷速率 v 和施加电场大小 F 的比率:

$$\mu = \frac{v}{F} \tag{2.42}$$

在实验方面,载流子迁移率可通过多种方法得到。通过宏观距离(约 1 mm)测定载流子迁移率的方法得到的结果通常依赖于材料的纯度和有序性;而通过微观方法测量载流子迁移率通常很少依赖于材料的这些特性。目前实验上广泛采用的测定载流子迁移率的方法主要包括飞行时间法(Time of Flight,TOF)、场效应晶体管法(Field Effect Transistor,FET)、空间电荷限制电流方法(Space Charge Limits Current,SCLC)和脉冲辐射时间分辨微波传导法(Pulsed Radiolysis Time－Resolved Micro－Coave Conductivity,PR－TRMC)等。

有效的电荷传输需要电荷从分子到分子的自由移动而不被俘获或散射。因此,载流子迁移率受很多因素影响,包括分子堆叠、无序度、载流子密度、温度、杂质、电场、分子大小和质量及压力等。根据 Marcus 理论,无论电荷传输的准确机制是什么,影响载流子迁移率的两个关键参数是分子内重组能和传输积分。载流子迁移率随着分子间传输积分的增加而增加,随着重组能的增大而减小,因此,这两种参数被广泛研究。在有机光电器件中设计具有高载流子迁移率的有机光电功能材料成为该领域的一大挑战。下面对影响载流子迁移率的两个主要参数进行简要介绍:

①分子内重组能。重组能是控制电子或能量转移速率的关键参数之一。由式(2.38)可以看出,重组能越小,其电荷传输速率越高。重组能通常为内外贡献之和。内重组能主要来自给受体在电子转移过程中得失电子的几何构型的变化。外重组能是由于周围环境导致的电子和原子核极化/弛豫过程。要想获得较高的载流子迁移率,应该尽可能减小重组能。并苯分子因其具有较高的载流子迁移率而被广泛研究。其中,并四苯和并五苯具有较小的重组能,这是由于其超环的刚性和前线轨道的完全离域的结果。相应地,其他分子也存在较小的分子内重组能,如富勒烯、酞菁和盘状超环分子。值得注意的是,分子内重组能与极化结合能和电子－声子参数直接相关。电子－声子参数是超导率的传统理论中的一个关键数值。因此重组能的研究与理解超导率合适的极化子模型的发展和有机分子体系中电荷传输的发展密切相关。内重组能可表达为

$$\lambda^{\pm} = \lambda_1^{\pm} + \lambda_2^{\pm} = [E_{\pm}(Q_N) - E_{\pm}(Q_{\pm})] + [E_N(Q_{\pm}) - E_N(Q_N)] \tag{2.43}$$

式中,$E_{\pm}(Q_N)$ 为中性态几何构型下离子态的总能量;$E_{\pm}(Q_{\pm})$ 为离子态几何构型下离子态的总能量;$E_N(Q_{\pm})$ 为离子态构型下中性态的总能量;$E_N(Q_N)$ 为中性态构型下中性态的总能量。

该方法定义为绝热势能面(Potential Energy Surfaces)方法,是计算重组能的一种常用的方法。

计算重组能的另一种方法是简正模分析法(Normal Mode Analysis)。该方法将整个

重组能的贡献分配到每个振动模：

$$\lambda = \sum \lambda_i = \sum \hbar\omega_i S_i \quad (\lambda_i = \frac{k_i}{2}\Delta Q_i^2) \tag{2.44}$$

式中，ΔQ_i为中性态和离子态的平衡构型沿着简正模的位移；k_i和ω_i分别为力常数和振动频率；S_i为黄－里斯因子，它用来衡量电荷声子耦合强度。这里，黄－里斯因子和弛豫能λ_i均通过DUSHIN程序获得。

②传输积分。传输积分指的是邻近分子之间的电子耦合强度，传输积分越大，越有利于载流子迁移率的提高。目前为止，有很多基于从头算法或者半经验的计算方法发展起来的方法来估算传输积分。一种强大的计算传输积分的方法是通过Slater行列式来描述反应物和产物的绝热态。Li及其研究小组采用共同线性反应坐标来定义跃迁态的几何构型，将该方法应用于苯分子和苯二聚体。另一种方法是采用Koopman理论，在由两条链组成的中性态体系中，将HOMO或者LUMO的能级劈裂作为空穴或者电子的传输积分。

传输积分与分子的堆叠方式和分子的大小密切相关。传输积分描述的是邻近分子之间分子轨道重叠的程度。它可采用Fock算符通过直接耦合法得到：

$$V_{i,j} = \langle \varphi_1^0 | \hat{F}^0 | \varphi_2^0 \rangle \tag{2.45}$$

式中，$V_{i,j}$为传输积分；φ_1^0和φ_2^0为二聚体中分子1和分子2非微扰的前线分子轨道；$\hat{F}^0$为二聚体的Kohn－Sham－Fock算符；0代表算符中分子轨道为非微扰。

Fock矩阵可以表示为$\boldsymbol{F} = \boldsymbol{SC\varepsilon C}^{-1}$，其中$\boldsymbol{S}$为分子间重叠矩阵，$\boldsymbol{C}$和$\boldsymbol{\varepsilon}$分别为分子轨道系数和本征值。

2.2.2 热活性型延迟荧光性质的机理研究

有机发光二极管因具有环境友好、质量轻、低功耗和柔性等优点而在平板显示和固体照明等方面具有巨大的应用前景。为提高有机发光二极管的器件效率，人们开发了许多荧光和磷光材料，前者的内量子效率仅局限于25%，而后者内量子效率可达100%。然而，目前普遍采用的磷光材料多为贵金属，成本高昂且资源有限。近年来，热活性型延迟荧光(Thermally Activated Delayed Fluorescence，TADF)材料可以在不采用金属配合物的前提下实现器件的100%内量子效率，成为当前有机电致发光领域最活跃的研究热点之一。2009年，Adachi首次采用具有TADF性质的Sn－卟啉配合物制备了电致发光器件。此后，一些金属配合物和纯有机材料的TADF性质相继被报道，目前某些纯有机TADF材料的器件效率可与最优的磷光器件效率相匹敌。然而，尽管在全球研究者的努力下开发纯有机TADF材料已经取得了显著的进步，但理论研究TADF材料的激发态性质和发射光谱仍然面临着挑战。其主要问题在于选取合适的理论方法，有效(定性)、准确(定量)地预测大的电荷转移型(Charge Transfer，CT)分子的电子结构。事实上，TADF分子通常包括100个以上的原子，限制了其使用高水平方法进行研究。含时的密度泛函理论(TDDFT)是研究相对大的分子体系激发态性质的较好方法，在准确性和计算资源消耗方面可以合理地折中。然而，当处理具有CT性质的给受体分子时，基于标准泛函的TDDFT计算会严重低估激发能。一般而言，这种系统错误可以归因于不恰当的交换－

相关估算的引入。研究表明引入恰当的、固定比例的准确交换(eX)将会提供激发态的进一步描述。TADF分子中第一单重激发态的垂直跃迁能和有机分子晶体中的电子耦合参数被证明对eX比例非常敏感。因此,恰当的平衡来自H—F的eX和来自DFT的电子交换对于获得可靠的π—共轭电子结构至关重要。此处主要介绍两种广泛采用的研究TADF材料性质的理论方法:最优H—F交换方法和最优化调控区间分离密度泛函理论。

1. 最优H—F交换方法

最优H—F交换方法由黄淑萍等人首次报道,是最初用于计算TADF材料最低单重激发态(S_1)—三重激发态(T_1)能隙(ΔE_{ST})的方法。最优HF交换方法的具体计算过程如下。

(1)以甲苯为溶剂,采用B3LYP/6—31G*方法优化分子的基态(S_0)几何构型,并基于S_0态几何构型计算电荷转移量q。其中,q是一个用于确定最优HF%(OHF)的参数,$OHF=42q$,q的计算方法为

$$q_{+}=e\sum_{i}|a_i-b_i| \quad (a_i-b_i>0) \tag{2.46}$$

$$q_{-}=e\sum_{i}|a_i-b_i| \quad (a_i-b_i<0) \tag{2.47}$$

式中,$\sum_i a_i=1$,$\sum_i b_i=1$,$q=q_{+}=q_{-}$。i代表分子片段的编号,分子片段可以是原子、苯基或咔唑等;a_i和b_i是不同分子片段对最高占据轨道和最低空轨道的贡献值,q值的计算需要使用Multiwfn软件对轨道成分进行分析。

(2)基于优化后的S_0态几何构型,分别选取不同HF交换比例泛函,以6—31G*为基组进行TDDFT计算,获得最低单重激发态垂直激发能($E_{VA}(S_1)$)和最低三重激发态垂直激发能($E_{VA}(T_1)$),并以lg—lg双对数坐标绘制$E_{VA}(S_1)$—HF%曲线。通过OHF在$E_{VA}(S_1)$—HF%曲线上读取相应最优的$E_{VA}(S_1)$[$E_{VA}(S_1, OHF)$]。

(3)对较大的分子体系,含时密度泛函理论(TDDFT)通常很耗时,通常会高估电荷转移导致的激发态扭曲,因此这里仅基于基态结构计算最低单重态($E_{0-0}(S_1)$)和最低三重态($E_{0-0}(T_1)$)的能量。

基于$E_{VA}(S_1)$的结果,可以得到S_1态的最低振动能级与S_0态的最低振动能级之间的能级差($E_{0-0}(S_1)$):

$$E_{0-0}(S_1)=E_{VA}(S_1, OHF)-\Delta E_V-\Delta E_{Stokes} \tag{2.48}$$

式中,ΔE_V为0—0′跃迁与垂直跃迁之间的振动能级,对于共轭分子,ΔE_V为0.15 eV。由于斯托克斯位移(ΔE_{Stokes})而引起的能量损失为0.09 eV。

电荷转移化合物的T_1态能量($E_{0-0}(T_1)$)的预测更为复杂,因为给体或者受体的T_1态可能为电荷转移态(^3CT)或者局域激发态(^3LE)。为了准确预测$E_{0-0}(T_1)$,需要分别计算电荷转移态和局域激发三重态能量($E_{0-0}(^3CT)$和$E_{0-0}(^3LE)$),计算公式如下:

$$E_{0-0}(^3CT)=E_{0-0}(S_1)-[E_{VA}(S_1, OHF)-C\cdot E_{VA}(T_1, BLYP)] \tag{2.49}$$

$$E_{0-0}(^3LE)=E_{VA}(T_1)/\omega-\Delta E_{Stokes} \tag{2.50}$$

式中,BLYP表示Becke—Lee—Yang—Parr杂化泛函;$C=E_{VA}(S_1, OHF)/E_{VA}(S_1, BLYP)$;$\omega$为计算的$E_{VA}(T_1)$与实验值之间的校正因子。

对于BMK(Boese－Martin for Kinetics)，M06－2X和M06－HF泛函，相应的ω值分别为1.10、1.18和1.30。最终取三组数据的平均值作为$E_{0-0}(^3\mathrm{LE})$值。

比较$E_{0-0}(^3\mathrm{CT})$和$E_{0-0}(^3\mathrm{LE})$的大小，取两者中数值小的为电荷转移化合物的$E_{0-0}(\mathrm{T_1})$。

(4) 最终，化合物$\mathrm{S_1}$态与$\mathrm{T_1}$态之间的ΔE_{ST}通过下式得到：

$$\Delta E_{\mathrm{ST}}=E_{0-0}(\mathrm{S_1})-E_{0-0}(\mathrm{T_1}) \tag{2.51}$$

该方法因引入半经验参数，精确度不高，可作为初步筛选具有TADF性质的材料的方法。为更准确地预测材料的TADF性质，可直接采取某种适合该体系的泛函进行计算。另外，区间分离密度泛函的发展解决了基于传统杂化泛函的TDDFT严重低估电荷转移激发能的问题，这主要得益于其泛函形式中非局域准确交换项的贡献。下面对最优化调控区间分离密度泛函理论做简要介绍。

2. 最优化调控区间分离密度泛函理论

通常，区间分离泛函的方程形式可以由电子间距离(r_{12})和误差函数($\mathrm{erf}(x)$)表示：

$$\frac{1}{r_{12}}=\frac{1-[\alpha+\beta\mathrm{erf}(\omega r_{12})]}{r_{12}}+\frac{\alpha+\beta\mathrm{erf}(\omega r_{12})}{r_{12}} \tag{2.52}$$

式中，区间分离泛函的交换项被分成了主要来自DFT的短程部分(上式右边第一项)和来自HF的长程部分。当r_{12}接近0时，α参数表示短程极限处所含eX的比例；当r_{12}逐渐增加时，交换项逐渐从以DFT特征为主转移到以HF特征为主，直到r_{12}无限接近于无穷远，$\alpha+\beta$代表长程极限处所含eX的比例。参数ω称为区间分离参数，单位为Bohr^{-1}。通常，ω的倒数可以看成主要由短程贡献的交换项和由长程贡献的交换项的分隔点。较小的ω值代表了DFT交换项在更远的电子间距处被准确交换项所取代。

一般来讲，RS泛函主要包括两种类型：库仑衰减方法(Coulomb Attenuating Method，CAM)和长程校正(Long-range Corrected，LC)方法，前者为在长程渐进极限处仍保持一定比例的DFT交换项，而后者通常含有接近100%的准确交换作用。常见的区间分离泛函包括CAM－B3LYP ($\omega=0.33$，$\alpha=0.19$，$\alpha+\beta=0.65$)、BNL ($\omega=0.33$，$\alpha=0.0$，$\alpha+\beta=1.0$)、LC－PBE0 ($\omega=0.30$，$\alpha=0.25$，$\alpha+\beta=1.0$)、LC－ωPBE ($\omega=0.40$，$\alpha=0.0$，$\alpha+\beta=1.0$)、ωB97X ($\omega=0.30$，$\alpha=0.18$，$\alpha+\beta=1.0$)和ωB97X－D ($\omega=0.20$，$\alpha=0.22$，$\alpha+\beta=1.0$)等。

相比于传统密度泛函，区间分离泛函能够明显地提高计算的精度，例如，可以更加合理地预测电荷转移激发能、给受体型分子的二阶非线性系数、有机低聚物和聚合物的带隙大小等。然而，一些研究表明未经调控的区间分离泛函由于含有过多的HF特征，默认ω参数值仍然偏大，在某些计算应用中显示出使电子过于局域化的趋势，因而并没有体现出预期的优势。研究表明，参数ω具有很强的体系依赖性，尤其是π－共轭体系。那么究竟如何选取最优的ω参数值？Baer等人提出一种电离能(Ionization Potential，IP)－调控的方法，即在准确的K－S理论中，负的最高占据分子轨道(HOMO)能量应该等于电离能的大小。因此，对于给定体系，最优的ω数值可以通过下式获得：

$$J(\omega)=|\varepsilon_{\mathrm{H}}(N)+\mathrm{IP}(N)| \tag{2.53}$$

式中，$\varepsilon_{\mathrm{H}}(N)$指包含$N$个电子的中性体系的HOMO能量大小；$\mathrm{IP}(N)$是采用同样大小

的 ω 值计算的中性(N) 和阳离子($N-1$) 体系的能量差。

因此,对于任何一个体系,可以通过满足上述方程来实现对于 ω 参数的最优化选择。

在给受体体系中,我们不仅要关注电离能(与给体部分密切相关),还要关注亲和能 E_A(与受体部分相关)。N 电子体系的垂直电子亲和能可以被视为($N+1$) 电子体系的离子势。因此,ω 数值的调控可以通过下式进行计算:

$$J^2 = \sum_{i=0}^{1} [\varepsilon_H(N+i) + IP(N+i)]^2 \tag{2.54}$$

如果忽略电子弛豫效应,($N+1$) 电子阴离子体系的电离能 IP($N+1$) 近似等于 N 电子体系的 $E_A(N)$,通过 $J(\omega)^2$ 方程的调控,可以描述分子体系中 HOMO－LUMO 能隙以及给受体型分子性能。

最优化调控区间分离泛函的一个显著优点就是能够有效消除离域化误差。从轨道能量的角度看,调控方法的优点就是能够使得 $\varepsilon_L(N) - \varepsilon_H(N)$ 无限接近于 $IP(N) - E_A(N)$,这为基于调控区间分离泛函的 K－S 轨道能隙能够准确预测带隙参数提供了理论依据。该方法的缺点在于参数 ω 对体系依赖性大,针对一个体系优化的 ω,对于另一个体系往往就很不适合,所以对于每个被计算的体系都需要优化 ω,导致比普通泛函计算要多花费很多代价。

2.2.3 Gaussian 软件简介

量子化学软件的目的在于将量子化学的复杂计算过程程序化,从而便于人们的使用、提高计算效率并使其具有较强的普适性。Gaussian(高斯)软件是一个功能强大的量子化学软件包,它是目前应用最为广泛的计算化学软件之一,Gaussian 软件的出现降低了量子化学计算的门槛,使得从头算法可以广泛使用,从而极大地推动了其在方法学上的进展。Gaussian 软件的可执行程序可在不同型号的大型计算机、超级计算机、工作站和个人计算机上运行,并相应有不同的版本。本书中关于量子化学的计算主要使用 Gaussian 09 和 GaussianView 5.0。下面分别介绍 Gaussian 软件的功能、计算原理及输入文件的编写。

1. Gaussian 软件的功能

Gaussian 软件是由许多程序相连通的体系,用于执行各种半经验和从头分子轨道计算。Gaussian 软件可用来预测气相和液相条件下,分子和化学反应的许多性质,包括分子构型(基态、激发态和反应过渡态)的优化、能量(基态和激发态能量、化学键的键能、电子亲和势和电离能、化学反应途径和势能面)计算、光谱(吸收/发射光谱、红外光谱、拉曼光谱、核磁共振光谱以及二阶或三阶非线性光学性质)的计算、振动频率、分子轨道等。因此,Gaussian09 可以作为功能强大的工具,用于研究许多化学领域的课题,例如化学反应机理、势能曲面和激发能,以及取代基的影响等。

Gaussian 09 程序由主引导模块(g09.exe)和各分模块组成。常用分模块的功能如下:①L0 为初始化模块;②L1 为读入输入文件,根据所给关键词确定将要使用的模块;③L101,L102,…为与构型优化和反应过渡态相关的模块;④L202 为输出距离矩阵、判断化合物点群及确定新的坐标系的模块;⑤L301,L302,…,L309 为与基组和赝势有关的模块；⑥L310，…，L319 为计算单电子及双电子积分的模块；⑦L401，L402 为 SCF 初始猜测模块；⑧L502，L503，L508 为 SCF 模块；⑨L601，L608 为 Mulliken 布居以及自然键轨道(NBO)的分析模块；⑩L701，L702，…为计算能量一阶和二阶导数的模块；⑪L801，L802，…，L901，L902，…，L1001，L1002，…，L1101，L1102，…为与 Post－SCF 方法有关的模块；⑫L9999 为进程结束模块。

2. Gaussian 软件的计算原理

计算化学有两种方法：分子力学方法和电子结构理论，它们所能完成的任务类型基本上是一样的。主要任务类型包括以下三种：①计算特定分子结构的能量，和能量相关的一些性质也可以通过某些方法来计算。②完成构型优化，确定全局或局域最小点。构型优化主要取决于能量的梯度，也就是能量对原子坐标的一阶导数。构型优化是化学计算的基础，任何性质的计算都是在已优化好的分子结构上进行的。一个分子结构对应一个波函数，一个波函数就可以解出一个能量值，在自然条件下，体系倾向于以能量最低的形式存在(也就是我们常说的最稳定的构型)。所给的分子结构(不管是手绘的还是来自晶体结构的)在转换为 Gaussian 软件输入的文件时，由于画得不准确(如将立体的画成平面的等)和具体化学环境的变化(在不选择溶剂时，默认是在气相中优化，这与晶体环境是完全不同的)而存在一些不合理的地方。所以首先要进行优化，才能进行其他类型的性质计算。③计算由于分子内原子间运动所引发的分子振动频率。频率是能量对原子坐标的二阶导数。频率计算还可以确定其他与二阶导数有关的性质。不是所有的化学计算方法都能计算频率。

(1) 分子力学方法。

分子力学方法是用经典物理的定律预测分子的结构和性质。很多程序里都有分子力学方法，如 MM3，HyperChem，Quanta，Sybyl 及 Alchemy 等。各种分子力学方法的差异主要是因为所用的力场不同造成的。一个力场包括以下几个要素：①有一套定义势能和构成分子的各原子位置关系的方程。②定义在特定化学环境下描述一个元素特征的一系列原子类型。原子类型描述了元素在不同环境中的特征行为，如羰基上碳的化学行为与甲基上碳的化学行为是完全不同的。原子类型与杂化方式、电荷及与之相连的其他原子有关。③具有使方程和原子类型与实验值吻合的一个或多个参数。参数定义了力常数，力常数在方程中用于把原子特征(键长、键角等)与能量联系起来。对于分子体系中的电子，分子力学方法不能给出明确的处理，它是在核相互作用的基础上完成计算的，电子效应已经暗含在参数化的力场中。这种近似使得分子力学计算可以用于计算包含数千个原子的体系。不过同时也带来了一些限制，每种力场(其实就是每种分子力学方法，注意每种参数化的力场对应着一种分子力学方法，参数化的过程就是对方法施加限制使之只能适应特定类型分子计算的过程。这简化了计算但限定了它的使用范围)只能适应于特定类型的分子。还没有哪种力场是普适的，可以用于所有分子体系的计算。电子效应的忽略意味着分子力学方法不能处理电子效应占主导地位的化学问题，例如它们不能描述键形成或键断裂的过程，这取决于微妙的电子细节的化学性质也不能用分子力学方法来处理。

(2) 电子结构理论。

电子结构方法是将量子力学而非经典力学作为计算的基础。在量子力学中,分子的能量和其他相关性质是通过求解薛定谔方程得到的。不过对于太大的体系来说,准确求解薛定谔方程是不太可能的。各类电子结构方法的不同主要表现在求解薛定谔方程所做的近似上。主要可分为以下三种:

①半经验方法。半经验方法有 AM1,MINDO/3 和 PM3 等,在 MOPAC,AMPAC,HyperChem 和 Gaussian 上都有这些程序。其特点是用根据实验数据所确定的参数简化薛定谔方程的求解。由于参数的设定是由实验数据决定的,所以不同的方法适用于不同的体系。该方法主要的应用对象是有机体系,且可以计算很大的体系,计算时间快,对其适用的体系可以达到较好的精度。

②从头算法。该方法与分子力学方法或半经验方法的差异在于其计算过程中不使用任何来自实验的参数,只使用以下几个物理常数:光速、电子和核的电荷、质量和普朗克常数。所有计算都建立在量子力学的原理上,这就是为什么这种方法被称为从头算法。Gaussian 软件提供了几乎所有的从头算法。在解薛定谔方程时,从头算法使用了严格的数学近似,这使求解变得方便但也引入了误差。

一般情况下,半经验方法只能对分子提供定性的描述,在参数和所要研究的体系比较适合的情况下,可以对分子提供比较准确的定量的描述。而从头算法因为没有由实验数据确定的参数,所以可计算的体系的范围要大得多(而半经验方法的使用通常是局限于某一类体系),而且可以对分子提供高精度的描述和性质预测。特别是后 HF 从头算法,克服了 HF 方法不能很好地处理电子相关的缺陷,使其应用范围进一步扩大,但注意所需的计算耗费也大大增加了。早期从头算法所能处理的分子尺度是有限的。现在用工作站(应该还有并行技术)可以比较准确地处理由上百个原子组成的体系,当然计算量也是相当大的,在一个 P4 单机上(主频 2.4G,内存 512G+256G)完成一个由上百个原子组成的体系的计算时,用 HF/6-31+G(d,p)模型要花一个多月的时间完成优化和频率两步计算。以目前的经验来看,在这样配置的单机上完成由 50 个左右的原子组成的体系的计算,从时间上来看是可以接受的。Gaussian 软件中的从头算法可以处理任何体系(包括金属,只是在精度上可能与其他一些软件如 ADF 有些不足,Gaussian 软件的强项应该是在处理分子机理和过渡态),除了可以研究气态情况下分子的基态外,还能研究分子的激发态及相应的在溶液中的状态。

③密度泛函方法。密度泛函方法是最近发展起来的第三类电子结构方法。在很多方面与从头算法类似。密度泛函方法的长处在于它包含了电子相关。而 Hartree-Fock 方法只是在平均的意义上处理电子相关。这使得在某些体系和同等的时间耗费上,DFT 计算具有比 HF 方法更高的精度。密度泛函方法的具体介绍可参考第 1 章。

3. Gaussian 软件输入文件的创建

所有的量子化学程序都是将所输入的分子转化为薛定谔方程,然后求解方程得到所需要的有关分子的性质。因此,首先要将所研究的体系转化为 Gaussian 软件的输入文件,才能调入 Gaussian 软件中进行计算。输入分子结构的合理性将直接决定据此得到的薛定谔方程的合理性,从而影响所得到的解的准确性,所以创建一个合理的输入文件是量化计算的一个重要环节。对于金属配合物、块体材料和纳米材料来说,构建合理的输入文件也是难点。

输入文件的创建大致可分为两类:利用晶体结构文件产生输入文件;利用绘图软件(如 GaussianView,Chem3D 及 Hyperchem 等)画出分子结构然后转换为输入文件。利用晶体结构产生输入文件可以给出一个较好的初始构型,有利于找出能量最低点对应的分子结构。使用绘图软件构建 Gaussian 输入文件的优点是真正实现了量化软件的优势,即除了可以研究有晶体结构的物质外,还可以研究没有晶体数据的物质。毕竟在自然条件下,有晶体数据的物质只是一小部分。所以对于这些没有晶体数据物质来说,量化计算成了一个强有力而且廉价的研究手段。但需要注意的是,可以用绘图软件绘图并不表示可以随意地构建分子结构,相反,与用晶体数据构建 Gaussian 输入文件相比,在这个构建 Gaussian 输入文件的过程中,我们要付出更多努力,要更加谨慎,因为只有一个合理的输入结构才能确保下一步量化计算的顺利和正确。量化计算中很多的错误都是由所给的输入结构不合理和命令不熟悉造成的,所以在用绘图软件构建输入文件前,一定要仔细地琢磨所要研究的物质,确保输入的构型在原子的杂化方式(如 C 的 sp^2 对应一个平面三角形的结构,在画分子结构时要将其体现出来)、键长、空间结构及对称性等方面的准确性,否则计算就会出错。下面主要介绍利用 GaussianView 创建输入文件的方法。

GaussianView 是一个专门设计与 Gaussian 软件配套使用的可视化软件,其主要用途包括:构建 Gaussian 的输入文件,以图形化的方式查看 Gaussian 计算的结果,绘制各种图谱等。现在以甲苯分子为例,利用 GaussianView 创建一个输入文件。

(1)打开 GaussianView。图 2.2 所示为 GaussianView 的窗口界面。

图 2.2 GaussianView 的窗口界面

(2)双击窗口中的苯环图标,可得到图 2.3 所示的窗口,里面有常用的环状官能团,单击选中苯环。

(3)在当前工作窗口(打开 GaussianView 时程序自动打开一个工作窗口,如图 2.4 所示),也可通过 File—New—Create New Molecule 路径,新建一个工作窗口。在这个窗口中点击鼠标左键窗口,窗口中就会出现苯分子,如图 2.5 所示。

(4)双击 GaussianView 界面上的^{6}C 图标,出现图 2.6 所示的窗口,点击碳的元素符号“C”,即选中了 C 原子。

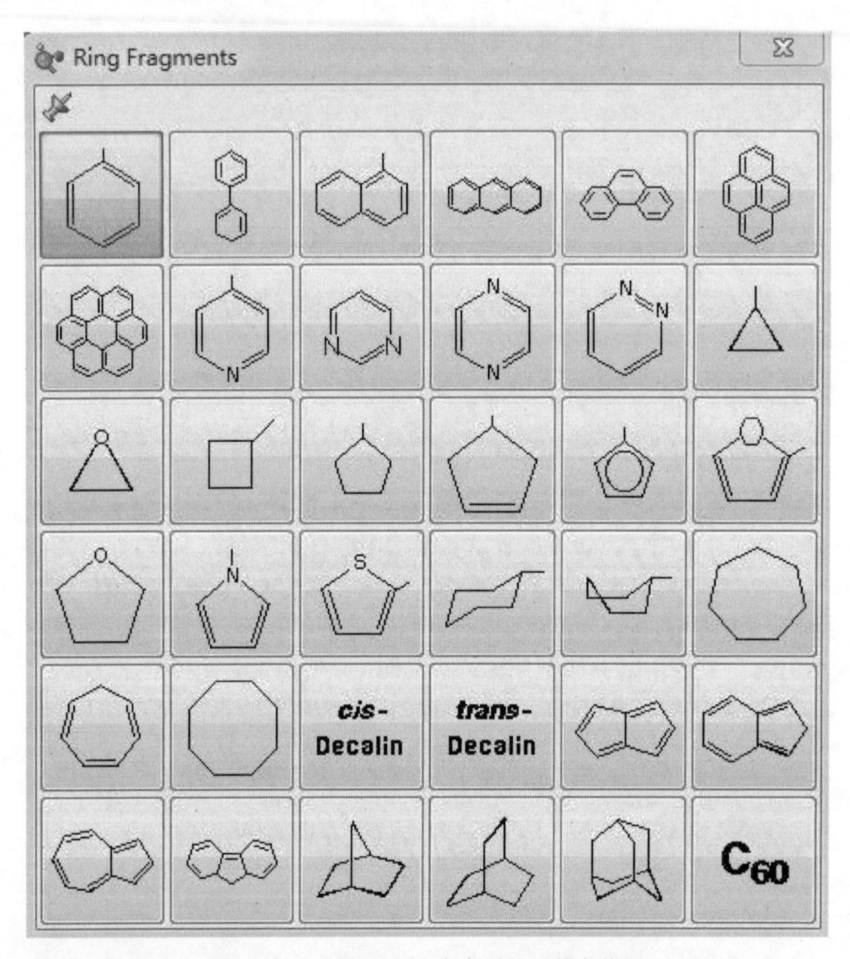

图 2.3　GaussianView 中常用的环状官能团

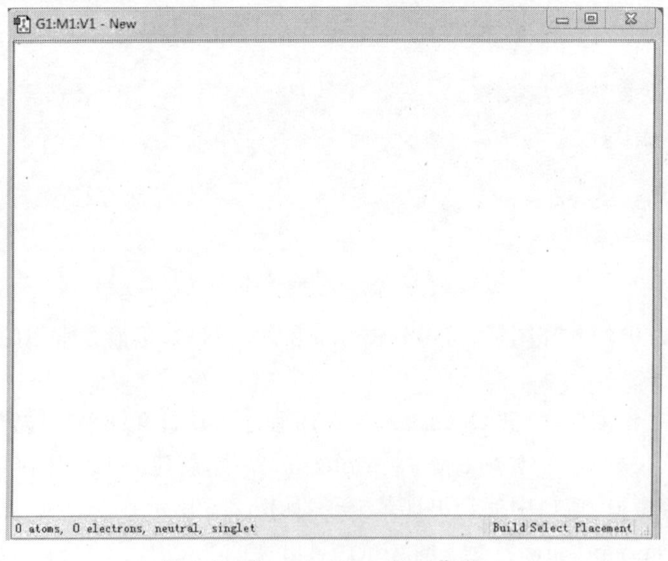

图 2.4　GaussianView 的工作窗口

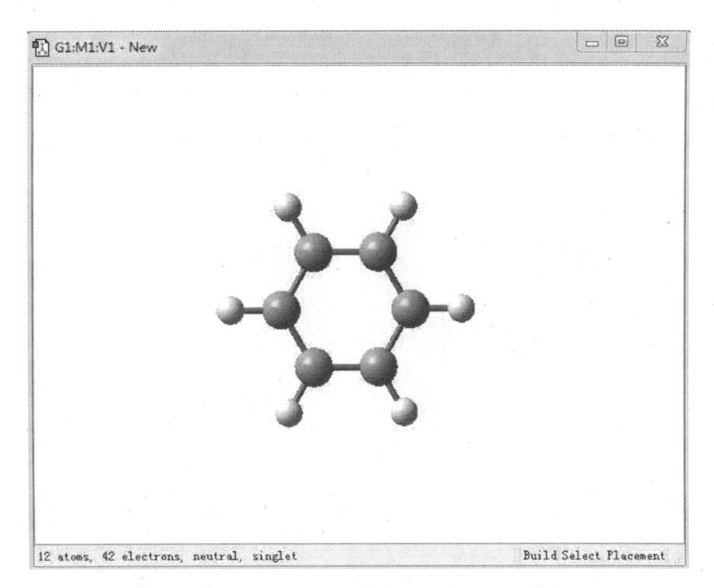

图 2.5 在 GaussianView 的工作窗口输入苯分子

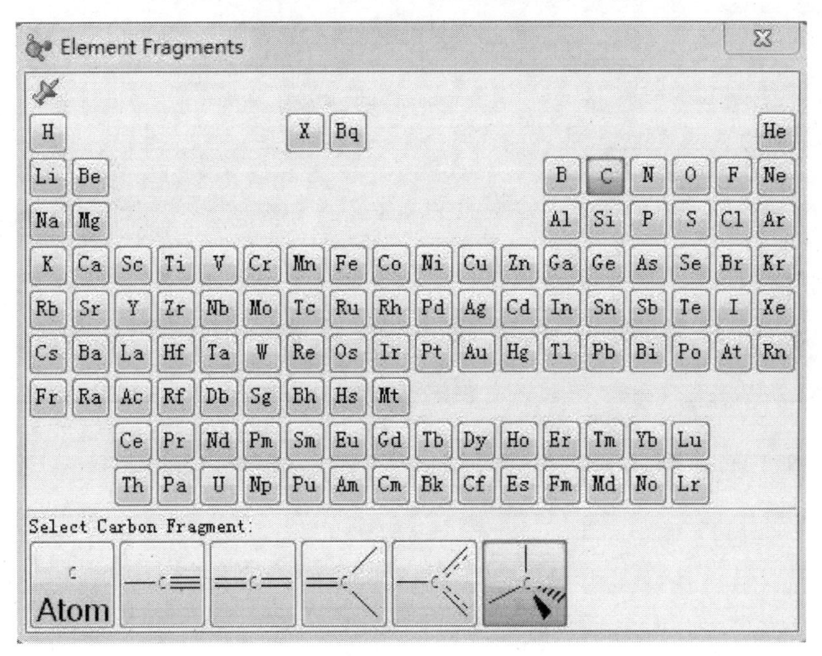

图 2.6 在 GaussianView 中输入元素符号

(5)回到工作窗口。在苯环上的任一个 H 上单击左键,将 H 置换成 C,在工作窗口即构建出目标分子——甲苯,如图 2.7 所示。

需要注意的是,此时仅是元素符号发生了改变,C—C 键的距离仍是 C—H 键的距离,需要用键长工具进行调整,如图 2.8 所示。单击 GaussianView 界面上的图标,然后再点击工作窗口中的 C 原子和甲基中的 C 原子,看到被选中的两个原子与周围的原子在亮度上有差异,此时出现图 2.9 所示的窗口。

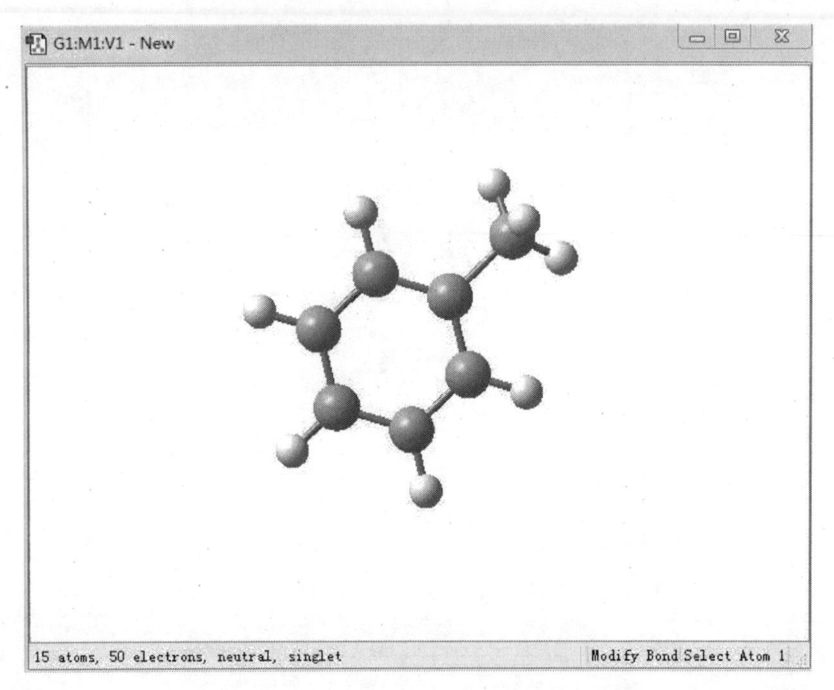

图 2.7 在 GaussianView 中输入甲苯

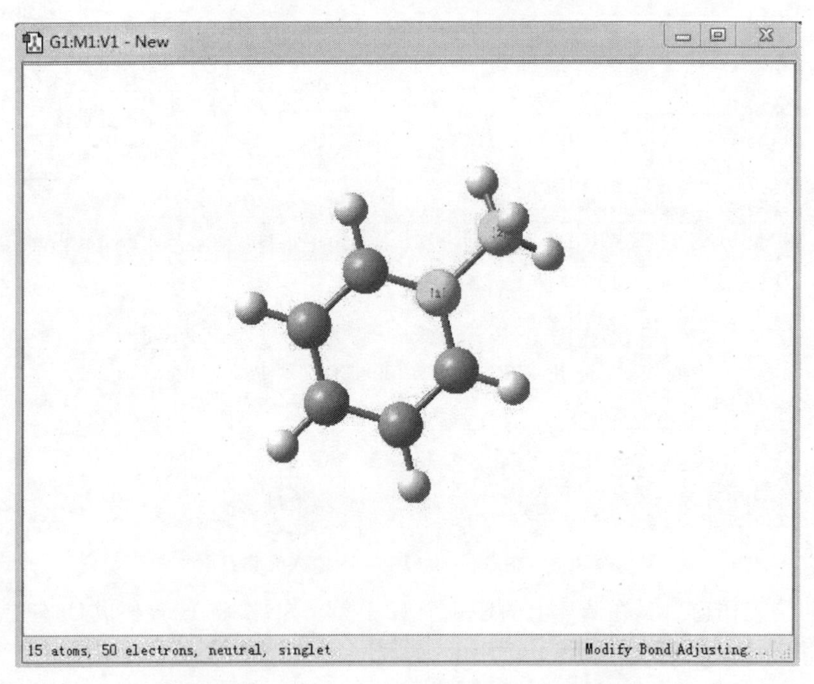

图 2.8 在 GaussianView 中调整 C—C 键长

根据 C—C 单键键长在 1.0～1.7 Å(1 Å=0.1 nm)之间进行 C—C 键长的调整，完毕后点击 Ok 即可，至此分子构建已完成。

(6)分子构建完毕后，向 Gaussian 递交计算任务。点击 GaussianView 界面上 Calculate 中的 Gaussian Calculation Setup，会出来一个递交计算的对话框，如图 2.10 所示。

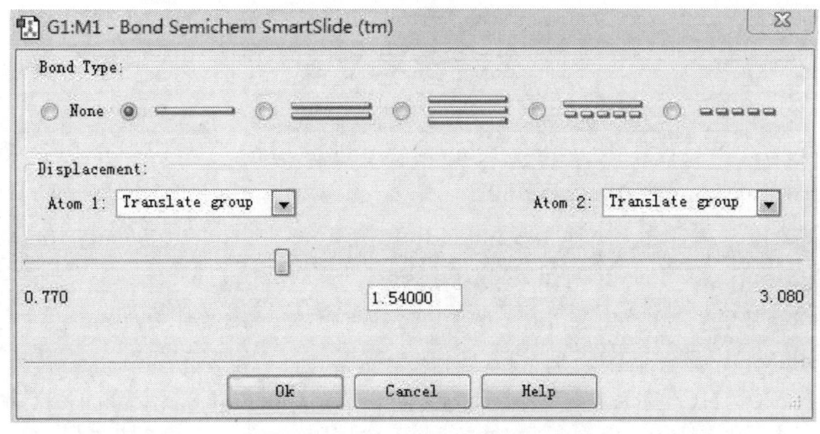

图 2.9 GaussianView 键长调整窗口

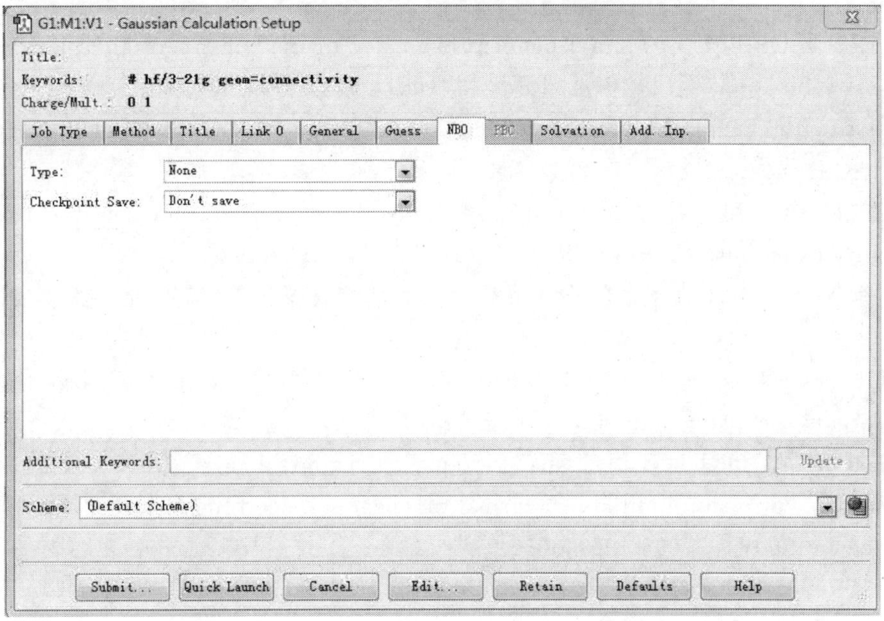

图 2.10 在 GaussianView 中计算任务的设置

在图 2.10 的对话框中可以选择：工作类型 Job Type(如优化、能量或频率等)；计算方法 Method(如半经验方法、H－F 方法、DFT 方法、MP 方法等，还可以选定基组)；Title(对所要做的计算给一个说明，以备以后查看)； Link 0(给检查的文件命名，还可以在此用 RWF 命令设置临时数据交换文件的大小)； General，Guess(这两个选项主要是给出体系中各原子的连接关系及如何给出初始猜测)；NBO(可在此设定 NBO 计算)；PBC(可在此设定晶体的有关计算)；Solvation(可在此设定溶液中的计算，除了选择溶剂外，还要选择模拟溶剂的理论模型)。

(7)选择完毕后，点击 Submit 即可递交计算。有时由于安装的原因，GaussianView 无法与 Gaussian 建立关联，不能直接从 GaussianView 里递交计算。这时可以在 GaussianView 里保存用于 Gaussian 计算的输入文件，然后从 Gaussian 里调出文件进行计算。

本章参考文献

[1] ROOTHAAN C C J. New developments in molecular orbital theory[J]. Reviews of Modern Physics，1951，23:69-89.

[2] BURKE K，GROSS E K U. A guide tour of time-dependent density functional theory[J]. Springer Lecture Notes in Physics，1998，500:116-146.

[3] PEUCKERT V. A new approximation method for electron systems[J]. J. Phys. C：Solid State Phys.，1978，11：4945-4956.

[4] DEB B M，CHOSH S K. Schrödinger fluid dynamics of many-electron systems i a time-dependent density-functional framework[J]. J. Chem. Phys.，1982，77：342-348.

[5] BARTOLOTTI L J. Time-dependent extension of the hohenberg-kohn-levy energy-density functional [J]. Phys. Rev. A，1981，24：1661-1667.

[6] BARTOLOTTI L J. Time-dependent Kohn-Sham density-functional theory [J]. Phys. Rev. A，1982，26：2243-2244.

[7] BARTOLOTTI L J. Velocity form of the Kohn-Sham frequency-dependent polarizability equations[J]. Phys. Rev. A，1987，36：4492-4493.

[8] 樊美公，姚建年，佟振合，等. 分子光化学与光功能材料科学[M]. 北京：科学出版社，2009.

[9] COROPCEANU V，CORNIL J，DA SILVA FILHO D A，et al. Charge transport in organic semiconductors[J]. Chem. Rev.，2007，107:926-952.

[10] TROISI A，ORLANDI G. Charge-transport regime of crystalline organic semiconductors：diffusion limited by thermal off-diagonal electronic disorder[J]. Physical Review Letters，2006，96:086601.

[11] MARCUS R A. On the theory of oxidation-reduction reactions involving electron transfer[J]. Journal of Chemical Physics，1956，24:966-978.

[12] BIXON M，JORTNER J. Electron transfer—from isolated molecules to biomolecules Part 1[J]. Advances in Chemical Physics，1999，106：35-202.

[13] ATKINS P W. Physical chemistry[M]. 4th ed. Oxford：Oxford University Press，1990.

[14] SPEAR W E. Drift mobility techniques for the study of electrical transport properties in insulating solids[J]. J. Non-Cryst. Solids，1969，1：197-214.

[15] CHUA L L，ZAUMSEIL J，CHANG J F，et al. General observation of n-type field-effect behaviour in organic semiconductors[J]. Nature，2005，434:194-199.

[16] BLOM P，DE JONG M，VLEGGAAR J. Electron and hole transport in poly (p-phenylene vinylene) devices[J]. Appl. Phys. Lett.，1996，68：3308-3310.

[17] WARMAN J M，DE HAAS M P，DICKER G，et al. Charge mobilities in organic

semiconducting materials determined by pulse-radiolysis time-resolved microwave conductivity: π-bond-conjugated polymers versus π-π-stacked discotics[J]. Chem. Mater., 2004, 16: 4600-4609.

[18] MALAGOLI M, COROPCEANU V, DA SILVA D A, et al. A multimode analysis of the gas-phase photoelectron spectra in oligoacenes[J]. J. Chem. Phys., 2004, 120:7490-6.

[19] DEVOS A, LANNOO M. Electron-phonon coupling for aromatic molecular crystals: possible consequences for their superconductivity[J]. Phys. Rev. B, 1998, 58: 8236-8239.

[20] TANT J, GEERTS Y H, LEHMANN M, et al. Liquid crystalline metal-free phthalocyanines designed for charge and exciton transport[J]. J. Phys. Chem. B, 2005, 109:20315-20323.

[21] LEMAUR V, DA SILVA FILHO D A, COROPCEANU V, et al. Charge transport properties in discotic liquid crystals: a quantum-chemical insight into structure-property relationships[J]. J. Am. Chem. Soc., 2004, 126(10): 3271-3279.

[22] COROPCEANU V, ANDRÉ J M, MALAGOLI M, et al. The role of vibronic interactions on intramolecular and intermolecular electron transfer in p-conjugated oligomers[J]. Theor. Chem. Accounts, 2003, 110:59-69.

[23] BAO Z, LOCKLIN J. Organic field effect transistors[M]. Boca Raton: Taylor and Francis, 2007.

[24] CORNIL J, CALBERT J P, BRÉDAS J-L. Electronic structure of the pentacene single crystal: relation to transport properties[J]. J. Am. Chem. Soc., 2001, 123: 1250-1251.

[25] KWON O, COROPCEANU V, GRUHN N E, et al. Characterization of the molecular parameters determining charge transport in anthradithiophene[J]. J. Chem. Phys., 2004, 120:8186-8194.

[26] WEBER P, REIMERS J R. Ab initio and density-functional calculations of the vibrational structure of the singlet and triplet excited states of pyrazine[J]. J. Phys. Chem. A, 1999, 103: 9830-9841.

[27] BALZANI V. Electron transfer in chemistry[M]. Weinheim, NY: Wiley-VCH, 2001.

[28] LI X Y, TANG X S, HE F C. Electron transfer in poly (p-phenylene) oligomers: effect of external electric field and application of koopmans theorem[J]. Chem. Phys., 1999, 248:137-146.

[29] LI X Y, HE F C. Electron transfer between biphenyl and biphenyl anion radicals: reorganization energies and electron transfer matrix elements[J]. J. Comp. Chem., 1999, 20: 597-603.

[30] FUJITA T, NAKAI H, NAKATSUJI H. Ab initio molecular orbital model of

scanning tunneling microscopy[J]. J. Chem. Phys., 1996, 104:2410-2417.

[31] TROISI A, ORLANDI G. Dynamics of the intermolecular transfer integral in crystalline organic semiconductors[J]. J. Phys. Chem. A, 2006, 110: 4065- 4070.

[32] ENDO A, OGASAWARA M, TAKAHASHI A, et al. Thermally activated delayed fluorescence from Sn^{4+} porphyrin complexes and their application to organic light-emitting diodes-A Novel mechanism for electroluminescence[J]. Adv. Mater., 2009, 21: 4802-4806.

[33] HUANG S, ZHANG Q S, SHIOTA Y, et al. Computational prediction for singlet and triplet-transition energies of charge-transfer compounds[J]. J. Chem. Theory Comput., 2013, 9: 3872-3877.

[34] LU T, CHEN F W. Multiwfn: A multifuctional ware function analyzer[J]. J. Comput. Chem., 2012, 33: 580-592.

[35] SUN H T, ZHONG C, BRÉDAS J L. Reliable prediction with tuned range-separated functionals of the singlet-triplet gap in organic emitters for thermally activated delayed fluorescence[J]. J. Chem. Theory Comput., 2015, 11: 3851-3858.

[36] 孙海涛,钟成,孙真荣.最优化“调控”区间分离密度泛函理论的研究进展[J]. Acta Phys.-Chim. Sin., 2016, 32(9): 2197-2208.

[37] YANAI T, TEW D P, HANDY N C. A new hybrid exchange-correlation functional using the Coulomb－attenuating method (CAM－B3LYP)[J], Chem. Phys. Lett., 2004, 393:51-57.

[38] LIVSHITS E, BAER R. A well-tempered density functional theory of electrons in molecules[J]. Phys. Chem. Chem. Phys., 2007, 9:2932-2941.

[39] ROHRDANZ M A, HERBERT J M. Simultaneous benchmarking of ground and excited-state properties with long-range-corrected density functional theory[J]. J. Chem. Phys., 2008, 129: 034107.

[40] VYDROV O A, SCUSERIA G E. Assessment of a long-range corrected hybrid functional[J]. J. Chem. Phys., 2006, 125:234109.

[41] CHAI J D, HEAD－GORDON M. Systematic optimization of long-range corrected hybrid density functionals[J]. J. Chem. Phys. 2008, 128:084106.

[42] SALZNER U, AYDIN A. Improved prediction of properties of π-conjugated oligomers with range-separated hybrid density functionals[J]. J. Chem. Theory Comput., 2011, 7:2568-2583.

[43] JACQUEMIN D, PERPETE E A, SCUSERIA G E, et al. TDDFT Performance for the visible absorption spectra of organic dyes: conventional versus long-range hybrids[J]. J. Chem. Theory Comput., 2008, 4:123-135.

[44] SUN H, AUTSCHBACH J. Influence of the delocalization error and applicability of optimal functional tuning in density functional calculations of nonlinear optical properties of organic donor － acceptor chromophores[J]. Chem PhysChem.,

2013, 14:2450-2461.

[45] SUN H, AUTSCHBACH J. Electronic energy gaps for π-conjugated oligomers and polymers calculated with density functional theory[J]. J. Chem. Theory Comput., 2014, 10:1035-1047.

[46] KÖRZDÖRFER T, SEARS J S, SUTTON C, et al. Long-range corrected hybrid functionals for π-conjugated systems: dependence of the range-separation parameter on conjugation length[J]. J. Chem. Phys., 2011, 135:204107.

[47] SUN H, ZHANG S, SUN Z. Applicability of optimal functional tuning in density functional calculations of ionization potentials and electron affinities of adenine-thymine nucleobase pairs and clusters[J]. Phys. Chem. Chem. Phys., 2015, 17:4337-4345.

[48] BAER R, LIVSHITS E, SALZNER U. Tuned range-separated hybrids in density functional theory[J]. Annual Review Physical Chemistry, 2010, 61:85-109.

[49] STEIN T, KRONIK L, BAER R. Prediction of charge-transfer excitations in coumarin-based dyes using a range-separated functional tuned from first principles[J]. J. Chem. Phys., 2009, 131:244119.

[50] KLEINMAN L. Significance of the highest occupied Kohn-Sham eigenvalue[J]. Phys. Rev. B, 1997, 56:12042.

[51] KRONIK L, STEIN T, REFAELY—ABRAMSON S, et al. Excitation gaps of finite-sized systems from optimally tuned range-separated hybrid functionals[J]. J. Chem. Theory Comput., 2012, 8:1515-1531.

第3章　Mg,Al和Ti轻质合金相稳定性与弹性性质

3.1　力学性能的计算

采用第一性原理方法计算金属单质以及合金体系的结合能、弹性常数及电子结构,探求电子结构与合金体系的相稳定性和弹性性能的关系并考察合金元素对轻质合金的稳定性和弹性性质的影响机制,为新型轻质合金的设计提供理论参考。

3.1.1　弹性常数计算方法

对处于平衡状态下的单晶施加不同的应变模式,通过计算各个应变模式下的应变能,然后采用二次多项式拟合应变能—应变曲线从而得到相应的弹性常数,晶体在一定应变作用下的应变能变化值为

$$\Delta E=\frac{V}{2}\sum_{i=1}^{6}\sum_{j=1}^{6}\boldsymbol{C}_{ij}e_ie_j \tag{3.1}$$

式中,V 为没有变形的晶胞体积;ΔE 为在平衡状态下的晶胞上施加了小应变而引起的能量变化;应变矢量为 $\boldsymbol{e}=(e_1,e_2,e_3,e_4,e_5,e_6)$,而 $\boldsymbol{C}$ 则是弹性常数矩阵。其中,立方晶胞有三个独立的弹性常数(C_{11},C_{12} 和 C_{44}),六方晶胞有五个独立弹性常数(C_{11},C_{12},C_{13},C_{33} 和 C_{44})。变形后的晶格矢矩阵可以表示为

$$\begin{pmatrix}a'_1\\a'_2\\a'_3\end{pmatrix}=\begin{pmatrix}a_1\\a_2\\a_3\end{pmatrix}\cdot(I+\boldsymbol{\varepsilon}) \tag{3.2}$$

式中,a_i 为变形前的晶格矢量;$\boldsymbol{\varepsilon}$ 为应变矩阵,其定义为

$$\boldsymbol{\varepsilon}=\begin{bmatrix}e_1 & \frac{e_6}{2} & \frac{e_5}{2}\\ \frac{e_6}{2} & e_2 & \frac{e_4}{2}\\ \frac{e_5}{2} & \frac{e_4}{2} & e_3\end{bmatrix} \tag{3.3}$$

1.立方晶胞弹性常数的计算方法

立方晶胞的弹性常数值 C_{44} 可以通过对晶胞施加应变模式 $e=(0,0,0,\delta,\delta,\delta)$。$C_{44}$ 的拟合公式为

$$\frac{\Delta E}{V}=\frac{3}{2}C_{44}\delta^2 \tag{3.4}$$

如果假设 C' 值为

$$C' = \frac{1}{2}(C_{11} - C_{12}) \tag{3.5}$$

其对应的应变模式为

$$e = (\delta, \delta, (1+\delta)^{-2} - 1, 0, 0, 0) \tag{3.6}$$

则 C' 可以通过公式拟合：

$$\frac{\Delta E}{V} = 6C'\delta^2 + O(\delta^3) \tag{3.7}$$

体弹性模量值 B 可以通过施加应变 $e = (\delta, \delta, \delta, 0, 0, 0)$，并采用公式拟合得到

$$\frac{\Delta E}{V} = \frac{9}{2}B\delta^2 \tag{3.8}$$

结合上述公式，弹性常数 C_{11} 和 C_{12} 值可以表示为

$$C_{11} = \frac{3B + 4C'}{3} \tag{3.9}$$

$$C_{12} = \frac{3B - 2C'}{3} \tag{3.10}$$

2. 六方晶胞弹性常数的计算方法

通过对平衡状态下的晶胞施加应变模式 $e = (\delta, \delta, 0, 0, 0, 0)$ 和 $e = (0, 0, 0, 0, 0, \delta)$，采用下式即可计算出弹性常数 C_{11} 和 C_{12} 值：

$$\frac{\Delta E}{V} = (C_{11} + C_{12})\delta^2 \tag{3.11}$$

$$\frac{\Delta E}{V} = \frac{1}{4}(C_{11} - C_{12})\delta^2 \tag{3.12}$$

采用应变模式 $e = (0, 0, \delta, 0, 0, 0)$ 和 $e = (0, 0, 0, \delta, \delta, 0)$，计算得到 C_{33} 和 C_{44}：

$$\frac{\Delta E}{V} = \frac{1}{2}C_{33}\delta^2 \tag{3.13}$$

$$\frac{\Delta E}{V} = C_{44}\delta^2 \tag{3.14}$$

在应变模式 $e = (\delta, \delta, \delta, 0, 0, 0)$ 的作用下，体弹性模量可以计算得到。体弹性模量 B 与弹性系数间的关系式为

$$B = \frac{2}{9}(C_{11} + C_{12} + 2C_{13} + C_{33}/2) \tag{3.15}$$

3. 正交晶胞弹性常数的计算方法

正交晶体有九个独立的弹性常数。其中 C_{11}，C_{22} 和 C_{33} 可以通过应变模式 $e = (\delta, 0, 0, 0, 0, 0)$，$e = (0, \delta, 0, 0, 0, 0)$ 和 $e = (0, 0, \delta, 0, 0, 0)$，通过下式分别计算得到

$$\frac{\Delta E}{V} = \frac{1}{2}C_{11}\delta^2 \tag{3.16}$$

$$\frac{\Delta E}{V} = \frac{1}{2}C_{22}\delta^2 \tag{3.17}$$

$$\frac{\Delta E}{V} = \frac{1}{2}C_{33}\delta^2 \tag{3.18}$$

同理,C_{12},C_{13} 和 C_{23} 可以通过采用应变模式 $e=(2\delta,-\delta,-\delta,0,0,0)$,$e=(-\delta,2\delta,-\delta,0,0,0)$ 和 $e=(-\delta,-\delta,2\delta,0,0,0)$ 的作用,分别通过公式计算得到:

$$\frac{\Delta E}{V}=\frac{1}{2}(4C_{11}-4C_{12}-4C_{13}+C_{22}+2C_{23}+C_{33})\delta^2 \tag{3.19}$$

$$\frac{\Delta E}{V}=\frac{1}{2}(C_{11}-4C_{12}+2C_{13}+4C_{22}-4C_{23}+C_{33})\delta^2 \tag{3.20}$$

$$\frac{\Delta E}{V}=\frac{1}{2}(C_{11}+2C_{12}-4C_{13}+C_{22}-4C_{23}+4C_{33})\delta^2 \tag{3.21}$$

C_{44},C_{55} 和 C_{66} 可以通过采用应变模式 $e=(0,0,0,\delta,0,0)$,$e=(0,0,0,0,\delta,0)$ 和 $e=(0,0,0,0,0,\delta)$ 的作用,通过公式分别拟合得到:

$$\frac{\Delta E}{V}=\frac{1}{2}C_{44}\delta^2 \tag{3.22}$$

$$\frac{\Delta E}{V}=\frac{1}{2}C_{55}\delta^2 \tag{3.23}$$

$$\frac{\Delta E}{V}=\frac{1}{2}C_{66}\delta^2 \tag{3.24}$$

3.1.2 弹性模量的计算方法

基于 Voigt－Reuss 近似,立方晶体的体弹性模量及剪切模量为

$$B_{V,R}=\frac{1}{3}(C_{11}+2C_{12}) \tag{3.25}$$

$$G_V=\frac{3C_{44}+C_{11}-C_{12}}{5} \tag{3.26}$$

$$G_R=\frac{5C_{44}(C_{11}-C_{12})}{4C_{44}+3(C_{11}-3C_{12})} \tag{3.27}$$

对于六方晶体,体弹性模量以及剪切模量为

$$B_V=\frac{2}{9}\left(C_{11}+C_{12}+\frac{C_{33}}{2}+2C_{13}\right) \tag{3.28}$$

$$B_R=\frac{(C_{11}+C_{12})C_{33}-2C_{13}^2}{C_{11}+C_{12}+2C_{33}-4C_{13}} \tag{3.29}$$

$$G_V=\frac{1}{30}(7C_{11}-5C_{12}+12C_{44}+2C_{33}-4C_{13}) \tag{3.30}$$

$$G_R=\frac{5}{2}\left\{\frac{[(C_{11}+C_{12})C_{33}-2C_{13}^2]C_{44}C_{66}}{3B_VC_{44}C_{66}+[(C_{11}+C_{12})C_{33}-2C_{13}^2](C_{44}+C_{66})}\right\} \tag{3.31}$$

对于正交晶体,体弹性模量及剪切模量为

$$B_R=\frac{1}{(s_{11}+s_{22}+s_{33})+2(s_{12}+s_{13}+s_{23})} \tag{3.32}$$

$$B_V=\frac{1}{9}(C_{11}+C_{22}+C_{33})+\frac{2}{9}(C_{12}+C_{13}+C_{23}) \tag{3.33}$$

$$G_R=\frac{15}{4(s_{11}+s_{22}+s_{33})-4(s_{12}+s_{13}+s_{23})+3(s_{44}+s_{55}+s_{66})} \tag{3.34}$$

$$G_V = \frac{1}{15}(C_{11} + C_{22} + C_{33} - C_{12} - C_{13} - C_{23}) + \frac{1}{5}(C_{44} + C_{55} + C_{66}) \tag{3.35}$$

式中，$\boldsymbol{s}_{ij}$ 为弹性顺度常数，为弹性常数 $\boldsymbol{C}_{ij}$ 矩阵的逆矩阵。

根据 Hill 近似，将体弹性模量(B)以及剪切模量(G)定义为 Voigt 和 Reuss 值的平均值：$B = 1/2(B_V + B_R)$，$G = 1/2(G_V + G_R)$。对于多晶材料，弹性模量 E 可表示为

$$E = \frac{9BG}{3B + G} \tag{3.36}$$

根据上述计算结果，泊松比(ν)为

$$\nu = \frac{3B - 2G}{2(3B + G)} \tag{3.37}$$

式中，B 和 G 是 Hill 模量。

3.1.3 力学稳定性判据

材料的稳定性包括能量稳定性和力学稳定性，其中能量稳定性可以通过形成能和结合能进行估计，力学稳定性可以采用 Born－Huang 稳定性判据进行判断。

(1) 对于立方晶体，三个独立的弹性常数 C_{11}，C_{12} 和 C_{44} 都必须为正值，且还应满足 $(C_{11} - C_{12}) > 0$，$(C_{11} + 2C_{12}) > 0$。

(2) 对于六方晶体，力学稳定性判据为 $C_{11} > 0$，$(C_{11} - C_{12}) > 0$，$C_{44} > 0$，$[(C_{11} + C_{12})C_{33} - 2C_{13}^2] > 0$。

(3) 对于正交晶体，正交结构晶体有九个独立弹性常数 C_{11}，C_{22}，C_{33}，C_{12}，C_{13}，C_{23}，C_{44}，C_{55} 和 C_{66}，其稳定性判据可以表示为

$$C_{ii} > 0 \ (i = 1 \sim 6) \tag{3.38}$$

$$C_{11} + C_{22} - 2C_{12} > 0 \tag{3.39}$$

$$C_{22} + C_{33} - 2C_{23} > 0 \tag{3.40}$$

$$C_{11} + C_{33} - 2C_{13} > 0 \tag{3.41}$$

$$C_{11} + C_{22} + C_{33} + 2C_{12} + 2C_{13} + 2C_{23} > 0 \tag{3.42}$$

3.1.4 计算方法的确定

VASP(Vienna Abinitio Simulation Package，维也纳从头算模拟软件包)中包括超软赝势和投影缀加平面波方法产生的赝势两大类，这两种赝势按照交换关联泛函形式又可以细分为 LDA 和 GGA。另外，GGA 又包含 PBE 和 PW91 两种。本书采用 GGA 交换关联泛函和 PAW 赝势。本书探讨了赝势对金属 Al，Mg 和 Ti 弹性常数的影响，见表3.1～3.3。计算结果显示赝势对弹性常数的影响并不明显，不同赝势对弹性常数产生的差异在理论计算误差的范围内。采用 PAW 方法产生的赝势一般具有较好的准确性，甚至可以媲美全电子方法计算的结果。因此本章采用广泛使用的 PAW－GGA 赝势进行计算，值得指出的是，该赝势得到的数据与实验数据比较吻合。

表 3.1 不同赝势下计算得到的 Mg 的弹性常数 GPa

Mg	C_{11}	C_{12}	C_{13}	C_{33}	C_{44}	B	G
Expt	63.5	25.9	21.7	66.4	18.7	35.8	15.8
Paw	84.1	18.0	20.7	77.3	17.4	40.5	24.9
Paw_gga	75.9	15.2	18.4	68.4	16.1	36.0	22.7
Paw_pbe	77.4	15.8	18.6	70.3	16.2	36.8	23.1
Pot	89.4	22.4	21.5	70.5	15.7	42.0	23.8
Pot_gga	79.3	20.2	15.9	70.8	15.4	37.0	22.7

注:Expt 为实验测试值。

表 3.2 不同赝势下计算得到的 Al 的弹性常数 GPa

Al	C_{44}	C_{11}	C_{12}	B	G
Expt	30.9	116.3	64.8	81.9	−21.5
Paw	36.8	114.6	70.6	85.3	−12.6
Paw_gga	33.3	100.8	62.4	75.3	−11.4
Paw_pbe	34.6	105.0	65.9	79.0	−10.0
Pot	39.8	112.9	67.5	82.7	−24.8
Pot_gga	30.1	99.1	61.5	74.1	−8.1

注:Expt 为实验测试值。

表 3.3 不同赝势下计算得到的 Ti 的弹性常数 GPa

Ti	C_{11}	C_{12}	C_{13}	C_{33}	C_{44}	B	G
Expt	162.4	92.0	69.0	180.7	46.7	107.2	43.3
Paw	184.5	115.1	100.3	206.4	32.4	134.1	36.6
Paw_gga	163.0	96.8	85.5	197.1	35.3	117.5	37.2
Paw_pbe	165.6	97.4	81.5	198.5	37.5	116.6	39.1
Pot	170.8	102.6	77.7	251.7	26.9	122.5	37.1
Pot_gga	176.9	77.4	77.3	181.3	36.7	111.0	44.3

注:Expt 为实验测试值。

3.2 杂质元素对 Mg 和 Al 的相稳定性和弹性性质的影响

3.2.1 计算方法

本节使用 VASP 软件计算 Mg 和 Al 掺杂体系的电子结构和总能量。其中,平面波截断能为 400 eV,高斯展开宽度设置为 0.15 eV。在自洽过程中,力与能量的收敛标准分别为 0.01 meV 和 0.01 eV/Å。计算中,Mg 体系使用了基于传统晶胞的 2×2×2,3×3×2和 3×3×3 的超胞;Al 体系使用了 3×3×2 的原胞,2×2×2 的传统单胞及

4×4×4的原胞。相应地，Mg 晶胞中的原子数为 16、36 和 54，Al 晶胞中的原子数为 18、32 和 64。所有计算体系的 k 点都得到了仔细的检验，例如对 Mg 的 2×2×2 的超胞使用 8×8×6 k 网格可以保证能量收敛到 0.005 eV。

3.2.2 计算结果和讨论

1. 占位能和相稳定性

本节讨论了两种不同的杂质占位方式，即八面体间隙和四面体间隙。杂质的占位倾向可以通过占位能公式进行计算：

$$E_{\text{occu}} = E_{\text{m+impurity}} - E_{\text{m}} - E_{\text{impurity}} \tag{3.43}$$

式中，$E_{\text{m+impurity}}$ 和 E_{m} 分别为包含杂质的 Mg 及 Al 或者纯 Mg 及纯 Al 的能量。

杂质的能量 E_{impurity} 为如下物质中单个原子的平均能量：H_2（气相），石墨（固相），N_2（气相）或 O_2（气相）。所有研究体系的晶胞参数及原子位置均进行了弛豫。

杂质在 Mg 及 Al 中的占位能示于图 3.1。杂质的占位特征与其原子数分数有关且 H，C，N 和 O 杂质在 Mg 和 Al 中有不同的占位倾向。H 和 O 倾向于占据 Mg 中四面体间隙，而 C 和 N 则倾向于占据八面体间隙。对于 Al 来说，H，N 和 O 更倾向于占据四面体间隙而 C 倾向于占据八面体间隙。H 在 Mg 和 Al 中的占位倾向与其他研究一致。图 3.1 中实心点和空心点分别代表四面体间隙和八面体间隙的占位方式。图 3.1 显示，N 和 O 在 Mg 和 Al 中的占位具有能量稳定性，但是很少有研究涉及 C，N 和 O 在 Mg 和 Al 中的占位情况。由图 3.1 还可以看到，占位能几乎和杂质的原子数分数没有关系，在 Mg 中占位能随 H 原子数分数增加的直线斜率为 −0.02，随 O 原子数分数增加的斜率为 −0.07（图 3.1(a)），其他两种杂质的占位能几乎不受原子数分数的影响。对于 Al，占位能和杂质原子数分数也呈现线性关系，但是其斜率为 0.06～0.19。图中显示了杂质间的不同占位特征，H 和 C 具有正的占位能而 N 和 O 具有负的占位能。因此，为了节省计算资源，在下面的计算中，仅使用 2×2×2 的超胞计算杂质对 Mg 及 Al 的稳定性和弹性性质的影响。

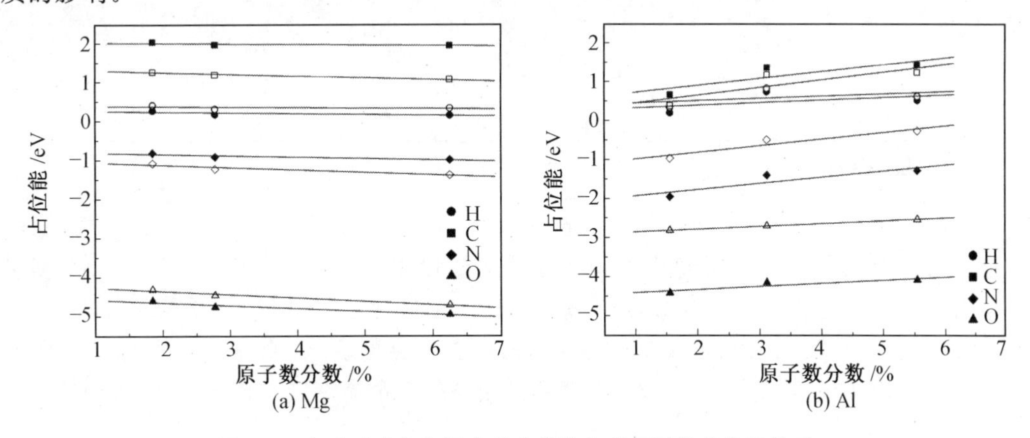

图 3.1 杂质元素在金属中的占位能与其原子数分数的关系

计算得到的杂质体系的晶格常数和晶体体积列于表 3.4，弛豫后，所有包含杂质的体系仍保持原来的对称性。对于 Mg，由于具有大的间隙体体积（约 2 Å^3）和小的杂质半径

(<0.70 Å),掺杂后,体系的体积变化较少。对于Al,杂质对晶胞体积有较小程度的膨胀作用。

表3.4 计算得到的杂质体系的晶格常数值(Å)和晶体体积($Å^3$)

杂质	Mg			Al	
	a	c	V	a	V
无杂质	3.182 3.21*	5.248 5.215*	46.0 46.5*	4.054 4.05*	66.6 66.4*
H	3.197	5.218	46.2	4.063	67.1
C	3.182	5.251	46.0	4.084	68.1
N	3.157	5.242	45.3	4.073	67.6
O	3.182	5.277	46.3	4.067	67.3

注:* 为实验测试值。

2. 弹性性质与力学稳定性

Mg有五个独立弹性常数(C_{11},C_{12},C_{13},C_{33}和C_{44}),而Al有三个独立弹性常数(C_{11},C_{12}和C_{44})。未掺杂体系弹性常数的计算值与实验测试结果非常符合。Mg掺杂体系的弹性常数和体积模量列于表3.5,所有掺杂体系都符合力学稳定性的条件。杂质略微地增加了Mg的体弹性模量,但是极大地改变了C_{11}和C_{33}值。($C_{11}-C_{12}$)值对合金元素非常敏感,O掺杂的体系有着最大的($C_{11}-C_{12}$)值,而N掺杂体系的($C_{11}-C_{12}$)值最小。

表3.5 Mg−X(X=H, C, N, O)体系的弹性常数和体积模量 GPa

杂质	C_{11}	C_{12}	C_{13}	C_{33}	C_{44}	B
无杂质	53.6 58.1*	27.8 27.6*	27.2 21.6*	45.2 64.7*	18.0 14.2*	35.2 35.7*
H	60.1	33.6	17.7	68.9	24.2	36.3
C	65.3	26.9	25.7	51.8	17.1	37.7
N	64.4	39.9	23.3	64.6	14.3	40.7
O	80.4	26.5	17.4	64.2	19.2	38.6

注:* 为实验测试值。

Al掺杂体系的弹性常数和体积模量列于表3.6,所有体系都符合力学稳定性条件。N掺杂极大地增加了体弹性模量,而其他杂质对体弹性模量的影响很弱。C_{44}是一个衡量立方晶胞剪切稳定性的重要参数,所有杂质都使C_{44}值变小,特别是C掺杂的体系,该体系的C_{44}值从42.78 GPa减小到8.22 GPa,软化了剪切变形。这些杂质元素对Mg和Al的弹性常数有着不同的影响,可能来源于不同杂质体系的态密度在费米能级附近的分布。

表 3.6　Al－X(X＝H, C, N, O)体系的弹性常数和体积模量　GPa

杂质	C_{11}	C_{12}	C_{44}	B
无杂质	127.3 116.3*	54.7 64.8*	24.6 30.9*	71.8 81.9*
H	136.8	43.8	33.4	74.8
C	114.5	57.1	8.2	76.3
N	182.1	74.4	24.8	110.3
O	140.8	48.0	15.6	79.0

注：* 为实验测试值。

为了分析不同杂质含量对金属弹性性质的影响，进一步采用 3×3×3 的超晶胞计算了不同 H 原子个数的 Mg 体系的弹性常数，将计算结果列于表 3.7。由表 3.7 可见，当晶胞足够大时，杂质原子个数几乎不影响掺杂体系的弹性常数，因此本章不再对其他体系进行计算分析。

表 3.7　Mg－H 体系弹性常数、体积模量和剪切模量随 H 杂质含量的变化　GPa

Mg－H	C_{11}	C_{12}	C_{13}	C_{33}	C_{44}	B	G
1H	64.1	27.3	17.7	82.1	18.6	37.3	20.5
2H	81.5	17.1	14.3	85.7	28.8	37.8	31.4
3H	92.0	17.5	8.1	92.9	31.9	38.2	36.1
4H	89.9	19.7	10.2	87.5	30.5	38.5	34.1

本章参考文献

[1] SONG Y, YANG R, LI D, et al. Calculation of theoretical strengths and bulk moduli of bcc metals[J]. Phys. Rev. B, 1999, 59(22): 14220-14225.

[2] SHEIN I R, IVANOVSKII A L. Elastic properties of mono- and polycrystalline hexagonal AlB_2-like diborides of s, p and d metals from first-principles calculations [J]. J. Phys. Condens. Matter., 2008, 20(41): 415218-415219.

[3] SHANG S L, SAENG D E E, JING A, et al. First-principles calculations of pure elements: equations of state and elastic stiffness constantsan[J]. Comput. Mater. Sci., 2010, 48(4): 813-826.

[4] WANG S Q, YE H Q. Plane-wave pseudopotential study on mechanical and electronic properties for iv and iii-v crystalline phases with zinc-blende structure[J]. Phys. Rev. B, 2002, 66(23): 235111-235117.

[5] LI C H, CHIN Y L, WU P. Correlation between bulk modulus of ternary intermetallic compounds and atomic properties of their constituent elements[J]. Intermetallics, 2004, 12(1): 103-109.

[6] IKEHATA H, NAGASAKO N, FURUTA T, et al. First-principles calculations for development of low elastic modulus Ti alloys[J]. Phys. Rev. B, 2004, 70(17): 174113-174118.

[7] 杨锐，郝玉琳. 高强度低模量医用钛合金 Ti2448 的研制与应用[J]. 新材料产业，2009,6:10-13.

第4章　合金元素和氧元素对Ti2448合金弹性性质的影响

一般而言，材料的机械性质依赖于其晶相组织与结构，纯Ti在常温常压条件下为六方结构(α相)，高温下将转变为立方结构(β相)。合金元素对晶相的转变有着巨大的影响。其中合金元素Al，V，Nb，Ta和Zr对Ti的马氏体相变以及β相的室温稳定性都有很大的影响。受合金元素的种类和含量的影响，β相可以转化为六方相(α′和ω)或者正交相(α″)。

Ti－Nb合金由高温β相向马氏体相转变时会导致超弹性效应和形状记忆效应的发生，改善Ti合金的生物医用性能。Mo，Zr，Sn和Ta合金元素与Nb元素一起广泛地应用于新型医用钛合金。合金元素Al，Fe，V和Mo也能够改善Ti的机械性质。形状记忆效应是一种和材料相转变相关的性质，Ti－Ni合金常具有这种特性。这种效应是由高温的立方奥氏体向低温的单斜马氏体相转变造成的，其转变温度和热循环稳定性强烈地依赖于合金中Ni的含量。α′相的形成可以提高Ti－6Al－4V的室温延展性。该合金的弹性模量依赖于α′相的稳定性，可以通过增加α′相的稳定性得到高于70 GPa的弹性模量。Ti的化学活性很强，在一定条件下，杂质H，C，N和O很容易掺入钛金属中。本章通过第一性原理计算从电子结构角度分析合金元素Nb，Zr及Sn和杂质元素O对多组元Ti2448合金的相稳定性和弹性性质的影响。

运用第一性原理计算方法，本书研究了合金元素及O对二元合金Ti－X (X＝Nb，Zr，Sn)和Ti2448合金(Ti－24Nb－4Zr－8Sn)稳定性及弹性性能的影响。为了得到合金元素在Ti2448合金中可能的分布方式，本书考虑了除完全无序的固溶相之外的44种近自由构型。计算发现，合金元素X(X＝Nb，Zr，Sn)能够增强β－Ti的稳定性。同时，合金的分布方式极大地影响了体系的形成能。另外，本书还探究了O在二元Ti合金及Ti2448合金中的优先占位和对合金元素的质量分数依赖性。计算结果表明，O倾向于占据八面体间隙，且这一占位方式不受合金元素质量分数的影响。并且，在Ti－Nb合金中，O与Ti和Nb有强烈的相互作用。最后，计算了Ti2448合金的弹性性能和O对弹性常数的影响。计算得出Ti2448与人体骨骼的弹性模量(10～40 GPa)十分接近，且O对Ti2448合金的弹性模量有微弱的影响。电子结构分析进一步表明了合金元素和O如何影响Ti－X二元合金和Ti2448合金的稳定性。

4.1 引　言

在医学领域，Ti基合金能够同时满足生物和机械相容性要求，是一种具有高强度和相对较低模量的新一代生物材料。

对于纯钛来说，室温下与 α－Ti 相比，β－Ti 的机械性能及热力学性能较不稳定。Ti 与过渡族元素的合金化是寻求低模量合金的常用方法。Ni 能够极大地稳定 β 相并提高 Ti 的生物相容性。Ti－Nb 合金由高温 β 相向马氏体相转变时伴随形状记忆效应和超弹性效应。无毒元素 Mo，Zr，Sn 和 Ta 也可以在很大程度上影响 Ti 的机械性能，因此与 Nb 元素一起被广泛地应用于新型医用钛合金。

以理论预测为基础发展起来的 Gum metal（Ti－24(Nb＋Ta＋V)－(Zr＋Hf)－O，原子数分数）是一组低模量合金。经过严格的冷加工，Gum metal 合金在〈111〉方向上的近零剪切模量处会发生变形，并具有了许多特殊的物理性能，例如超弹性、塑性、高强度和 Invar 合金及 Elinvar 合金行为。平均价电子浓度 e/a 是设计 Gum Metal 合金的一个重要参数。在 Gum metal 合金中，e/a 和立方剪切弹性常数($C_{11}-C_{12}$)是线性相关的，且当 e/a 为 4.24 时，其具有最低的弹性模量。另外一种低模量的钛合金 Ti2448(Ti－24Nb－4Zr－8Sn，质量分数)最近也在发展中。但是，在这种体系中，当 e/a 比例为 4.15 时，弹性模量达到最小值。虽然在 Ti2448 合金中，e/a 与弹性模量间只存在近线性关系，但是它具有比 Gum metal 合金低的弹性模量，因此，e/a 应该不是决定和完全描述这些合金的弹性行为内在机制的唯一参数。另外，Gum metal 合金和 Ti2448 合金都是以 Ti－Nb 合金作为基体的，但 Zr 和 Sn 仅用于调节合金微观结构，而不能影响 e/a 值。

除了上文提到的一些合金元素，Ti 金属中还存在着 O 和 N 元素杂质，在特殊的条件下，这些杂质同样可以极大地影响体系的机械性能。当 O 和 N 大量溶解在 Ti 中时，它们能够起到稳定 α 相的作用。此外，间隙 O 可以提高 Ti 的强度，降低韧性，还能通过限制孪生和柱形滑移而影响材料在低温和中温下 Ti 的变形抵抗能力。O 在 α－Ti 中的溶解度大约为 30%(原子数分数)。杂质元素也能影响 Ti 合金的马氏体相变过程。在 β－Ti 合金中，形状记忆效应主要是由应力诱发的 α'' 马氏体相变导致的。O 是在低模量、超弹性和高强度 Ti 合金(如 Gum metal 合金和 Ti2448 合金)中的重要元素。研究发现间隙 O 能够增大 Ti2448 合金的立方剪切常数 C' 值并能减少 β 到 α'' 马氏体相变中引起的平面移动。

4.2 计算方法

通过使用 VASP 下的广义梯度近似，本书计算了 Ti 合金的总能和电子结构，用缀加平面波方法来展开价电子密度。平面波截断能为 450 eV，Gaussian 展开的宽度为 0.15 eV。自洽迭代计算的能量和力的收敛标准分别为 0.01 meV 和 0.01 eV/Å，计算得出的β－Ti的晶格常数为0.324 nm，与实验值 0.332 nm 十分接近。

合金元素和 O 对 β－Ti 稳定性影响的研究采用了 3 × 3 × 3 的超胞，k 点网格选取为 3 × 3 × 3。对于 Ti2448 合金，本书建立了一个包含 100 个 Ti 原子，20 个 Nb 原子(质量分数为 24.7%)，3 个 Zr 原子(质量分数为 3.6%)和 5 个 Sn 原子(质量分数为 7.9%)的 4 × 4 × 4 超胞。这一结构相应的化学组分与实际的 Ti2448 合金非常接近。最初，本书建立了 100 个不同的构型，超胞中的 128 个原子呈随机分布，且允许所有的原子与其他原子多次任意交换位置(每个构型大概包含 1 000 次交换)。经过交换后，一些构型的最终稳定结构是相同的。最后,本书从上述 100 个构型中选择了 44 个不同的化学构型。由于建立的超胞较大,计算中只用单个 k 点对内部原子进行了弛豫。

通过将 Exact Muffin－tin Orbital (EMTO,精确的松饼轨道) 计算方法与相关势结合,计算了完全无序的 Ti2448 合金体系。在标量相对论近似及赝势方法下,解出了单电子公式。Ti 的 $4s^2 3d^2$、Nb 的 $5s^6 4d^3$、Zr 的 $5s^2 4d^2$ 及 Sn 的 $4d^{10} 5p^2$ 轨道电子被当作价电子处理。在 EMTO 计算中,布里渊区中 k 点选为 $27 \times 27 \times 27$,运用双中心展开方式计算矩阵单元。

4.3 合金的相稳定性

4.3.1 二元 Ti－X 合金

本书采用形成能表征了体系的稳定性。形成能的定义式如下:

$$E_f = E_{Alloy} - \sum N_i \times E_i \tag{4.1}$$

式中,E_{Alloy}为合金的总能量;N_i 为超胞中所包含的合金原子的数目。合金元素 i 的能量 E_i通过计算单个原子在基态(α)结构中的总能得出,即 Ti 在 hcp 结构、Nb 在 bcc 结构、Sn 在金刚石结构中的总能。

计算得到,β－Ti 的(bcc 结构)形成能为 0.098 1 eV/atom,表明 β 相不如 α 相(hcp 结构)稳定。另外,β 型二元合金 53Ti1Nb,53Ti1Zr 和 53Ti1Sn 的形成能分别为 0.093 9 eV/atom,0.076 8 eV/atom,0.070 3 eV/atom。因此,这三种合金元素,特别是 Sn,都对 β－Ti 的热力学稳定性有增强作用。

4.3.2 Ti2448 合金

为了确定合金元素及 O 在 Ti2448 合金中的分布方式,本书考虑了 44 种无序构型。图 4.1 表明了形成能大小,水平线表示由 EMTO 计算方法得到的完全无序相的形成能。S1～S4 标记被选取作为后续弹性常数及弹性模量计算的四种构型。其中,三种构型具有最小的负形成能,而另外一种构型具有最大的正形成能。进一步的分析表明,从晶体学的观点来看,具有最小形成能的构型在结构弛豫后合金原子中的分布几乎没有变化。因此,对于当前的体系来说,这些结构应该是最稳定的构型。在另外三种具有最大正形成能的构型中,有相似的结果出现,也就是说,它们在弛豫后也具有几乎相同的构型。为了方便进一步研究并减小计算量,本书只选取了最稳定的构型。

为了研究无序状态对 Ti2448 合金形成能的影响,本书使用了 EMTO 方法,在这种计算方法中,对化学无序态采用了平均场,单点及相干场近似(Coherent－Potential Approximation,CPA)。图 4.1 中的水平直线表示由 EMTO 方法计算得到的 Ti2448 合金的形成能(0.048 eV/atom)。由此可知,这种随机的 Ti2448 合金构型没有大多数的准随机构型及纯相构型稳定。比较有序结构 S2 和无序结构的形成能,并利用构型熵(S_{conf}),可以估计出有序化温度。粗糙估计$(0.048+0.006)/S_{conf} \sim 870$ K,高于这个温度,体系将会转化成完全无序状态。

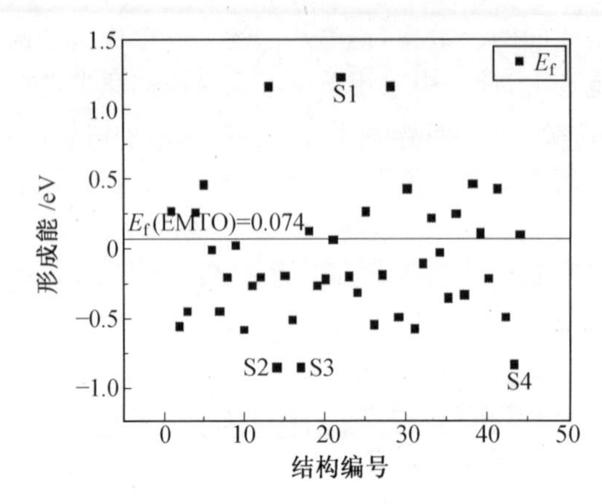

图 4.1　由 VASP 计算得出的 44 个准随机构型的形成能

应该注意到，由于单点近似中的一些错误，在完全无序的状态下采用屏蔽系数为 0.6 的 EMTO 计算方法并不能全面地考虑到静电能。为了对屏蔽杂质模型有一个更好的描述，应该通过调节 EMTO 总能量以适应完全随机超胞的能量，重新优化屏蔽系数。然而，考虑到合金成分的数目及其具体的浓度，这将是一个十分艰巨的任务。相关的相干场近似已经超出了本书的研究范围。但是，相干场近似中存在的错误对由各向异性的晶格扭曲造成的能量变化的影响比较微弱，因此，我们认为由 EMTO 方法计算得到的弹性常数是较准确的。

最近，通过在室温下对 Ti2448 单晶进行高能 X 射线实验及相场模拟，证明在无序的 bcc 模型中存在有序的 B2 族。Ti2448 合金从 β 相转化为 α 相需要较高的温度（约 970 K）。由上述的理论计算可知，在约 870 K 以上，Ti2448 合金的 β 相会转变为完全无序状态。但是，完全随机的 Ti2448 构型相对较高的形成能及准随机构型较低或负的形成能表明，具有短程有序效应的稳定结构可能会在 Ti2448 合金中出现。

4.3.3　氧的优先占据位置

本书考虑了杂质氧的两种位置，即八面体间隙和四面体间隙。这些位置在图 4.2 中以小球的形式表示了出来。通过计算占位能，本书探究了氧的优先占据位置及含氧体系的稳定性。其中，占位能定义为

$$E_{\mathrm{occu}}=(E_{\mathrm{Ti+O}}-[E_{\mathrm{Ti}}+\frac{N}{2}E(\mathrm{O_2})])/N \tag{4.2}$$

式中，E_X 为体系 X 的总能量；N 为超胞中氧原子的个数。

通过建立一个 1 nm × 1 nm × 1 nm 的真空超胞，并在 0 K 下采用广义梯度近似，计算出 $E(O_2)=-9.016$ eV，将其作为氧气的总能量。

氧的化学势强烈地依赖于实验条件，如压力和温度。从这个方面来说，当前的占位能结果应该避免实验条件的影响。然而，相关能量特别是优先占据位置不直接受 $E(O_2)$ 实际值的影响，因此，本书采用了静态零压力值。

计算得到的 Ti—O 体系的占位能见表 4.1。符号“1O”和“2O－P”分别表示位于定义位置的一个 O 原子（1O）和位于相对于 1O 原子不同位置（P 标示其位置）的两个另外

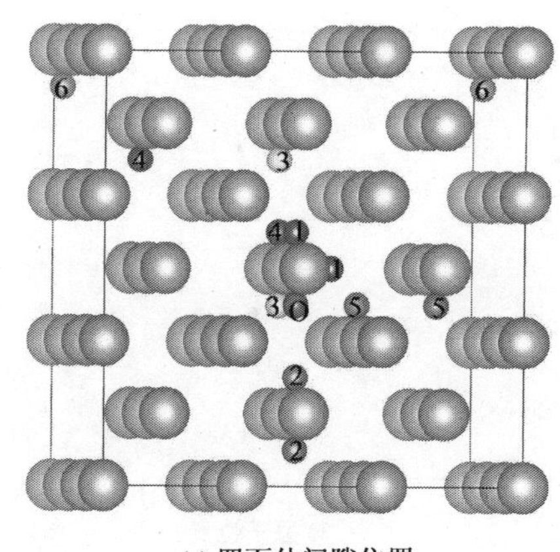

(a) 四面体间隙位置

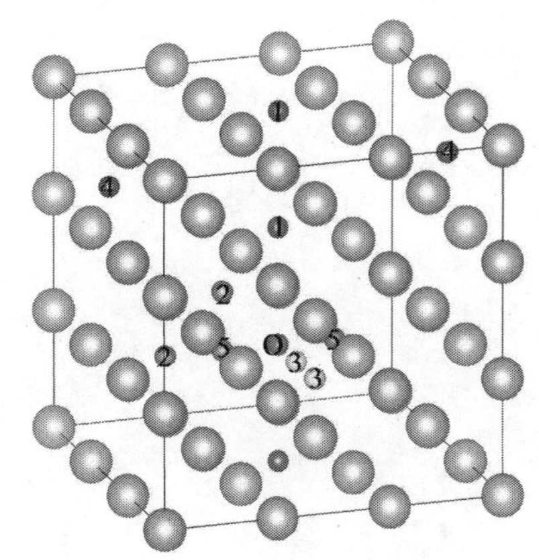

(b) 八面体间隙位置

图 4.2 氧原子的占据位置

(氧原子球上的数字用来表征其不同的占据位置)

的 O 原子。对于两个 O 原子来说,存在很多可能的占据位置。在当前的工作中,本书分别考虑了六种可能的四面体间隙位置和五种可能的八面体间隙位置。

从表 4.1 可以看出,首先,对于只包含一个 O 原子的体系,八面体间隙占据位置比四面体间隙占据位置更稳定。在两种占位方式中最大的占位能差值为 0.450 eV。其次,在包含两个 O 原子的体系中,每个 O 原子的占位能几乎等于单原子体系中 O 原子的占位能。这种现象表明 O 原子在大的超胞中是相互独立的。“2O－1”四面体间隙占据位置和“2O－2”八面体间隙占据位置具有相似的占位能(同一时间下都为最小值),约为－7.629 eV。因此,这两种构型对 Ti 中两个 O 原子的分布方式来说都是可能的。又由于八面体间隙占据位置的占位能比较小,所以我们选择了 2O－2 构型来研究 O 与 Ti2448 合金中的合金元素 Nb, Zr 及 Sn 的相互作用。

本书通过式(4.2)计算了二元合金 Ti－Nb, Ti－Zr 和 Ti－Sn 中两个 O 原子的形成能,计算结果显示在表 4.1 中。合金元素(X)和 O 的位置标示在图 4.3(a)中。本书选取了五个八面体间隙位置来寻找 O 原子在 β－Ti 合金中最可能的占据位置。除了“O2－3”位置,二元 Ti－X 合金中的其他位置上的 O 原子不如纯 β－Ti 中的 O 原子稳定。其中,Ti－O 体系最不稳定,而 Ti－Nb－O 体系具有最负的占位能,在所有体系中最稳定。二元 Ti－X 合金中,Ti－Nb 合金中的氧原子相比于其他二元合金体系中的 O 原子较稳定。因此,Ti－Nb 合金中 O 与 Ti/Nb 的相互作用也比与 Ti/Zr/Sn 的相互作用更加强烈。

表 4.2 显示了 Ti2448 合金氧占位的 13 种构型和相关的占位能。结果表明,O 原子的占位能强烈地依赖于周围环境。在所考虑的构型中能量差高达 3.562 eV。第六种构形具有最低的占位能,为－5.981 eV;而第十二种构型中 O 的占位能最高(－2.419 eV)。因此,合金元素和 O 的分布方式都对 Ti2448 合金的热力学稳定性有很大的影响。

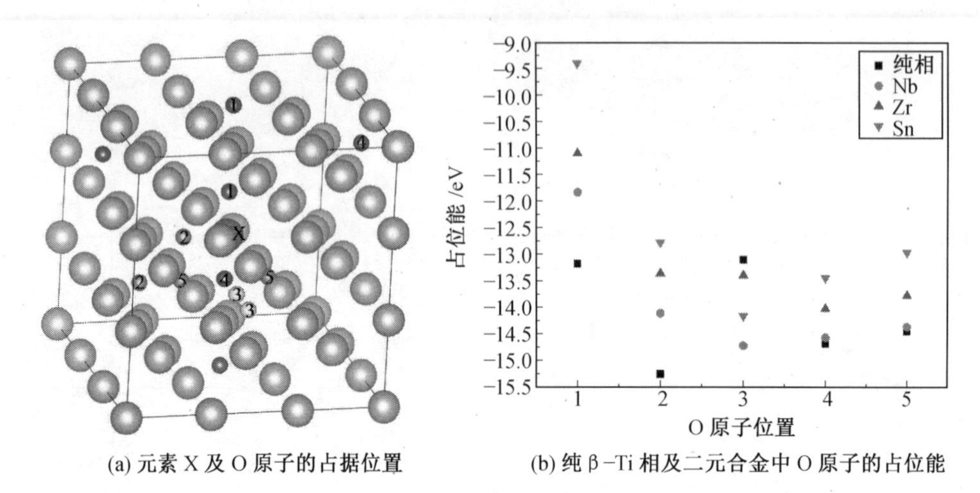

(a) 元素 X 及 O 原子的占据位置　　(b) 纯 β-Ti 相及二元合金中 O 原子的占位能

图 4.3　原子位置及形成能

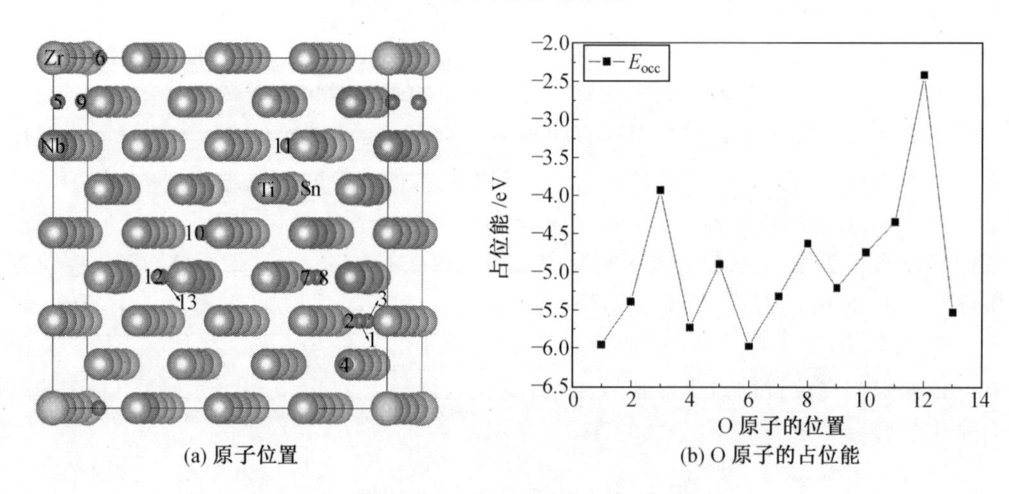

(a) 原子位置　　(b) O 原子的占位能

图 4.4　Ti2448 合金中原子位置及 O 原子的占位能

(图(b)中 x 轴上数字对应图(a)中相应数字的原子)

表 4.1　β—Ti 中氧原子占位能

Ti—O	1O	2O—1	2O—2	2O—3	2O—4	2O—5	2O—6
四面体间隙	−7.44	−7.62	−7.21	−7.57	−7.40	−6.21	−6.26
八面体间隙	−7.89	−6.58	−7.62	−6.55	−7.34	−7.22	—

4.3.4　电子结构

图 4.5 为二元 Ti—X 合金及 Ti—X—O 合金(X＝Nb,Zr,Sn)的总态密度(Density of States, DOS),由图可知 O 元素对态密度的分布有显著的影响。

在纯 β—Ti 相中,−0.5 eV 和−1.5 eV 处存在着两个主要的成键峰(图 4.5 最底部板块)。费米能级附近的成键峰主导着 β—Ti 的成键性能。Ti—X 二元合金的态密度分布相比纯 β—Ti 体系来说发生了很大的变化。在 Ti—Nb 体系中,原 β—Ti 中−1.0 eV

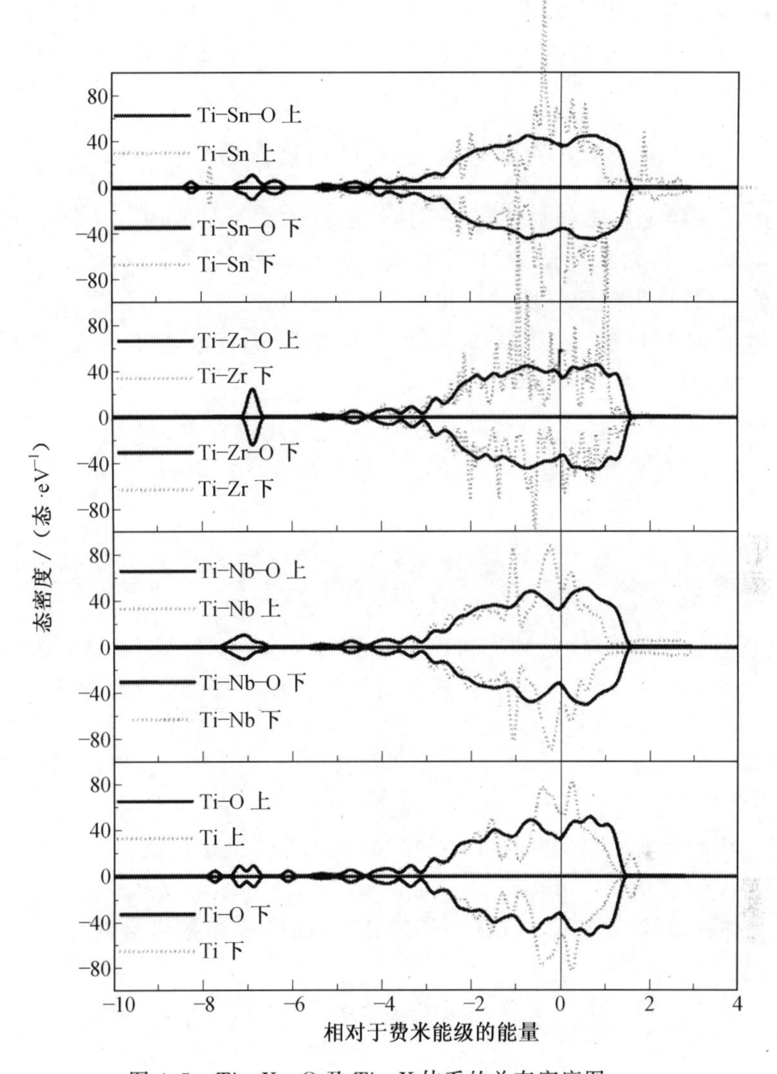

图 4.5 Ti－X－O 及 Ti－X 体系的总态密度图

处的小成键峰发生了极大的锐化，且其振幅与费米能级附近的主要成键峰达到了同一高度。现在，这两个较强的成键峰主导了此体系的成键性能。并且，由于第二个成键峰的出现，证明 Ti－Nb 体系的稳定性增强。在含 Zr 体系中，态密度图与纯 β－Ti 有明显的不同。首先，纯 β－Ti 中相对平滑的态密度分布转变为尖锐峰，意味着能带结构发生了极大的变化。另外，成键区域被两个位于－0.5 eV 和－1.5 eV 处的峰谷分为三个能量范围，而主要的成键峰分布在两个峰谷之间。由于相对低能量的电子也参与了成键，所以含 Zr 合金体系的稳定性相比于纯 β－Ti 也得到了提高。对 Ti－Sn 体系来说，与 Ti－Nb 与 Ti－Zr体系不同的是，其态密度分布只发生了微弱的改变，在－1.0～0.0 eV 能量范围内，其成键特征与纯 β－Ti 相似。两个尖锐的成键峰及一个小的成键峰分别出现在约－2.0 eV和－7.8 eV 处。这些成键相互作用能够提高 β－Ti 的稳定性。

在 Ti—X—O 体系中，O 原子的加入使得这些合金的态密度在形状上几乎是相同的，如图 4.5 所示。因此，可以认为 O 原子能够强烈地影响原子间的成键相互作用。由于二元 Ti－X 合金相似的态密度分布特征，Ti2448 合金的态密度分布显示出几乎相同的特征，所以在此处不再赘述。

4.3.5 Ti2448 合金的弹性性能及机械稳定性

材料的机械稳定性能和刚度与其弹性性能有关。通过应用一个特殊的应力模型，并用二阶多项式（应力常数的函数）拟合能量－应力曲线，计算出立方 Ti2448 合金的 C_{11}，C_{12} 和 C_{44} 值，将计算得到的弹性常数和模量列于表 4.2。

多晶体的体模量（B）、剪切模量（G）和弹性模量（E）可以通过 Voigt－Reuss 近似法计算，即

$$B_{V,R}=\frac{1}{3}(C_{11}+2C_{12}) \tag{4.3}$$

$$G_V=\frac{3C_{44}+C_{11}-C_{12}}{5} \tag{4.4}$$

$$G_R=\frac{5C_{44}(C_{11}-C_{12})}{4C_{44}+3(C_{11}-C_{12})} \tag{4.5}$$

由 Hill 近似可知，体模量和剪切模量可以由 Voigt－Reuss 边界的平均值得到：$B=1/2(B_V+B_R)$；$G=1/2(G_V+G_R)$。多晶材料的弹性模量（E）是通过各向同性关系得到的：

$$E=\frac{9BG}{3B+G} \tag{4.6}$$

Born－Huang 稳定性标准通常用来判断晶体的机械稳定性。对立方结构来说，标准为：$C_{11}>0$，$C_{12}>0$，$C_{44}>0$，$C_{11}-C_{12}>0$，$(C_{11}+2C_{12})>0$。

立方晶体在〈100〉，〈110〉，〈111〉方向上的弹性模量和剪切模量可以通过 C_{11}，C_{12} 和 C_{44} 计算得到：

$$E_{001}=\frac{(C_{11}-C_{12})(C_{11}+2C_{12})}{C_{11}+C_{12}} \tag{4.7}$$

$$E_{011}=\left\{\frac{(C_{11}+C_{12})}{(C_{11}-2C_{12})(C_{11}+2C_{12})}+\frac{1}{4}\left(\frac{1}{C_{44}}-\frac{2}{C_{11}-C_{12}}\right)\right\}^{-1} \tag{4.8}$$

$$E_{111}=\left\{\frac{C_{11}+C_{12}}{(C_{11}-C_{12})(C_{11}+C_{12})}+\frac{1}{3}\left(\frac{1}{C_{44}}-\frac{2}{C_{11}-C_{12}}\right)\right\}^{-1} \tag{4.9}$$

$$G_{001}=C_{44} \tag{4.10}$$

$$G_{011}=\frac{C_{11}-C_{12}}{2} \tag{4.11}$$

$$G_{111}=\frac{3C_{44}(C_{11}-C_{12})}{C_{11}-C_{12}+4C_{44}} \tag{4.12}$$

为了研究合金元素的分布对 Ti2448 合金弹性性能的影响，计算了四种不同构型的弹性常数，其中三种构型具有最低的形成能（在图 4.1 及表 4.2 中表示为 S2，S3 和 S4），另外一种构型具有最高的形成能（表 4.2 中表示为 S1）。另外，采用稳定的 Ti2448 合金结构模型（S2），且氧位于六号位置（图 4.4），计算了含氧的 Ti2448 体系的弹性常数。计算

结果显示在表的 S2－O^{6th}一栏中。在纯β－Ti 相中，C_{11}小于C_{12}，这一结果说明了其机械不稳定性。Ti2448 合金的弹性常数与β－Ti 的十分不同，特别是决定合金机械稳定性的关键参数C_{11}和C'（$C'=(C_{11}-C_{12})/2$）。Ti2448 合金的所有五个构型都满足机械稳定性标准。值得注意的是，Ti2448 合金的C'值在 1.6～25.5 GPa 的一个较宽的范围内变动，这种现象表明合金元素的分布可以在很大程度上影响合金的弹性性能和机械稳定性。Ti2448 合金的C_{44}剪切弹性模量与未合金化的β－Ti 非常接近，然而，Ti2448 合金的 S1 构型是个例外，其C_{44}值比β－Ti 的C_{44}值约小 30％（注意：S1 构型是最不稳定的）。与纯β－Ti 相比，Ti2448 合金的所有弹性模量都得到了提高。

表 4.2 纯 Ti 和 Ti2448 合金的弹性常数及模量

合金体系	C_{11}	C_{12}	C_{44}	C'	B	E	E_{001}	E_{011}	E_{111}	G	G_{001}	G_{011}	G_{111}
纯 Ti	97.7	113.6	37.8	－7.9	108.3	—	—	—	—	—	—	—	—
纯 Ti[a]	91.8	114.4	40.8	－11.3	106.9	—	—	—	—	—	—	—	—
S1	137.4	113.8	25.5	11.8	121.7	53.4	34.3	56.2	71.5	18.7	25.5	11.8	14.4
S2	134.0	115.7	34.0	9.1	121.8	57.4	26.8	57.6	93.3	20.2	34.0	9.2	12.1
S3	156.5	105.6	38.5	25.4	122.6	89.9	71.4	93.7	104.6	32.6	38.5	25.5	28.7
S4	124.1	120.9	40.1	1.6	121.9	41.1	4.8	16.9	108.4	14.2	40.1	1.6	2.4
S2－O^{6th}	146.1	119.0	35.5	13.5	128.1	68.1	39.3	71.1	97.5	24.1	35.5	13.6	17.1
EMTO	121.8	107.7	34.3	7.0	112.4	52.5	20.8	49.8	93.4	18.5	34.3	7.1	9.6
Ti2448（迭代拟合[b]）	57.2	36.1	35.9	10.5	43.1	56.5	29.3	57.3	84.3	22.0	35.9	10.6	13.8
Ti2448[b]	56.7	38.0	36.4	9.3	44.2	54.9	26.2	54.7	85.7	21.2	36.4	9.4	12.4

注：以超胞为模型，用 VASP 及 EMTO 计算；a，b 为实验测试值；表中除纯 Ti 外其他行的数据均指 Ti2448。

与 VASP 计算中采用的超胞方法不同，EMTO 方法中的合金问题是通过相干场近似解决的。因此，本书采用 EMTO 方法计算了完全无序的 Ti2448 合金的弹性常数，计算结果列在表 4.2 中（以 EMTO 标示）。结果表明，通过 EMTO 方法模拟的合金满足 Born－Huang 稳定性标准。考虑到弹性常数在实际化学结构上的敏感性，在 VASP 和 EMTO 计算特定弹性常数中观察到的偏差也就不足为奇。另一方面，当前 EMTO 得到的弹性常数值与 S1～S4 准随机结构的平均弹性常数值相当接近。C_{11}，C_{12}及C_{44}的相对偏差分别为 11.7％，5.5％和 1.5％，表明具有短程有序特征的 Ti2448 合金的平均弹性常数可以通过随机固态溶解近似得到相当精确的结果。

除了有关单晶 Ti 的计算数据，表 4.2 还列出了 Ti2448 合金体模量、弹性模量及剪切模量的测量值与实验值。结果表明，多晶钛合金和单晶态的数据都与实验数据匹配。但是，体模量、C_{11}和C_{12}弹性常数的实验值与理论计算值差别较大。从表中可以看到，弹性常数C_{ij}的实验值是通过利用公式对弹性模量和剪切模量进行自洽估计得到的。弹性模量E_{100}，E_{110}和E_{111}对弹性常数C_{11}不敏感，也就是说，弹性模量的微小改变可能引起C_{11}的巨大差别，单晶E_{klm}和G_{klm}（klm代表三个主要的立方晶向指数）值的测量值与计算值能够符合得较好(尽管 C_{11},C_{12} 和 B 的值存在较大的不同)间接证明了这一事实。另一方面,C' 和 C_{44} 的值可以分别通过 G_{011} 和 G_{001} 精确估量;而其他参数的测量值与计算值可以更好地符合。另外,S1～S4 构型中 G_{001} 与 G_{011} 的实验平均值与 VASP 计算值分别存在 4.5%和 20.2%的差值,与 EMTO 计算值分别有 5.1%和 29.0%的差值。考虑到在特定的短程有序程度上剪切模量 $G_{001}=C'$ 的高敏感度,上述的符合程度基本上是令人满意的。

计算所得的 Ti2448 合金的弹性模量在实际 Ti2448 合金弹性模量的范围内,且与人骨的弹性模量非常接近(10～40 GPa)。这种特性使其能够被用作医学植入材料,并避免了应力屏蔽效应。且 O 原子对 Ti2448 合金的弹性模量有较微弱的影响。因此,O 主要影响钛合金的相稳定性,对弹性性能的影响则不明显。

本章参考文献

[1] KISSAVOS A, ABRIKOSOV I A, VITOS L. Energy dependence of exact muffin－tin－orbital structure constants[J]. Phys. Rev. B, 2007, 75, 115117.

[2] DAI J H, SONG Y, LI W, et al. Influence of alloying elements Nb, Zr, Sn, and oxygen on structural stability and elastic properties of Ti2448 alloy[J]. Phys. Rev. B, 2014, 89(1): 014103.

第5章　储氢性能

氢是一类清洁的能源载体，但氢能高效利用的一个主要瓶颈是对氢安全、有效的存储，寻找一种高效的储存材料是人们研究的重点之一。该材料必须具有高的含氢量、快速的热力学与动力学及高的安全性等特征。对液态或气态储氢，需要克服高压或低温困难，且还需要解决安全性问题。固态储氢是一类颇具发展前景的储存方法，其中 MgH_2 因具有高的储氢量而得到了广泛的关注。但是，MgH_2 在实践应用中常需要很高的放氢温度及较慢的吸氢动力学。MgH_2 含有质量分数为 7.6%的 H，分解焓为 −76 kJ/mol H_2，具有较慢的吸氢或放氢特征(573 K，1 bar H 平衡压强)。减小 Mg 的晶粒尺寸或合金化可改善其吸氢与放氢动力学。研究表明，减小晶粒尺寸到约 1.3 nm，使 MgH_2 层的厚度小于十个单位晶胞的尺寸，其放氢温度可降低至 200 ℃。MgH_2 的合金化可以减弱 Mg 与 H 原子间的成键作用，从而改善 MgH_2 的放氢性能，其中 Ti 能显著降低 MgH_2 纳米团簇中 H 的解离能和 MgH_2 体相中 H 的解离能，Al 也能减弱 MgH_2 中 H 的解离能。过渡金属对 MgH_2(110)表面的放氢性能研究显示，Al 可以减弱 Mg 与其邻近的 H 原子间的相互作用，Ti 则可以促进 TiH_2 相的生成。

H−Mg−H 三层式结构是形成 MgH_2 的先驱体。在较低的吸附率情况下(少于一层)，H 原子倾向于吸附在表面上的面心立方 fcc 位置，且 H 吸附在次表层是不稳定的。当外表面的 H 原子全部吸附满后，H 吸附在次表面才具有能量和动力学稳定性，并形成稳定的 H−Mg−H 结构。这种三层式结构的电子结构与体相 MgH_2 有较大的不同，H 和 Mg 原子间的化学键为离子与共价键的混合。由于三层式结构的晶格常数比纯 Mg 的晶格常数小，因此压缩应变有利于 H−Mg−H 三层式结构的形成。最近，亚稳态的 Mg 合金薄膜作为储氢媒介也得到了广泛的研究。在氢气储存条件下，氢在 400 Å 厚的 Mg 薄膜上的吸附测试表明，氢气的解离激活势垒得到明显降低，且不会降低解离速率。在吸氢过程中，Mg 薄膜表面法线方向的膨胀体积与 MgH_2 和 Mg 的体积差异近似相等。在放氢后，Mg 薄膜恢复为 Mg，但是通过引入空穴而保留了膨胀的厚度。Vermeulen 等分析了亚稳的 Mg_yTi_{1-y} 薄膜，Ti 置换 Mg 明显地影响了储氢性能，增加 Ti 的含量会增加储氢密度。TiH_2(111)可引起畸变，减少 MgH_2 放氢所需的能量，而 MgH_2 薄膜的放氢能力依赖于 MgH_2 的厚度及 Mg 和 Ti 的比例。三元合金 Mg−Al−Ti 以及 Mg−Fe−Ti 显示出了非常优异的吸氢性能，在 200 ℃，该薄膜在几秒内能吸附 4%～6%的氢气，并且能够在几分钟内解吸附。此外，Al 和 Ti 合金化的 Mg 薄膜也显示出了非常优异的储氢性能，其中 2 nm 厚的 Ti−Al 薄膜可以限制纳米尺度的 Mg 或者 Mg−Al−Ti 晶粒的尺寸。在吸放氢循环中，Al 和 Ti 从 Mg 中分离出来，形成了纳米晶或者非晶的 Ti−Al 相，从而阻碍了晶粒变粗，获得了比较分散的 Ti−Al 颗粒。复合薄膜的稳定性增加到一定程度后，不仅保留了它们各自的物理属性，还保留了它们优异的吸放氢动力学稳定性。鉴于 Mg−Al−Ti复合薄膜优异的储氢性能，本章将探讨该材料的吸氢机制。

5.1 计算方法

对于 γ－TiAl 体系，计算中使用(2×2)的原子层模型，六个原子层和 1.1 nm 厚的真空层用于模拟表面体系。其中(100)和(001)表面模型包括 48 个原子，而(110)和(111)表面模型包括 24 个原子。平面波截断能为 450 eV。对(110)表面体系采用 5×6×1 的 k 点网格，对(001)和(111)表面体系采用 5×5×1 的 k 点网格，而对(100)表面体系采用 6×6×1的 k 点网格。鉴于 Mg－Al－Ti 复合薄膜优异的储氢性能，本章也检查了表面能与表面模型中原子层数的关系，计算发现六层原子模型与九层原子模型的表面能差异小于 0.2 %。为了节省计算资源，本研究采用六层原子模型。

对于 Mg/TiAl 体系，由于 MgH_2 能通过氢在 Mg(0001)表面上的反应形成，因此本章选用 Mg(0001)表面为研究对象。γ－TiAl 的稳定表面为(100)和(111)面，其表面能分别为 1.70 J/m^2 和 1.75 J/m^2。表面的原子构成对表面稳定性的影响较小，因此 Al 或 Ti 终端的表面均可出现。由于 γ－TiAl(111)以及 TiAl(001)表面与 Mg(0001)表面匹配度较好，且该表面相对比较稳定，因此本章主要考察这两种表面与 Mg(0001)表面的相互作用。

其中 TiAl(111)表面为 Ti 和 Al 的共存面，Ti－Al 的(001)面分为钛和铝终端表面，超胞如图 5.1 所示，a 和 b 方向的(2×2)表面超胞以及 c 方向 1.5 nm 厚的真空层被用来模拟 Mg(0001)表面体系。超胞中含有 20 个原子层，80 个金属原子，中间六层 Ti－Al (12 个 Ti 和 12 个 Al 原子)。超胞体系内的原子在计算中允许弛豫。计算方法与前述章节一致，平面波截断能为 400 eV，计算中使用 5×5×1 的 k 点。此外，界面体系的计算中考虑了自旋极化的影响。

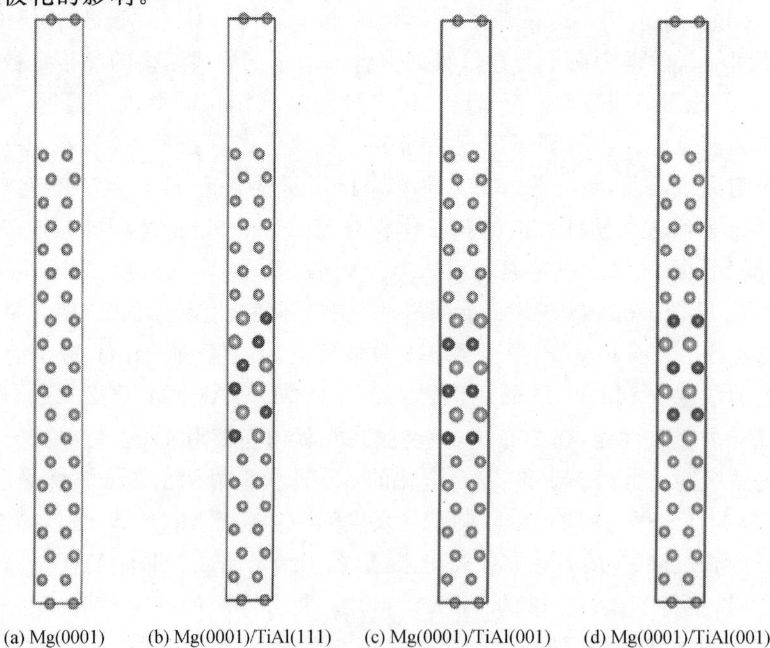

(a) Mg(0001)　(b) Mg(0001)/TiAl(111)　(c) Mg(0001)/TiAl(001)　(d) Mg(0001)/TiAl(001)

图 5.1　Mg/TiAl 界面体系

5.2 γ－TiAl 表面稳定性

计算发现对表面体系中的所有原子或仅对最上面的三层原子进行了弛豫，优化的能量差异非常小。对(100)和(111)表面而言，体系能量差小于 0.08 eV，而对(001)和(110)表面体系，两种弛豫方式的能量几乎相同。因此本章在分析 O 在 TiAl 表面上的吸附行为时，仅弛豫表面体系中最上面的三层原子。表面的热动力学稳定性可以通过表面能的计算进行评价，其定义为

$$E_{surf}=\frac{1}{2A}(E_{slab}-NE_{bulk}) \tag{5.1}$$

式中，E_{bulk}为体相 TiAl 单胞的总能量(－24.50 eV)；E_{slab}为表面体系的能量；N 为表面模型中包含的 TiAl 单胞数目；A 为表面的面积。

表 5.1 所示为 TiAl 不同表面的表面面积 A 和表面能 E_{surf}。计算发现(100)表面是最稳定的表面，而 Al 和 Ti 共存的(100)和(111)表面比 Al 或 Ti 终端的表面更稳定。表 5.1 显示表面上的原子排列对表面能的影响不大，因此在(001)和(110)表面中，Al 或 Ti 终端的情况均可出现。

表 5.1　TiAl 不同表面的表面面积 A 和表面能 E_{surf}

表面	A/nm^2	$E_{surf}/(J\cdot m^{-2})$
Al－(001)	0.641 6	2.17
Ti－(001)	0.641 6	2.18
Al－(110)	0.461 0	2.08
Ti－(110)	0.461 0	2.06
(100)	0.652 0	1.70
(111)	0.280 8	1.75

5.3 氢吸附对 Mg/TiAl 界面体系稳定性的影响

5.3.1 Mg/TiAl 界面稳定性

图 5.1(b)～(d)所示为 Mg/TiAl 的界面模型，其中大号球为 Ti 原子，中号球为 Al 原子，小号球为 Mg 原子。图 5.1(a)～(d)四种结构分别命名为 I－a，I－b，I－c和 I－d，事实上，I－c 与 I－d 两种界面是完全等价的，区别仅在于超胞的顶部存在 1.5 nm 的真空层，而底部则不存在。考虑到 20 层原子的超胞结构，这种差异对 Mg/TiAl 界面的影响很小，实际计算也显示 I－c 和 I－d(图 5.1(c)和(d))的总能量几乎一致，因此仅选取了 I－c 结构进行分析。

本章仔细考察了 Mg(001)和 TiAl(111)以及 TiAl(001)表面间的不同距离，希望找到相对稳定的界面体系模型，为进一步分析 H 原子的吸附提供合理的基底。本章计算了

13 种不同的初始距离，计算中原子可以自由弛豫，直至达到最稳定的结构。

如图 5.2 所示，在界面模型中，Mg 与 TiAl 原子层间的初始距离对弛豫后体系总能量有影响。距离对 I－c 体系的总能量影响较弱，但对 I－b 体系的总能量则有较大影响。且 I－b 体系比 I－c 体系更为稳定(I－b 体系的总能量比 I－c 体系的总能量低 0.7 eV 左右)。以下的分析采用弛豫后能量最低的模型。

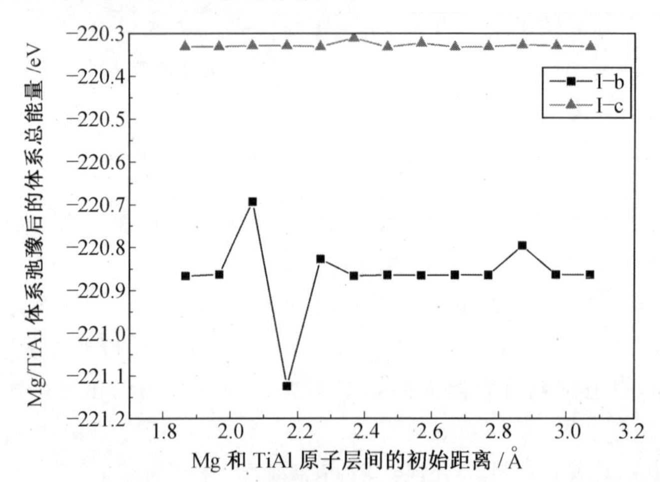

图 5.2　Mg 与 TiAl 原子层间的初始距离与弛豫后的体系总能量间的关系

为了考察生成这两种体系的难易程度，计算了体系的形成能，将其定义为

$$\Delta E^{s} = E_{Mg/TiAl} - E^{s}_{Mg(0001)} - E^{s}_{TiAl} \tag{5.2}$$

$$\Delta E^{b} = E_{Mg/TiAl} - E^{b}_{Mg} - E^{b}_{TiAl} \tag{5.3}$$

式中，$E_{Mg/TiAl}$ 为 Mg/TiAl 体系的总能量；$E^{s}_{Mg(0001)}$ 和 E^{s}_{TiAl} 分别为 Mg(0001)以及 TiAl 表面的总能量；E^{b}_{Mg} 和 E^{b}_{TiAl} 分别为 Mg 和 TiAl 体相的总能量。

ΔE^{s} 可以表示 Mg/TiAl 界面体系由 Mg 和 TiAl 表面形成的难易程度。I－b 和 I－c 界面体系的 ΔE^{s} 分别为 3.660 eV 和 1.766 eV。因此，尽管 I－b 界面体系有着比 I－c 体系更低的总能量，但是 I－c 体系拥有比 I－b 体系更低的 ΔE^{s}。

ΔE^{b} 可以表示 Mg/TiAl 界面体系由 Mg 和 TiAl 体相生成的难易程度。I－b 和 I－c 界面体系的 ΔE^{b} 分别为 11.555 eV 和 12.147 eV。因此 I－b 和 I－c 界面体系都很难由体相的 Mg 和 TiAl 直接生成。

5.3.2　氢的吸附特征

为了研究 Mg/TiAl 体系的吸氢性能，本章考察了单个氢原子在 I－a，I－b 和 I－c 体系上的吸附性质。Mg(0001)表面有四个不等价的吸附位置：bri，top，hcp 和 fcc 位置，如图 5.3 所示，其中大球为 Mg 原子，小球为 H 原子所处的吸附位置。此外，为了详细考察 H 更倾向于占据的位置，进一步考察了 H 在间隙位置的占据情况。H 原子的选取为 bri，top，hcp，fcc，oct，tet1 和 tet2(图 5.3)。吸附能定义为

$$E_{ads} = E_{H-(Mg/TiAl)} - E_{Mg/TiAl} - \frac{1}{2}E_{H_2} \tag{5.4}$$

式中，$E_{H/(Mg/TiAl)}$ 和 $E_{Mg/TiAl}$ 为 Mg/TiAl 体系含吸附 H 原子或不含吸附 H 原子的总能量；E_{H_2} 为孤立氢气分子的总能量。在纯 Mg 体系中(I—a 模型)，H 在表面 fcc 位置的吸附最为稳定，与文献报道一致。在间隙吸附情况下，H 更倾向于占据 tet2 位置，因此进一步分析了 H 在 fcc 和 tet2 位置的吸附机制，这两个位置的吸附能分别为−0.076 eV 和 0.005 eV，与文献数据一致。

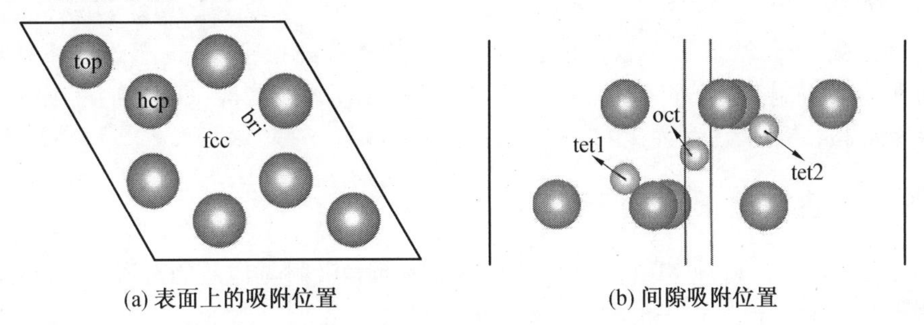

(a) 表面上的吸附位置　　(b) 间隙吸附位置

图 5.3　H 原子在纯 Mg 中的吸附位置

为了分析 H 在 Mg 体相中的吸附，H 在 Mg(0001)体系的中间层(表层 10 层以下)，七个不同位置(bri−in，top−in，hcp−in，fcc−in，oct−in，tet1−in 和 tet2−in)的吸附能进行了计算。H 在这七个可能位置的吸附都不具有能量稳定性。需要说明的是，oct 和 tet 吸附位置的吸附能分别为 0.26 eV 和 0.10 eV，与文献报道的 0.22 eV 和 0.10 eV 非常接近。

表 5.2 列出了 H 原子在 Mg/TiAl 界面体系不同位置的吸附能。与纯 Mg 体系相比，Mg/TiAl 体系中存在更多的吸附位置，对 I—b 以及 I—c 体系分别讨论了 11 种和 12 种占位情况。为了区分这些不同的位置，标记 Al—表示该 H 原子位置周围的原子中 Al 原子比 Ti 原子多，相反则标记为 Ti—。

表 5.2　H 原子在 Mg/TiAl 界面体系不同位置的吸附能　　eV

I—a—H 位置	E_{ads} /eV	I—b—H 位置	E_{ads} /eV	I—c—H 位置	E_{ads} /eV
fcc—surf	−0.076	Ti—bri	−0.328	Al—bri	−0.248
tet2—surf	0.005	Al—bri	0.016	Ti—bri	−1.241
bri—in	0.088	Ti—top	−0.131	Al—top	−0.558
top—in	0.117	Al—top	−0.176	Ti—top	−1.099
hcp—in	0.089	Ti—hcp	0.210	Al—hcp	−0.311
fcc—in	0.212	Al—hcp	−0.229	Ti—hcp	−0.713
tet1—in	0.094	Ti—fcc	−0.327	Ti—fcc	−1.163
tet2—in	0.102	Al—fcc	−0.333	Al—fcc	0.009
oct—in	0.260	Al—tet1	0.159	Ti—tet1	−0.262
—	—	Ti—tet1	0.251	Al—tet1	−0.304
—	—	Al—tet2	0.006	Al—tet2	−0.005
—	—	Ti—tet2	−0.161	Ti—tet2	−0.729

对于 Mg(0001)/TiAl(111) 体系，H 在 Ti－hcp1，Al－bri2，Al－tet2，Ti－tet1 和 Al－tet1位置的吸附不稳定，而 H 很容易吸附在其他位置。H 在 Al－fcc 位置的吸附能低至－0.333 eV，这比 H 在 Mg(0001)表面的吸附能低很多。在 Mg(0001)/TiAl(001) 体系中，H 可以吸附在大多数位置上，只有 Al－fcc 位置除外，其中 Ti－bri 和 Ti－fcc 位置的吸附能达－1.24 eV 和－1.16 eV。综上所述，相对于纯 Mg，Mg/TiAl 体系的吸氢性能显著提高。因此 TiAl 不仅能改善 Mg(0001)体系的稳定性，也能改善其吸氢性能。为了分析这种机制，本章进一步分析了 H 吸附体系的电子结构：H 分别在 I－a，I－b 和 I－c体系的 hcp－in，Al－fcc 和 Ti－bri 位置。

5.3.3 界面体系的电子结构

图 5.4(c)为 I－a(纯 Mg(0001))吸附体系表面和吸附氢体系的态密度。图中各原子在超胞中的位置分别标记于图 5.4(a)和(b)。Mg2 的态密度与 Mg1 的态密度非常相似，它们的主要成键峰都在－5.0 eV 附近。但是 Mg1 原子的 p 电子轨道比体内 Mg2 原子的 p 轨道更接近于费米能级，说明表面原子的反应活性高于体内原子的反应活性，即表面 Mg 原子更容易吸氢，这与表 5.2 中 H 原子在 Mg 体系吸附能的计算结果相吻合。H 在表面 fcc 吸附后，Mg 原子的态密度发生了很大的变化。成键峰向更低的能量处移动。H s轨道和 Mg s，p 轨道在－6.0 eV 附近有着非常好的重叠，H 与 Mg 之间存在非常强烈

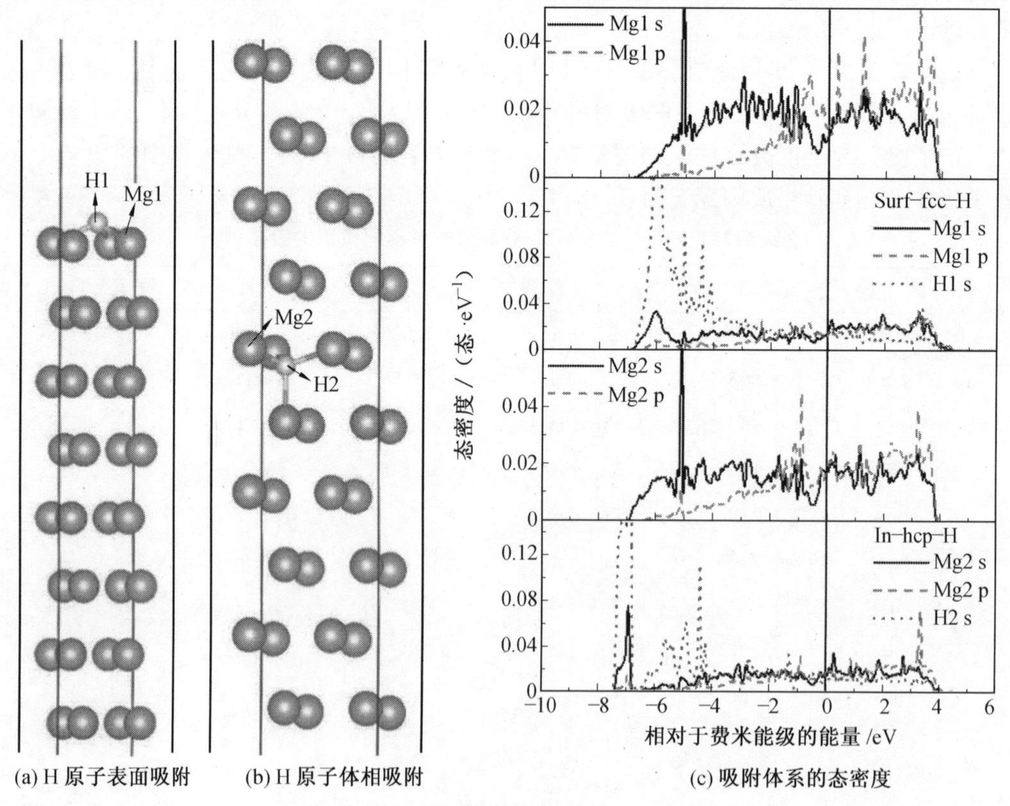

(a) H 原子表面吸附　(b) H 原子体相吸附　(c) 吸附体系的态密度

图 5.4　I－a 吸附体系的结构和态密度

的成键作用，这与文献报道结果非常相似。对 H 在 hcp—in 位置的吸附，由于体相中的 Mg p 电子轨道分布于较低的能量区间(相对于表面 Mg 原子而言)，吸氢后的 Mg—H 间的作用弱于 H 表面吸附情况。表 5.2 也显示，hcp—in 吸氢的吸附能为正。

图 5.5 显示了 I—b(Mg(0001)/TiAl(111))吸附体系的态密度。H 在体系中吸附后，基体的态密度变化并不明显。Ti d 电子轨道与 H s 电子轨道之间的重叠非常少，因而 Ti 原子对 H 原子的吸附影响比较小。Mg s，p 轨道以及 Al p 与 Ti d 轨道之间在费米能级附近有较大的重叠，因而 Ti—Mg 以及 Ti—Al 原子间存在较为强烈的成键作用。对 H 吸附的 I—b 体系而言，H 原子附近有两个 Ti 原子以及一个 Mg 原子，Ti—H 的距离为 1.863 Å，而 Mg—H 的距离为 1.975 Å。H s 的成键峰主要分布在(—8.0，—5.0) eV 的能量区间。H s 与 Mg s 轨道间都有着强烈的成键作用，因而增大了 I—b 体系的稳定性。

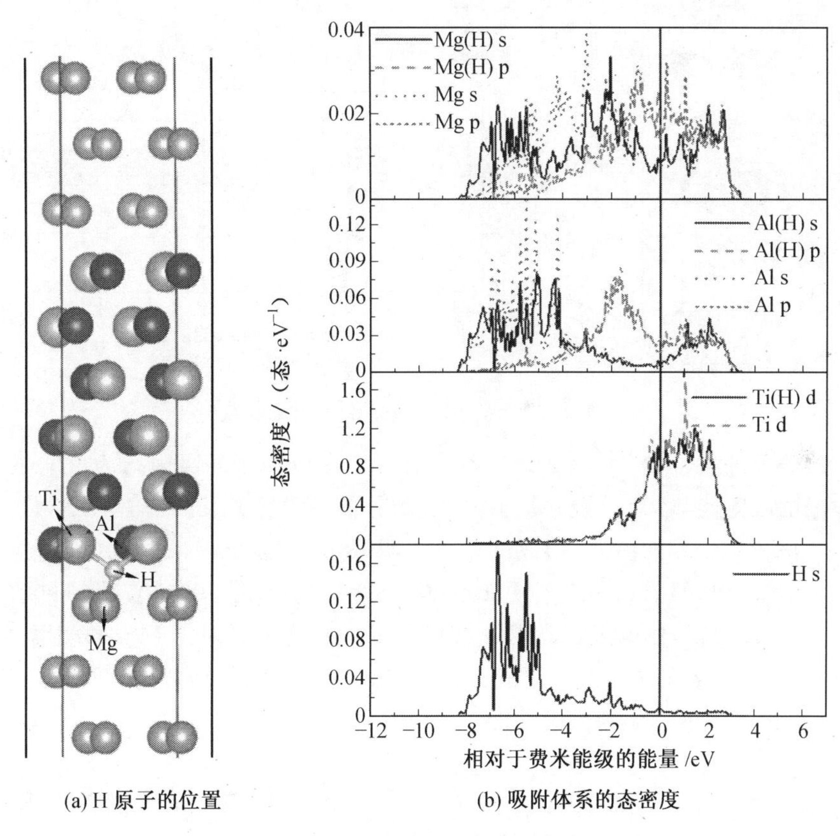

(a) H 原子的位置　　(b) 吸附体系的态密度

图 5.5　I—b 吸附体系的结构和态密度

图 5.6 所示为 I—c(Mg(0001)/TiAl(001))吸附体系的态密度。吸附 H 对体系的态密度分布影响并不明显。与 I—b 体系一样，H 与 Ti 原子间并没有显示出强烈的成键作用。H s 与 Al s 和 Mg s 电子轨道间存在较好的重叠，因而 H 与 Mg 及 Al 原子间存在强烈的成键作用。此外，Mg s 与 Al s 轨道在(—5.0，—8.0) eV 能量区间有着强烈的相互作用，但是 Mg 与 Ti 之间的成键作用则比较弱。

对于 γ—TiAl 体系，表面能的计算显示(100)面是最稳定的表面，其余稳定性减弱的表面顺序依次为(111)，(110)和(001)。O 的吸附特征分析显示：O 原子更倾向于吸附在

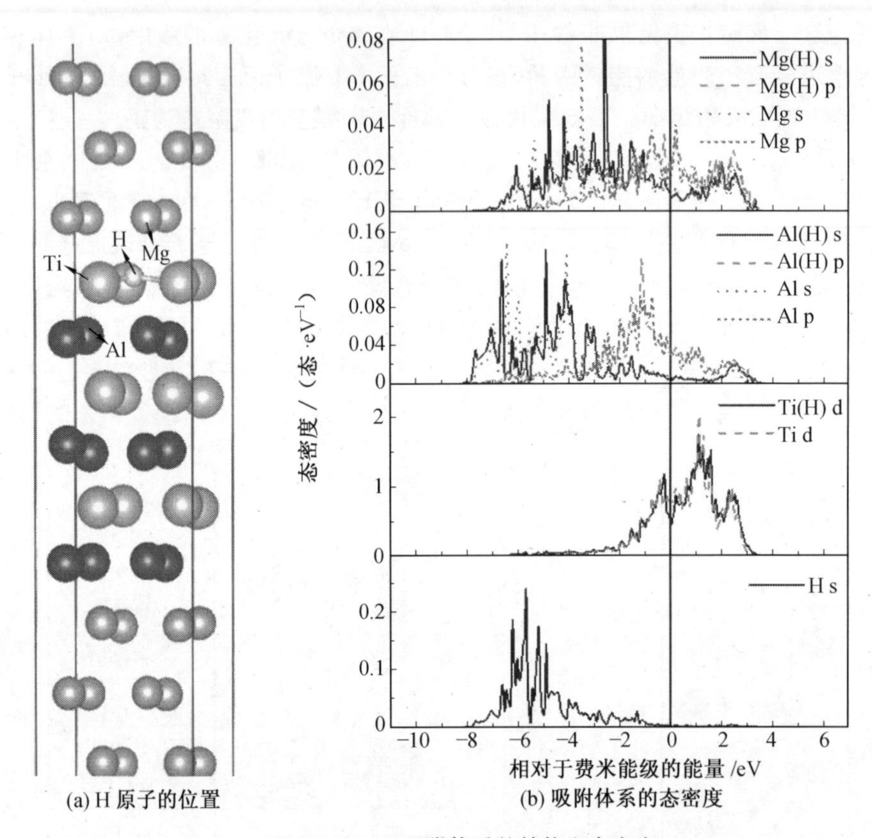

(a) H 原子的位置　　(b) 吸附体系的态密度

图 5.6　I—c 吸附体系的结构和态密度

Al—(001)表面的桥位和 Ti—(001)表面的顶位。且 O 原子的吸附行为由电子结构所决定,O 原子的吸附能与 O、Ti 及 Al 的态密度积分值呈线性关系。

对于 Mg/TiAl 界面体系,形成能计算表明,尽管 Mg(0001)/TiAl(111)界面体系有着比 Mg(0001)/TiAl(001)体系更低的总能量,但是 Mg(0001)/TiAl(001)体系比 Mg(0001)/TiAl(111)体系更容易由 Mg 和 TiAl 表面生成。对于 Mg/TiAl 体系,H 在该界面体系的大部分吸附位置的吸附能比在纯 Mg(0001)处的吸附能更低,因此 TiAl 层的加入能改善 H 在 Mg 表面的吸附性能。

5.4　Mg(0001)/Ti(0001)层状结构的储氢性能研究

5.4.1　Mg(0001)/Ti(0001)模型的构建及稳定性

金属 Mg 为密排六方(hcp)结构。本书计算了 Mg 的晶格常数。其晶格常数为 $a=b=$ 3.209 Å, $c=$5.210 5 Å,其最稳定的晶面为(0001)晶面,金属 Ti 也是密排六方结构,其晶格常数为 $a=b=$2.951 Å, $c=$4.679 Å。金属 Mg 与 Ti 具有相同的晶体结构,因此选取 Ti(0001)晶面与 Mg(0001)晶面进行匹配。

利用 Mg(0001)晶面和 Ti(0001)晶面构建 Mg(0001)/Ti(0001)界面结构,如图 5.7

所示，分别取七层 Mg(0001)表面和八层 Ti(0001)表面，真空层厚度为 18 Å，界面体系为 2×2 超胞。在进行与稳定性相关的计算前，首先需进行平面波截断能和 k 点的优化。其中，通过增加平面波截断能，可以提高计算精度，但是过高的平面波截断能会使得计算量大大增加而降低计算效率。因此，需要验证并得到能够使计算体系收敛的最小平面波截断能。平面波截断能的优化结果如图 5.8 所示。从图中可以看出，当截断能的值达到 350 eV 时，体系总能的变化幅度已经小于 0.001%，体系的总能趋于收敛，因此，综合考虑计算精度和计算成本，本书选用的平面波截断能的值为 350 eV。

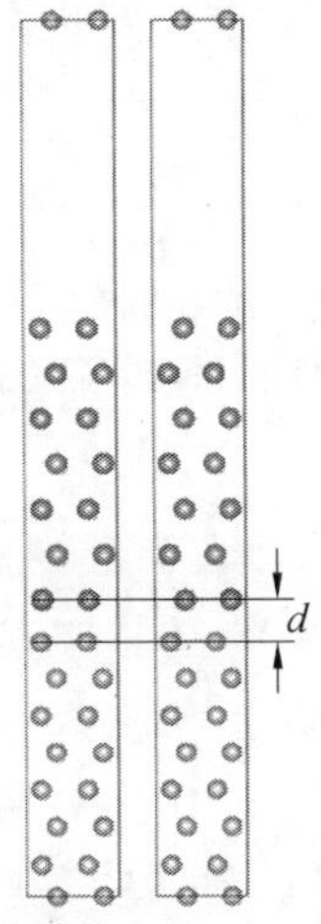

(a) SA(对称结构) (b) AA(反对称结构)

图 5.7　Mg(0001)/Ti(0001)界面结构模型

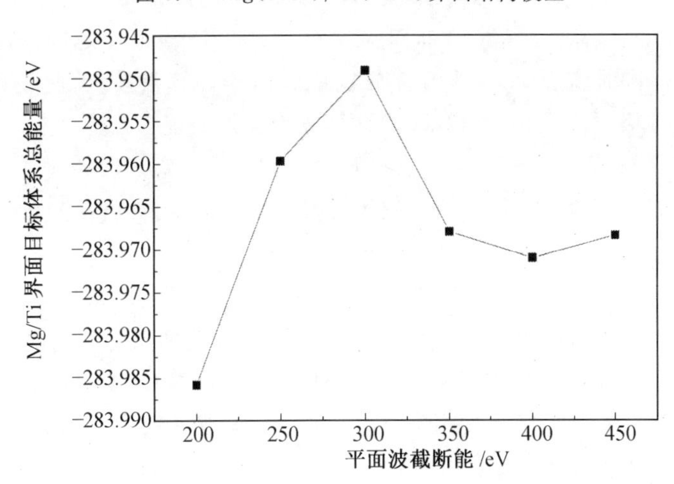

图 5.8　Mg(0001)/Ti(0001)界面体系平面波截断能的优化结果

k 点的优化结果如图 5.9 所示。从图中可以看出，当 k 点分别取 7×7×1，8×8×1 和 9×9×1 时，三点之间总能量的变化幅度在 0.000 1%之内，其对应的能量值趋于收敛，同时考虑到计算精度和计算量两方面因素，本书选择 7×7×1 的 k 点网格数进行后续计算。

在以下关于 Mg(0001)/Ti(0001)体系的计算中，均采用上述 350 eV 的平面波截断

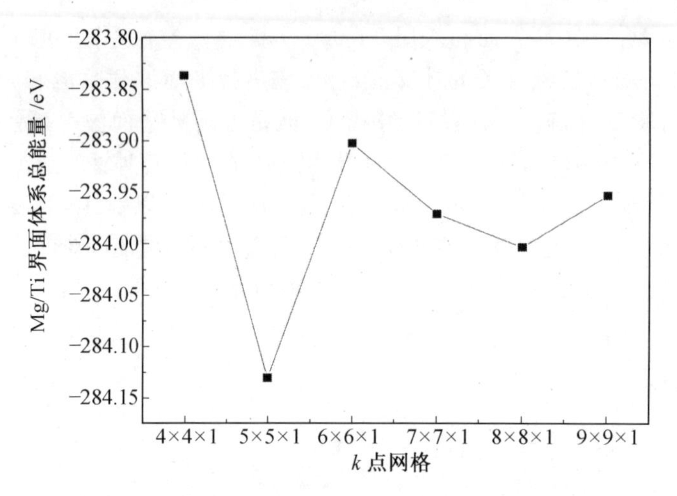

图 5.9 Mg(0001)/Ti(0001)界面体系 k 点的优化结果

能和 7×7×1 的 k 点网格。

由于 Mg(0001)表面层和 Ti(0001)表面层的晶格常数差异($a_{Mg}=3.209$ Å，$a_{Ti}=2.951$ Å)，必须考虑两表面结合带来的晶格畸变。同时，根据 Mg(0001)表面层和 Ti(0001)表面层组成界面时的相对位置，Mg(0001)/Ti(0001)界面体系具有对称结构(Symmetry Array，SA)和反对称结构(Anti－symmetry Array，AA)两种构型，如图 5.7 所示，对于 SA 结构，可以观察到 Mg/Ti 界面处 Mg 原子层和 Ti 原子层的排列方式是呈镜面对称的，对于 AA 结构，两原子层的排列方式则是反对称的。

为了处理两表面结合带来的晶格畸变，首先选取了两晶格常数的平均值作为此界面结构的晶格常数，即 $a_{Mg/Ti}=3.080$ Å，同时，改变 Mg 和 Ti 表面层之间的层间距，并在体系的三个坐标方向同时施加应力(改变缩放比例)，由于计算量较大，此处采用 Mg/Ti 界面结构的单胞进行相关计算，根据式(5.5)计算其界面形成能：

$$E_f = E_{inter} - E_{Mgslab} - E_{Tislab} \tag{5.5}$$

式中，E_{inter} 为界面体系的总能；E_{Mgslab} 和 E_{Tislab} 分别为 Mg(0001)和 Ti(0001)表面层的总能量。

Mg(0001)/Ti(0001)体系的 SA 和 AA 结构的界面形成能计算结果如图 5.10 所示。

从图中可以看出，对于 SA 构型，当 Mg 表面层和 Ti 表面层之间的间距为 3.00 Å，缩放系数为 0.979(受压应力)时，体系具有最低的界面形成能(－0.523 eV)；对于 AA 构型，当 Mg 表面层与 Ti 表面层之间的间距为 2.40 Å，缩放系数为 0.991(受压应力)时，体系表现出最低的界面形成能(－0.856 eV)。对比 SA 构型和 AA 构型的界面形成能可以得知，AA 构型相对于 SA 构型更稳定。

为了进一步探究 AA 构型的稳定性，本书利用上述计算得到的最稳定 AA 界面结构，计算了从 SA 构型转变为 AA 构型的能量路径，其中，SA 构型向 AA 构型的转变方式如图 5.11 所示，可以观察到，由 SA 构型转变为 AA 构型时有三种路径：一种是先经由 a 方向平移再经 b 方向平移并与 AA 构型的原子排列方式重合，另一种路径是先经 b 方向再经 a 方向平移，第三种路径是通过对角的 c 方向平移至 AA 构型的原子位置上。

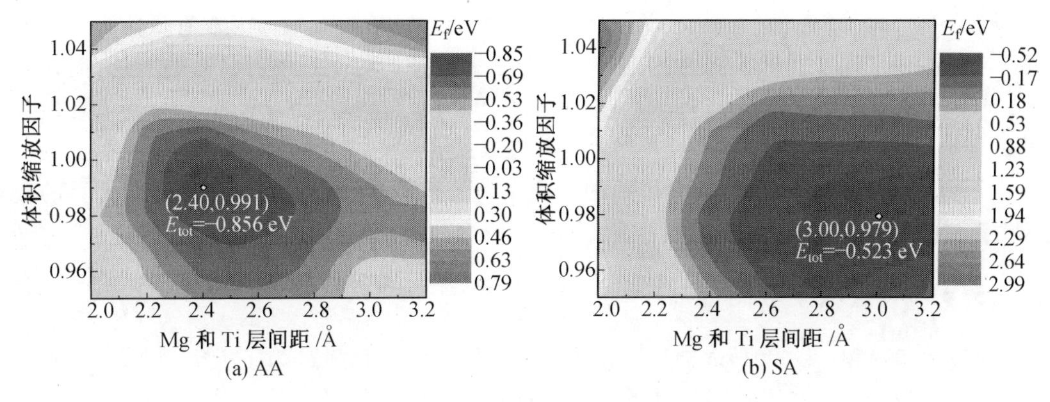

图 5.10 Mg(0001)/Ti(0001)体系界面形成能计算结果

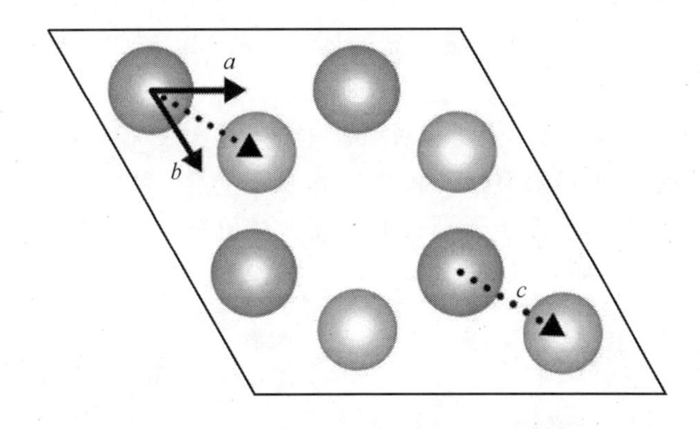

图 5.11 SA 构型向 AA 构型的转变方式示意图

将移动路径划分出 11×11 的格点，通过分别计算出格点处体系的总能量，得到了这三条平移路径的反应势垒，如图 5.12 所示。

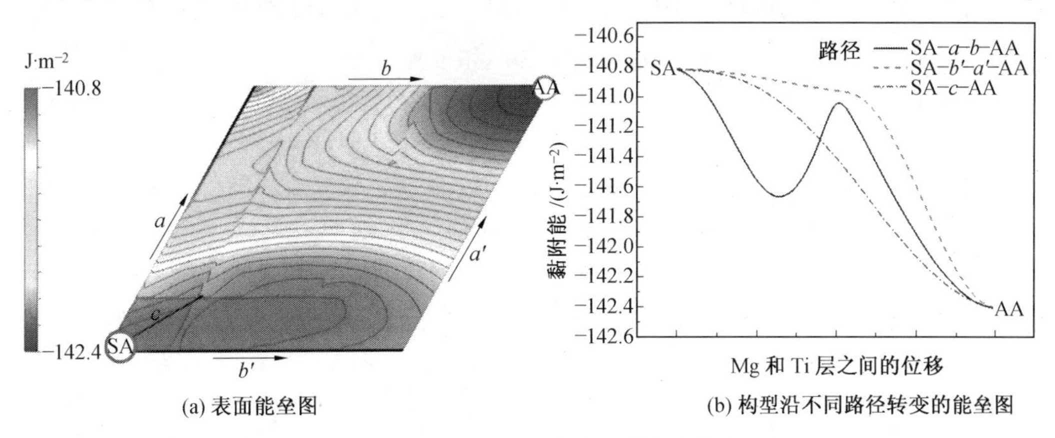

图 5.12 SA 构型向 AA 构型转变的能垒

从图 5.12(a)中可以看出，能量最高的区域为沿 b'方向的 SA 侧，能量最低的区域为接近 AA 构型的角落，从 SA 构型到 AA 构型，能量大体上是在逐渐减小的，这进一步说明了体系在转变过程中正在趋于稳定。图 5.12(b)阐明了构型转化的三条路径，分别为

SA$-a-b-$AA, SA$-b'-a'-$AA 和 SA$-c-$AA,其中,沿 SA$-c-$AA 路径的构型转变不需要能垒,且其能量低于沿 SA$-b'-a'-$AA 路径的转变过程所具有的能量,而在沿 SA$-a-b-$AA 路径转变的过程中,存在约 0.71 J/m^{2}的能垒,因此,SA$-c-$AA 是最可能的转变路径。

因此,本书将选用由图 5.12 得到的最稳定 AA 构型作为以下相关储氢性能计算的模型。

5.4.2 氢原子吸附能

Mg(0001)和 Ti(0001)表面层的组合形成了一个界面区域,为了探究氢原子在界面区域的吸附性能,选择了不同的氢吸附位置对氢原子吸附能进行计算分析,其中,氢原子的吸附位置如图 5.13 所示。氢原子在体系中的吸附位置被分为两类,分别是 Mg 原子层和 Ti 原子层构成的 Mg/Ti 界面区域及靠近界面处的 Mg 和 Ti 原子层的次表面区域。根据 H 原子与周围 Mg 原子的相对位置,界面处的 H 原子可能占据的位置有面心位置(fcc),六方(hcp)位置,顶部(top)位置和桥(bri)位置,在次表面区域,H 原子吸附位置为两个四面体间隙位置,分别标示为 tet1 和 tet2,以及一个八面体间隙位置,标示为 oct。计算 H 原子吸附能时,单个 H 原子分别被放置在上述位置上,并对临近界面区域的三层 Mg 原子和 Ti 原子进行位置弛豫和优化。

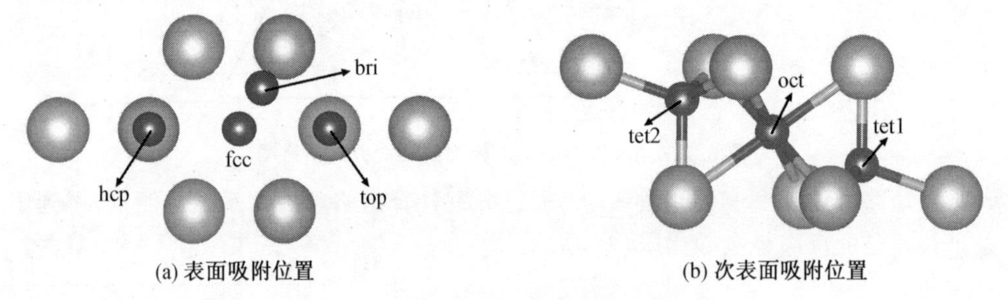

(a) 表面吸附位置　　(b) 次表面吸附位置

图 5.13　氢原子吸附位置

H 原子的吸附能被定义为

$$E_{ads}=E_{inter+H}-E_{inter}-\mu_H \tag{5.6}$$

式中,$E_{inter+H}$ 为有氢原子吸附的 Mg(0001)/Ti(0001) 界面体系的总能量;E_{inter} 为界面体系的总能量;μ_H 为单个 H 原子的化学势。计算得到的 H 原子吸附能见表 5.3。

表 5.3　Mg(**0001**)/Ti(**0001**)界面体系不同吸附位置上 H 原子的吸附能

H 原子吸附位置(界面区域)	吸附能/eV	H 原子吸附位置(次表面区域)	吸附能/eV
bri	−0.932	Mg−tet1	−0.409
fcc	−0.953	Mg−tet2	−0.141
hcp	−0.408	Mg−oct	−0.134
top	−0.991	Ti−tet1	−0.783
		Ti−tet2	−0.985
		Ti−oct	−0.961

分析表中数据可以发现,从整体上来看,界面区域处 H 原子相比于次表面区域具有较低的吸附能,即从能量上来说,H 原子较易吸附在界面区域处,而对比 Mg 表面层和 Ti 表面层的次表面区域的 H 原子吸附能,可以很明显地观察到 Ti 次表面区域处的吸附位置表现出更优异的氢吸附性能,说明 H 原子与 Ti 原子之间具有更强的相互作用且作用产物更稳定。在所有的 H 原子吸附位置中,界面区域处的 top 位具有最低的 H 原子吸附能,为−0.991 eV,次稳定吸附位置为 fcc 位,H 原子吸附能为−0.953 eV,bri 吸附位具有与 fcc 位相似的 H 原子吸附能,为−0.932 eV。另外,可以观察到 Ti 的次表面区域的四面体间隙位置 tet2 位和八面体间隙位置 oct 位同样具有较低的 H 原子吸附能,分别为−0.985 eV 和−0.961 eV。对于 Mg 的次表面区域来说,四面体间隙位置与八面体间隙位置相比具有较低的 H 原子吸附能,tet1 位的吸附能为−0.409 eV,比八面体间隙位置的 H 原子吸附能低 0.275 eV,表示 H 原子更易吸附在 Mg 的四面体间隙中。且将 Mg/Ti 体系界面区域处的 H 原子吸附能与纯 Mg(0001)表面 H 原子吸附能(−0.05 eV)相比,显然 Mg/Ti 界面体系具有更低的 H 原子吸附能,表明 Ti 原子层的插入改善了 Mg(0001)表面的吸氢性能。

5.4.3 电子结构

为了进一步探究界面处 Mg 原子与 Ti 原子之间的相互作用,及 H 原子与其近邻的 Mg 原子和 Ti 原子之间的相互作用机制,本书还计算了 Mg(0001)/Ti(0001)界面体系界面处的电荷数与单独的 Mg 表面层和 Ti 表面层的平面平均电荷差值(Plane−average Charges, PACs),以及相关体系的电子结构。Mg(0001)/Ti(0001)界面体系的 PACs 如图 5.14 所示。

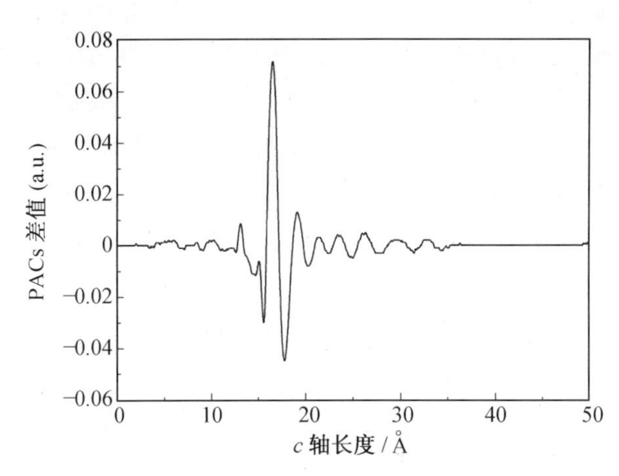

图 5.14 Mg(0001)/Ti(0001)界面体系平面平均电荷差值分布曲线(1 Å=0.1 nm)

图 5.14 的曲线以 c 轴长度为横坐标,将体系在不同的 c 轴长度下平面上的电荷进行加和,得到平面电荷,然后用 Mg/Ti 体系的平面电荷值减去 Ti 表面层和 Mg 表面层的平面电荷值,便可以得到界面结构形成前后平面电荷的变化情况。从图 5.14 可以看出,由于 Mg(0001)表面层和 Ti(0001)表面层的结合,其界面处存在电荷的积聚。Mg 的表面原子层和 Ti 的表面原子层都为界面区域贡献了电子,同时,Mg 表面侧的平面电荷的变化

幅度要大于 Ti 表面侧的平面电荷变化幅度，可以推断 Ti 表面层的存在在一定程度上影响了 Mg 表面层的电荷分布，且 Mg 原子层失电子量大于 Ti 原子层失电子量，推测是由于 Ti 原子的电负性大于 Mg 原子的电负性，因此 Ti 原子层对 Mg 原子层的电荷具有更强的吸引作用。另一方面，由于 PACs 分布曲线图反映的只是电荷变化情况，所以曲线峰值的高低只能说明电荷变化量的多少，其值为正时，表示 Mg/Ti 界面结构形成后此处电荷数增加；其值为负时，表示界面结构形成后此处的电荷数减少。

为了说明界面处的电荷转移情况，进一步计算了界面区域的局域电荷分布(Electron Localization Function，ELF)，计算结果如图 5.15 所示。

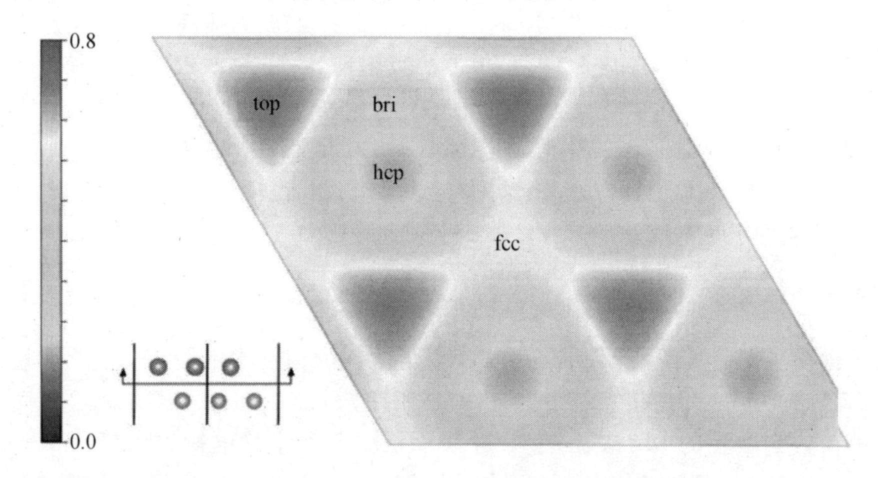

图 5.15　Mg/Ti 界面体系界面区域处电荷局域分布

在局域电荷分布状态图中，当 ELF 的值为 1 时，表示完全的电荷局域状态，若 ELF 的值为 0，则表示此处无电荷分布。从图 5.15 可以看出，在 Mg/Ti 界面区域中心处的 ELF 分布具有很高的对称性，且 Mg 原子的对应位置处具有较高的 ELF 值，约为 0.7，而 Ti 原子对应位置处的 ELF 值较低，可以推断，Mg 原子的对应位置处较高的 ELF 值是由于高电负性的 Ti 对其电子的吸引作用，Mg 原子周围的电子移动至界面区域，这一结论与前文对 PACs 分布曲线的分析得到的结论是一致的。另外，图中还标示出了 H 原子在界面处的吸附位置 top 位、hcp 位、bri 位和 fcc 位，可以观察到，电荷主要分布在 top 位和 fcc 位周围，而在 hcp 位和 bri 位附近电荷则较少，尤其是 hcp 位，其对应的 ELF 值最低，参考表 5.3 中计算得到的不同吸附位置的 H 原子吸附能，可以发现，当界面处 H 原子吸附位置对应的 ELF 值较高时，此处的 H 原子吸附能较低，反之当 ELF 值较低时，此吸附位的 H 原子吸附能则较高，因此，我们推测，较高的电荷密度有利于 H 原子与电子的结合，从而有利于其在体系中的吸附。为了验证这一推测，我们又计算了 Ti 原子侧最稳定吸附位置 tet2 位所在平面的局域电荷分布图，如图 5.16 所示。

由图 5.16 可以看出，Ti—tet2 处的 ELF 值接近 0.8，相比于平面上其他位置具有较高的电荷密度，且表现出较低的 H 原子吸附能，因此进一步证明了上述推测。

接着，本书计算了 Mg(0001)/Ti(0001)界面体系的态密度，计算结果如图 5.17 所示。

在图 5.17 中，Mg1 和 Ti1 原子分别表示 Mg(0001)和 Ti(0001)表面层上的原子，

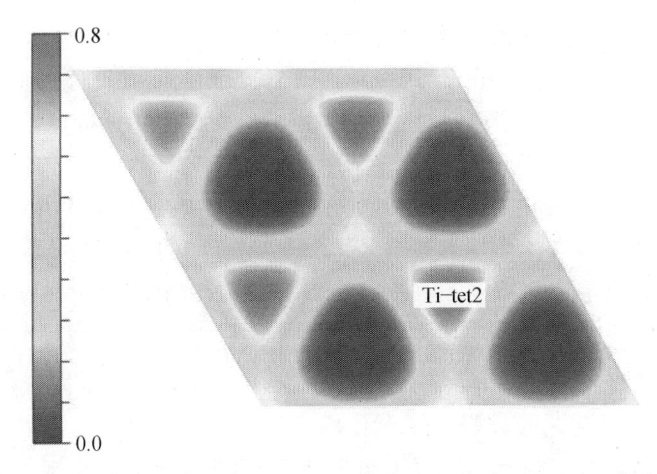

图 5.16 Mg/Ti 界面体系 Ti—tet2 吸附位置所在平面的局域电荷分布

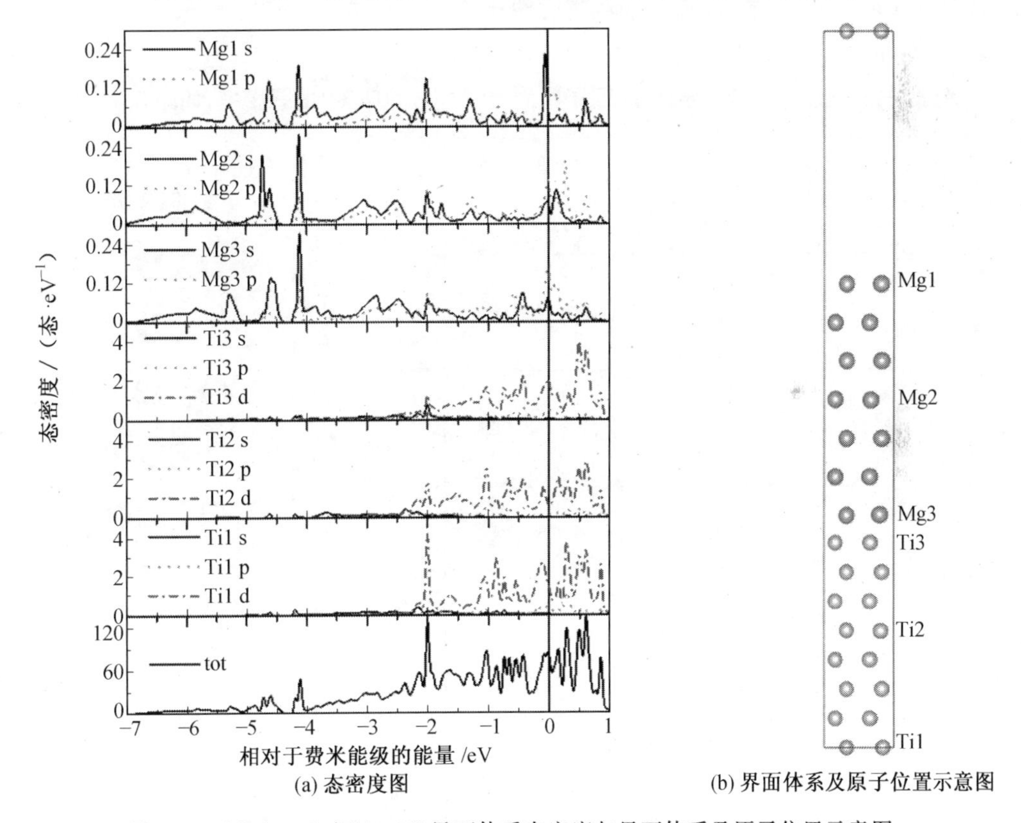

图 5.17 Mg(0001)/Ti(0001)界面体系态密度与界面体系及原子位置示意图

Mg2 和 Ti2 原子分别代表 Mg 和 Ti 体相中的原子，Mg3 和 Ti3 原子则为 Mg/Ti 界面处的原子。从图 5.17(a)可以观察到，Mg 原子自身之间的成键峰主要分布在－5 ～ －4 eV 之间及费米能级附近(0 eV)，Ti 原子自身之间的成键峰则主要分布在－2 eV 到费米能级之间。在费米能级附近，界面处的 Mg3 原子相比于体相中的 Mg2 原子具有更高的成键峰，而 Mg2 原子在－4.1 eV 附近具有较高的成键峰。同样，Ti3 原子相比于 Ti2 原子在费米能级附近表现出更高的成键峰，这种现象说明界面处的金属原子与体相中的金属原子相比具有更高的反应活性。在－0.5 eV 到费米能级之间，Ti3 原子的 d 轨道具有两个明显的成键峰，且与 Mg3 原子的 s 轨道和 p 轨道电子态密度分布具有较好的重叠，这一现象表明了界面处 Mg 原子和 Ti 原子之间的相互作用。观察 Ti1、Ti2 和 Ti3 原子的态密度分布可以发现，表面处的 Ti1 原子在－2 eV 附近具有较高的 d 电子成键峰，Ti2 原子的这一成键峰高度相对 Ti1 原子有所降低，而界面处的 Ti3 原子的这一成键峰最低，导致这一现象的原因可能是成键电子由低能量处向高能量处的转移，可以观察到－2 eV 附近 Mg 原子的成键峰也具有相似的特征，因此我们推断由于 Mg/Ti 界面的存在，Mg 原子和 Ti 原子的表面态的分布由－2 eV 转移到了－0.5 ～ 0 eV 的能量区域，这进一步证明了 Mg 原子层和 Ti 原子层之间较强的键合作用。且由态密度分布可以看出 Mg 原子和 Ti 原子均表现出金属特性。对比 Mg 原子和 Ti 原子的态密度可以发现，Mg 原子的电荷分布具有更强的离域性，而 Ti 原子的电荷多集中在高能量区域，这一发现也印证了 Ti 原子相对于 Mg 原子具有更高的活性。

另外，本书还计算了最稳定的 H 原子吸附体系(top 位吸附)的态密度，如图 5.18 所示。

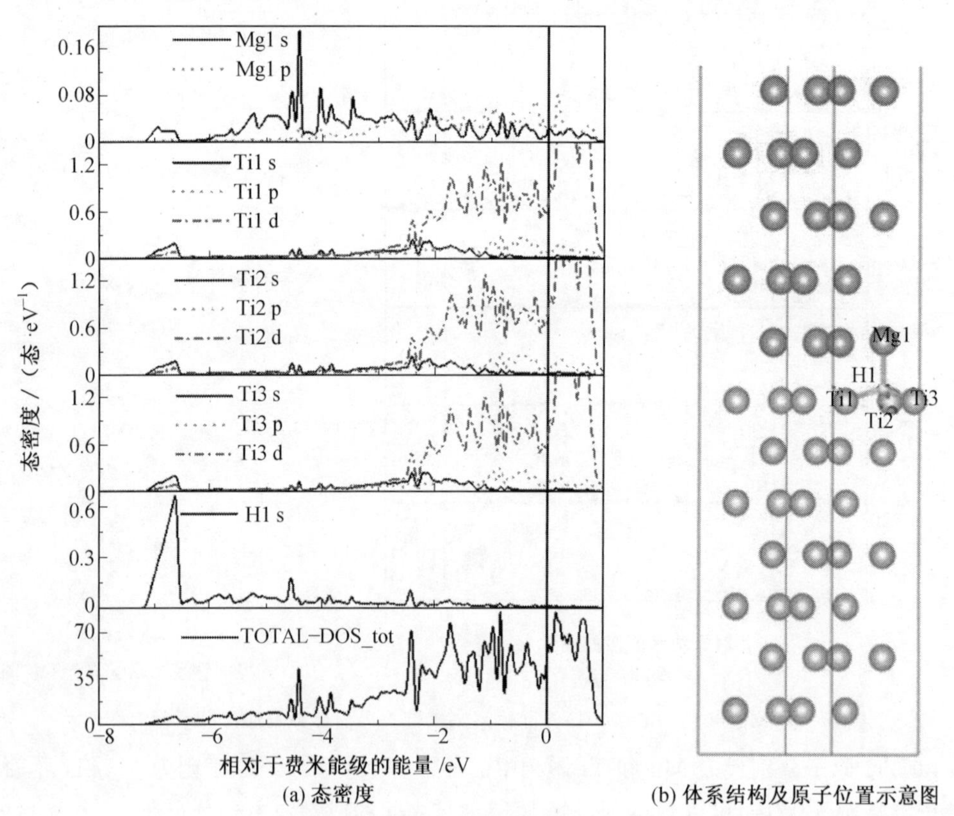

(a) 态密度　　(b) 体系结构及原子位置示意图

图 5.18　top 位氢吸附体系的态密度与体系结构及原子位置示意图

从图 5.18(b)可以看出，界面处的 top 位 H 原子在优化后位于由一个 Mg 原子和三个 Ti 原子组成的四面体间隙中。观察 H 原子与其周围金属原子的态密度图可以发现，在−6.7 eV附近,H原子的s轨道电子与Ti原子的s、p、d轨道电子及Mg原子的s轨道电子有较高的重叠,且Ti原子的态密度的幅值比Mg原子态密度的幅值高,表明体系中Ti原子是主要的电子给体,与H原子之间的键合作用更强。另外,在−4.5 eV及−2.5 eV附近也可以观察到微弱的成键峰,说明H原子与其近邻的Mg原子和Ti原子具有成键作用。同时,对比图5.18和图5.17可以发现,在H原子吸附后的Mg(0001)/Ti(0001)界面体系中,费米能级附近Ti原子和Mg原子的态密度峰值均有所降低,这种现象说明,H原子的吸附在一定程度上提高了界面体系的稳定性,但不容忽视的是,费米能级附近Ti原子的态密度峰值仍高于Mg原子的态密度峰值。从上述现象中我们可以推断,Ti原子能够更好地捕获H原子,从而增强了整个体系对H原子的吸附能力。

为了进一步比较不同H原子吸附位置的吸附能高低并阐明这一结果出现的原因,本书计算了不同吸附位置H原子的态密度,如图5.19所示。

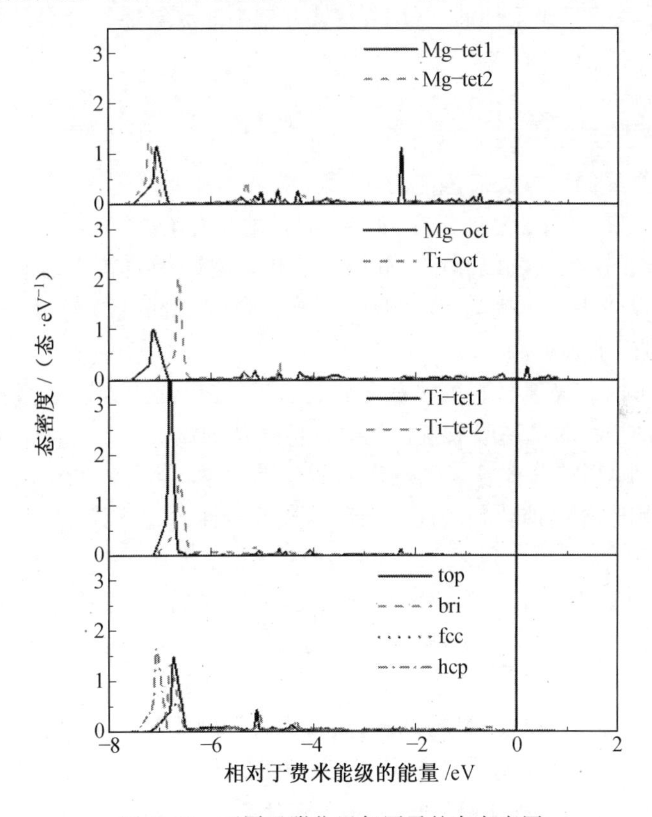

图5.19 不同吸附位置氢原子的态密度图

从图5.19可以看出,H原子的成键峰主要位于−7.0 eV附近,相比于Mg侧的H原子,处在Ti表面层处吸附位的H原子的成键峰更尖锐,吸附在界面处的H原子的成键峰较吸附在Mg次表面层区域的H原子的成键峰也更尖锐,表明H原子与Ti原子之间具有更强的键合作用,且H原子也较易吸附在界面区域,这一结果与表5.3所示的H原子吸附能大小一致。

5.5 合金化对 $Y(BH_4)_3$ 稳定性和放氢性能的影响

第一性原理计算用于研究合金元素 Li,Na,K,Ti,Mn,Ni 和 Y 空位对 $Y(BH_4)_3$ 的稳定性和放氢性能。合金化 $Y(BH_4)_3$ 低温相和高温相的形成能被计算,包含 Ti,Mn 和 Ni 元素以及 Y 空位的 $Y(BH_4)_3$ 是吸热的,由于高的能量要求所以 Y 空位很难产生。碱金属 Li,Na 和 K 在低温及高温 $Y(BH_4)_3$ 中更倾向于占据间隙位,特别是 K 元素,这种倾向更明显。实验结果显示包含 K 体系与 K－$Y(BH_4)_3$ 有相似的结构特点。因此,从 K 合金化 $Y(BH_4)_3$ 到 K－$Y(BH_4)_3$ 的相变是可能发生的。然而,Li/Na 合金化 $Y(BH_4)_3$ 所对应的 Li/Na－$Y(BH_4)_3$ 化合物的转变并不倾向于发生。只有 K 合金化 $Y(BH_4)_3$ 能够转化为 K－$Y(BH_4)_3$ 的原因可以通过合金化 $Y(BH_4)_3$ 的电子结构研究得出。就放氢性能而言,所有的合金化系统相比于纯的 $Y(BH_4)_3$ 具有更小的放氢能。合金元素的摩尔分数对合金化 $Y(BH_4)_3$ 的放氢性能具有很大的影响。

5.5.1 引言

寻找高效安全的储氢方法对氢能的实际应用至关重要。固态储氢方法具有成本低、安全等优点。储氢媒介已被大量研究,如 MgH_2、配位化合物 M[BH_4]及 M[AlH_4](M 为金属元素)等。在这些储氢媒介中,Mg[BH_4]化合物因为其较高的能量密度成为最具应用前景的储氢媒介之一。例如,$LiBH_4$ 的储氢容量(质量分数)高达 18%,但是强韧的 B—H键合作用阻碍了放氢。

催化掺杂能够改善储氢材料的吸放氢性能。Ti 被广泛用作改善金属氢化物储氢性能的催化剂。$NaAlH_4$ 的可逆吸放氢性能通过催化剂的添加实现,如 Ti 及其化合物用作催化剂。TiO_2 和 $TiCl_3$ 能够改善氢硼化物的放氢动力学,但是其催化作用对于铝氢化物是弱的。催化剂用于连接催化剂和配位团簇的成键特性。过渡族金属对氢硼化物有催化作用。

对于 B—H 配位,$LiBH_4$ 和 $NaBH_4$ 太稳定不容易放氢,而过渡族金属氢硼化物在正常条件下是不稳定的。掺杂物对氢硼化物吸放氢的影响已经被大量研究。添加碱氧化物能够极大地影响 BH_4 的行程。球磨 $LiBH_4$ 和 $RECl_3$(RE＝La, Ce, Pr, Nd, Sm, Eu, Gd, Tb, Er, Yb 和 Lu)形成大量的碱土金属(RE)氢硼化物和 LiCl。以 2∶1 的摩尔比球磨 KBH_4 和 $MnCl_2$ 能够合成混合阳离子氢硼化物($K_2Mn(BH_4)_4$),复杂氢硼化物(如 $KH(BH_4)_4$ 和 $Mn(BH_4)_2$)也能够通过球磨方法合成。上述材料具有作为储氢材料的潜在应用。

Ni 和 Ti 能够改善 $LiBH_4$ 和 $NaBH_4$ 的放氢及重复吸氢性能。然而,Ti 对降低 $LiBH_4$ 的分解温度的影响有限,这也许与 Ti 阳离子的氧化态有关。理论研究证明 Ti 离子不能掺杂到 $LiBH_4$ 中,然而 Ti^{n+}($n>3$)阳离子的氧化态在 $NaAlH_4$ 中也许是热力学稳定的。

原始立方低温相(LT,即 α－$Y(BH_4)_3$ 相)在 10 MPa,475 K 的条件下转变成 fcc 立方高温相(HT,即 β－$Y(BH_4)_3$ 相),$Y(BH_4)_3$ 的相变可以通过下面的反应实现:

$$\alpha-Y(BH_4)_3 \longleftrightarrow \beta-Y(BH_4)_3 \quad (-4.2\ kJ/mol\ H_2) \tag{5.7}$$

含氢量为 8.5%的 β—$Y(BH_4)_3$放氢能是 37.4 kJ/mol H_2。合金元素通常应用于改善金属氢化物的放氢性能。目前的工作主要通过第一性原理计算研究合金元素 Li,Na,K,Ti,Mn 和 Ni 对 $Y(BH_4)_3$稳定性和放氢性能的影响。本书所用的方法在 5.5.2 小节中叙述,结果呈现在 5.5.3 小节和 5.5.4 小节,电子结构在 5.5.5 小节被分析用来研究合金元素的影响机制。

5.5.2 计算方法

采用 Projector Augmented Wave(PAW)势,平面波截段能是 350 eV。本书所用的价电子排布是:H 1s1, B 2s2 2p1,Y 4s2 4p6 5s2 4d1,Li 2s1 2p0,Na 3s1 3p0,K 3p6 4s1,Ti 3d3 4s1,Mn 3d64s1,Ni 3d 4s。2×2×2 *k* 点用于所有的计算。自洽计算的收敛标准是在两个连续的能量和力之间的差分别小于 0.01 meV 和 0.01 eV/Å。立方结构的低温相 α—$Y(BH_4)_3$ 和高温相 β—$Y(BH_4)_3$ 如图 5.20 所示。

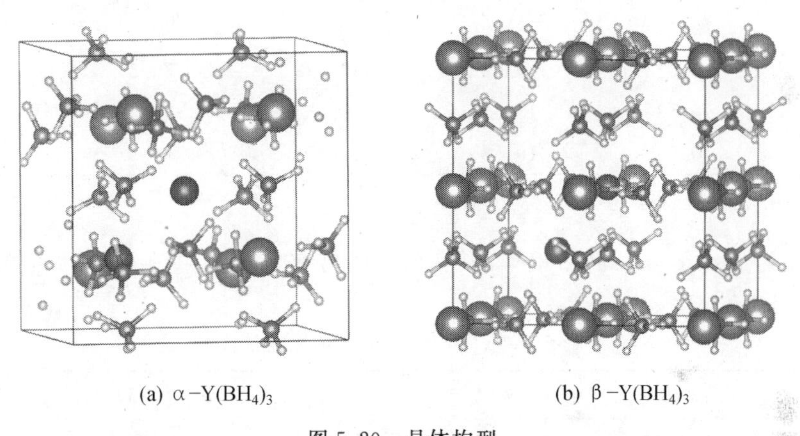

(a) α-$Y(BH_4)_3$　　(b) β-$Y(BH_4)_3$

图 5.20 晶体构型

β—$Y(BH_4)_3$能够通过淬火得到,在室温下通常是亚稳的。LT 相和 HT 相的晶格常数分别是 10.852 Å 和 11.008 Å。两种 $Y(BH_4)_3$相单胞分别包含 8 个 Y 原子、24 个 B 原子和 96 个 H 原子。我们计算的 LT 相和 HT 相的晶格常数分别是 10.638 Å 和 10.825 Å,与实验值一致。基于密度泛函理论的分子动力学被应用在本书的研究中。在 300 K 的温度下使用了正则系统。MD 模拟运行 10 000 步,时间步长 1 fs。

5.5.3 稳定性和放氢性能

1. 单元素合金化体系

LT 相和 HT 相中合金元素的间隙和替代位置分别为(0.5, 0.5, 0.5),(0.218 7, 0.218 7, 0.218 7) 和(0.25, 0.25, 0.25),(0.5, 0.5, 0.5)。表 5.4 所示为 LT 相充分弛豫后的晶格常数。

表 5.4　$Y(BH_4)_3$低温相的晶格常数

体系	a/Å	b/Å	c/Å	$\alpha=\beta=\gamma$/(°)	V/Å^3
低温纯相	10.633 (10.852)	10.633 (10.852)	10.633 (10.852)	90.0 (90.0)	1 202.2 (1 278.1)
K_{inter}	10.681	10.682	10.682	90.2	1 219.0
K_{sub}	10.660	10.660	10.660	90.3	1 211.4
Li_{inter}	10.642	10.642	10.642	89.7	1 205.2
Li_{sub}	10.592	10.592	10.592	90.9	1 187.9
Mn_{inter}	10.649	10.649	10.649	90.2	1 207.7
Mn_{sub}	10.520	10.520	10.520	90.0	1 164.1
Na_{inter}	10.637	10.637	10.637	89.8	1 203.5
Na_{sub}	10.632	10.632	10.632	90.8	1 201.4
Ni_{inter}	10.594	10.594	10.594	89.7	1 188.8
Ni_{sub}	10.498	10.498	10.498	90.4	1 156.8
Ti_{inter}	10.622	10.622	10.622	89.3	1 198.3
Ti_{sub}	10.534	10.534	10.534	90.0	1 168.8
Y_{vac}	10.583	10.583	10.583	91.3	1 184.3

注:低温纯相体系的晶格常数为实验测试值。

充分弛豫后,α,β 和 γ 仍然相等,只有轻微偏离 90°。HT 相在弛豫后也显示相似的特性,见表 5.5。

表 5.5　$Y(BH_4)_3$高温相的晶格常数

体系	a/Å	b/Å	c/Å	$\alpha=\beta=\gamma$/(°)	V/Å^3
高温纯相	10.831 (11.008)	10.831 (11.008)	10.831 (11.008)	90.0 (90.0)	1 270.4 (1 334.1)
K_{inter}	10.849	10.849	10.849	90.0	1 276.9
K_{sub}	10.911	10.911	10.911	90.0	1 299.0
Li_{inter}	10.838	10.838	10.838	90.0	1 272.9
Li_{sub}	10.780	10.780	10.780	90.0	1 252.9
Mn_{inter}	10.845	10.845	10.845	90.0	1 275.4
Mn_{sub}	10.721	10.721	10.721	90.0	1 232.3
Na_{inter}	10.841	10.841	10.841	90.0	1 274.1
Na_{sub}	10.821	10.821	10.821	90.0	1 266.9
Ni_{inter}	10.827	10.827	10.827	90.0	1 269.3
Ni_{sub}	10.722	10.722	10.722	90.0	1 232.7
Ti_{inter}	10.836	10.836	10.836	90.0	1 272.5
Ti_{sub}	10.726	10.726	10.726	90.0	1 233.9
Y_{vac}	10.792	10.792	10.792	90.0	1 256.8

注:高温纯相体系的晶格常数为实验测试值。

LT 相和 HT 相显示相似的结构特性，如相近的 Y—H 和 Y—B 键长。这两相主要由 BH_4^- 离子群区分。在相邻的 BH_4^- 离子群中，LT 相中 H—H 键长比 HT 相中相应的键长短，这因此影响了它们的相对稳定性。目前的计算发现 HT 相的总能比 LT 相的总能略低。然而，实验显示 LT 相应该比 HT 相更稳定。$[BH_4]^-$ 离子群的重新排布改变 H—H 键长，第一性原理计算中 H—H 相互作用的过高估计也许是上述矛盾的原因。为了研究这种矛盾以及原子排布对 $Y(BH_4)_3$ 稳定性的影响，MD 计算用于计算 LT 相 $Y(BH_4)_3$。图 5.21 显示了 $Y(BH_4)_3$ 的能量演化曲线，高能区和低能区用于研究原子排布对总能的影响。高能区和低能区平均能量的差别大约为 1.0 eV。径向分布函数用于评价 $Y(BH_4)_3$ 中离子间的平均距离。

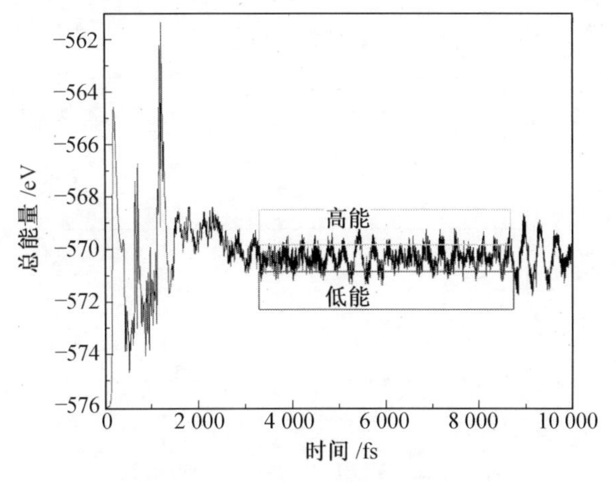

图 5.21 $Y(BH_4)_3$ 的能量演化曲线

图 5.22 显示 $Y(BH_4)_3$ 的径向分布函数。在高能区和低能区的 $[BH_4]^-$ 团簇中 B 和 H 的距离很近，证明 $[BH_4]^-$ 团簇的重新排布和移动很难改变 B—H 距离。Y—B，Y—H 和 H—H 距离的差别也许导致了上述高能区和低能区总能的差别。然而，H－H 相互作用的精确计算超出了 DFT 的能力。因此，下述工作计算了 LT 和 HT 两相。

充分弛豫后，包含合金元素的 $Y(BH_4)_3$ 体系仍然保持立方形态且体积只有略微变化。合金元素扭曲了周围原子的环境。表 5.6 所示为 $Y(BH_4)_3$ 的低温相和高温相中的 H—B 键长。所有键都变长，因此也许减弱了 B—H 间的相互作用。

表 5.6 $Y(BH_4)_3$ 的低温相和高温相中的 H—B 键长 Å

体系	LT	HT
Li_{inter}	1.233	1.230
Na_{inter}	1.232	1.230
K_{inter}	1.229	1.230
Ti_{sub}	1.234	1.233
Y_{vac}	1.390	1.243

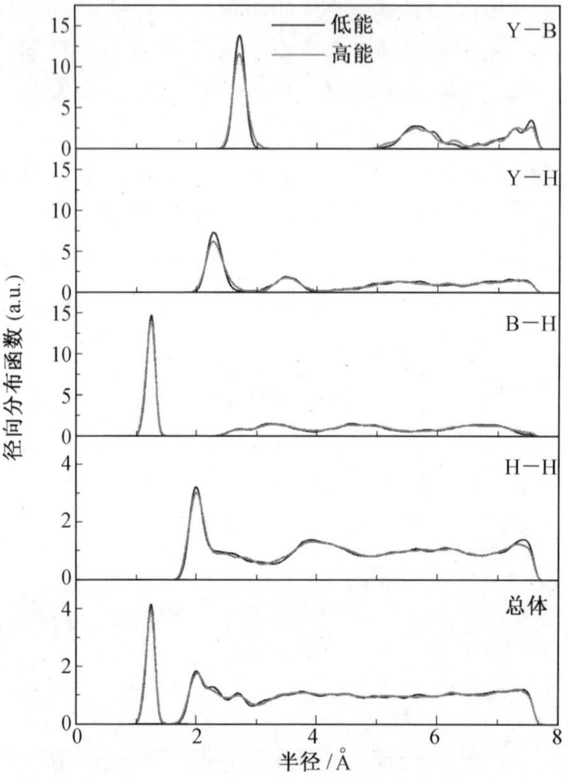

图 5.22 $Y(BH_4)_3$的径向分布函数

合金系统的稳定性通过形成能 E_f 评价：

$$E_f = E_{p+ae} - E_p - E_{ae} + cE_Y \tag{5.8}$$

式中，E_{p+ae} 和 E_p 分别为包含合金元素及纯的 $Y(BH_4)_3$ 总能；间隙合金化时参数 c 等于 0，替代合金化时参数 c 为 1；E_{ae} 和 E_Y 分别为合金元素和金属 Y 在基态的能量。

表 5.7 所示为合金化体系的形成能及放氢能。高的形成能证明 Y 空位很难生成。表 5.7 表明相比于间隙掺杂体系，替代掺杂体系更难形成。Li_{inter}，K_{inter}，Na_{inter} 和 Ti_{sub}（下标 inter 和 sub 分别代表间隙和替代掺杂）合金化体系的形成能相对小（小于 4 eV）。低温相和高温相的 K_{inter} 体系显示负的形成能。因此，K 合金化 $Y(BH_4)_3$ 是有热力学倾向的，这与实验中 KBH_4 能够与 $Y(BH_4)_3$ 反应生成 $K-Y(BH_4)_3$ 的发现一致。

为了研究金属元素对 $Y(BH_4)_3$ 放氢性能的影响，放氢能通过下式计算：

$$E_d = E(Y_{8-a}X_bB_{24}H_{95}) - E(Y_{8-a}X_bB_{24}H_{96}) + \frac{1}{2}E(H_2) \tag{5.9}$$

当 $a=0$ 和 $b=0$ 时，将该体系定义为纯的 $Y(BH_4)_3$；当 $a=0$ 和 $b=1$ 时，将该体系定义为间隙系统；当 $a=1$ 和 $b=1$ 时，将该体系作为替代体系。$E(H_2)$ 是氢气分子在 1 nm×1 nm×1 nm 立方盒子中的总能。在所研究的系统中有大量的 H 原子（96 个原子），但是相比于纯 $Y(BH_4)_3$ 合金化系统只有合金元素周围的 H 原子具有较小的放氢能。因此，我们只移除合金元素周围[BH_4]团簇中具有最大 B—H 键长的 H 原子。

表 5.7 合金化体系的形成能及放氢能 eV

体系	E_f		E_d	
	LT	HT	LT	HT
纯相	—	—	2.034	2.072
K_{inter}	−0.551	−0.701	1.321	1.528
K_{sub}	8.597	9.028	−0.503	0.042
Li_{inter}	0.730	1.133	1.233	1.472
Li_{sub}	8.197	8.835	0.805	−0.197
Mn_{inter}	4.416	4.371	3.890	1.635
Mn_{sub}	7.023	7.261	0.920	0.951
Na_{inter}	0.280	0.408	1.258	1.483
Na_{sub}	8.324	8.691	0.662	−0.045
Ni_{inter}	4.641	4.971	1.450	1.578
Ni_{sub}	8.457	9.874	1.951	0.496
Ti_{inter}	4.777	5.192	1.635	1.505
Ti_{sub}	3.924	3.911	1.484	1.526
Y_{vac}	11.585	13.498	−0.173	−0.489

纯 $Y(BH_4)_3$ 的放氢能是 2.0 eV，合金体系的放氢能比纯 $Y(BH_4)_3$ 放氢能减少得多，证明所考虑的金属元素能够改善 $Y(BH_4)_3$ 的放氢性能。由于替代合金导致大的形成能，B—H 原子间的键合作用削弱。Li，Na 和 K 间隙合金体系比未掺杂体系的放氢能约少 0.6 eV。这些合金的 LT 相的放氢能比 HT 相的放氢能小 0.2 eV。K 间隙合金体系的放氢能比 Li，Na 间隙掺杂合金体系的放氢能略大，这可能导致 K 掺杂化合物中 B—H 键长缩短，正如表 5.6 所示。因此 Li，Na，K 合金化体系能够改善 $Y(BH_4)_3$ 的放氢性能。

2. 多元素合金化体系

$Y(BH_4)_3$ 的 LT 相和 HT 相均是在低质量密度时产生的。在空位周围有八个可能的间隙区。如表 5.7 所示，合金元素倾向占据间隙区，因此，此部分我们研究多种元素合金化 $Y(BH_4)_3$ 的稳定性和放氢性能。将七个 Li，Na，K 原子引入对称的间隙区并研究 $Y(BH_4)_3$ 的稳定性和放氢性能。表 5.8 所示为合金化体系中每个原子的平均形成能。将八个合金原子引入 $Y(BH_4)_3$ 中。LT 相 Li_{inter} 平均形成能(每个原子)为 0.7～0.83 eV，HT 相 Li_{inter} 平均形成能(每个原子)为 1.08～1.19 eV。多元素合金化体系的平均形成能与单元素合金化体系略有差别，暗示合金原子间的相互作用较弱。表 5.8 列出了 Ti 替代掺杂体系的平均形成能，Ti_{sub} 体系的形成能比包含碱金属体系的形成能高。

表 5.8　合金化体系中每个原子的平均形成能　　eV/原子

数量	LT－Li_{inter}	LT－Na_{inter}	LT－K_{inter}	LT－Ti_{sub}	HT－Li_{inter}	HT－Na_{inter}	HT－K_{inter}
1	0.730	0.280	－0.551	3.772	1.133	0.408	－0.701
2	0.804	0.235	－0.549	3.732	1.080	0.203	－0.768
3	0.690	0.242	－0.542	3.644	1.126	0.396	－0.623
4	0.719	0.264	－0.542	3.538	1.149	0.430	－0.624
5	0.701	0.248	－0.561	3.519	1.174	0.402	－0.585
6	0.748	0.283	－0.560	3.443	1.184	0.443	－0.556
7	0.602	0.310	－0.527	3.404	1.178	0.468	－0.534
8	0.830	0.314	－0.518	3.442	1.175	0.478	－0.509

就平均形成能而言，合金元素在 $Y(BH_4)_3$ 中的固溶按照 K，Na，Li 和合金元素的次序能够分成两个范畴，Li 和 Na 在 LT 相和 HT 相有正的形成能，K 合金化体系具有负的形成能。前两种元素在 LT 相的固溶比其在 HT 相的固溶更容易，而 K 则有相反的固溶表现。多个 K 元素包含体系证明负的形成能，证明 K 合金化 $Y(BH_4)_3$ 体系很稳定，固溶度高。尽管 K 合金化体系的平均形成能最终随着 K 原子个数的增加而增大，但是当合金体系包含的 K 原子增大到八个时，形成能为负值。Li 和 Na 很难被引入 $Y(BH_4)_3$ 中，而 K 能够很容易地引入。这些结果与实验观察的结果一致，只有 K－$Y(BH_4)_3$ 在高能球磨 $Y(BH_4)_3$ 和 MBH_4（M＝Li，Na，K）时能够被观察到。

正如上文所述，多合金化体系显示接近常数的平均形成能证明了合金原子间较弱的相互作用。为了进一步验证这个特点，研究了平均形成能与合金原子对距离的关系，将结果列于表 5.9，结果显示平均形成能和放氢能几乎与合金原子间的距离没有关系。为了进一步研究合金元素含量对 $Y(BH_4)_3$ 放氢能的影响，计算了多元素合金化体系的放氢能，结果见表 5.10。Na 包含在 LT 相和 HT 相中，由合金元素含量引起的放氢能差别仅为 0.5 eV。K 的含量对放氢能的差别为 0.3 eV。在所有考虑的体系中，四个 Na 原子具有最低的放氢能（0.723 eV）。因此，当这些元素用作改善 $Y(BH_4)_3$ 的放氢能时，合金元素的含量作为一个重要参数应该予以考虑。

表 5.9　合金化体系中合金原子最近体系和最远体系的形成能及放氢能　　eV

体系	近 E_f	远 E_f	近 E_{dV}	远 E_d
LT－Na_{inter}	0.469	0.394	1.295	1.256
HT－Na_{inter}	0.406	0.482	1.573	1.562
LT－K_{inter}	－1.097	－1.233	1.384	1.322
HT－K_{inter}	－1.536	－1.625	1.676	1.698

表 5.10 多个原子合金化体系的放氢能

E_d	合金原子数目							
	1	2	3	4	5	6	7	8
LT－Na_{inter}	1.258	1.295	0.859	0.723	0.753	0.829	0.781	1.019
HT－Na_{inter}	1.483	1.573	1.276	1.111	1.258	1.263	1.217	1.076
LT－K_{inter}	1.321	1.384	1.414	1.045	1.066	1.117	1.020	1.033
HT－K_{inter}	1.528	1.676	1.485	1.443	1.442	1.444	1.374	1.368

由于 K 包含体系的形成能为负，其原子的排布可进一步通过 X 射线衍射模拟研究。图 5.23 所示为 XRD 模拟图谱。峰的分布与 Christoph Frommen 等人研究的实验结果一致。三个主要的峰显示(200)，(210) 和 (220)表面为 LT 相，(200)，(220) 和 (420)为 HT 相。八个 K 包含 LT 相在(200)和 (220) 峰的相对密度有差别并产生微弱的移动，证明 K 使原子排布发生了巨大变化。这些小的移动由间隙 K 原子引起，增大了 $Y(BH_4)_3$ 的体积。这些 XRD 图形与 Jaron 等人研究的 K－$Y(BH_4)_3$ 的实验数据相似，特别是(220)峰的相对强度和衍射角。然而，(200)峰仍有一些强度差别。尚无 K 合金化 HT 相的实验数据。我们的计算证明(200)和(220)峰的强度有极大变化，从(220)到($2\bar{2}0$)峰发生的小的位移证明相应晶体平面排布发生了变化。由于 K 包含体系形成能为负，因而非常可能形成基于 K 包含体系相应的化合物。

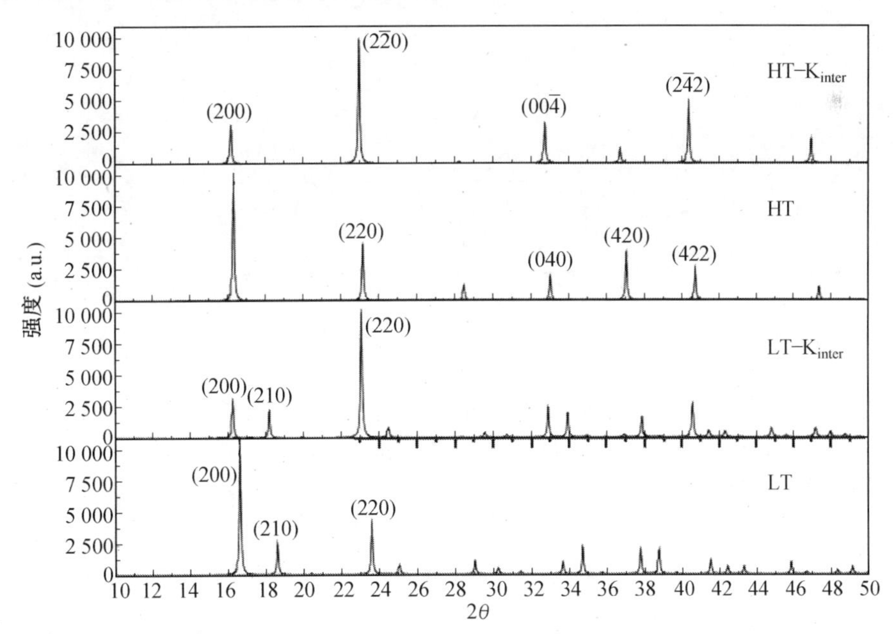

图 5.23 XRD 模拟图谱

5.5.4 电子结构

图 5.24 所示为 $Y(BH_4)_3$低温相和高温相的态密度。LT 相和 HT 相是半导体,具有约 4 eV 的带隙。低能区(−8.9, −6.1) eV 和高能区(−4.6, −0.8) eV 有两个明显的重叠区域。这些部分的 DOS 峰主要由 H−1*s* 和 B−2*s* 组成,具有共价特点。Y 对 B—H 键合作用的影响很小,但是在 B—H 团簇中显示离子本质。考虑到 LT 和 HT 相 DOSs 的高度相似性,这也许是两相稳定性差别的原因。

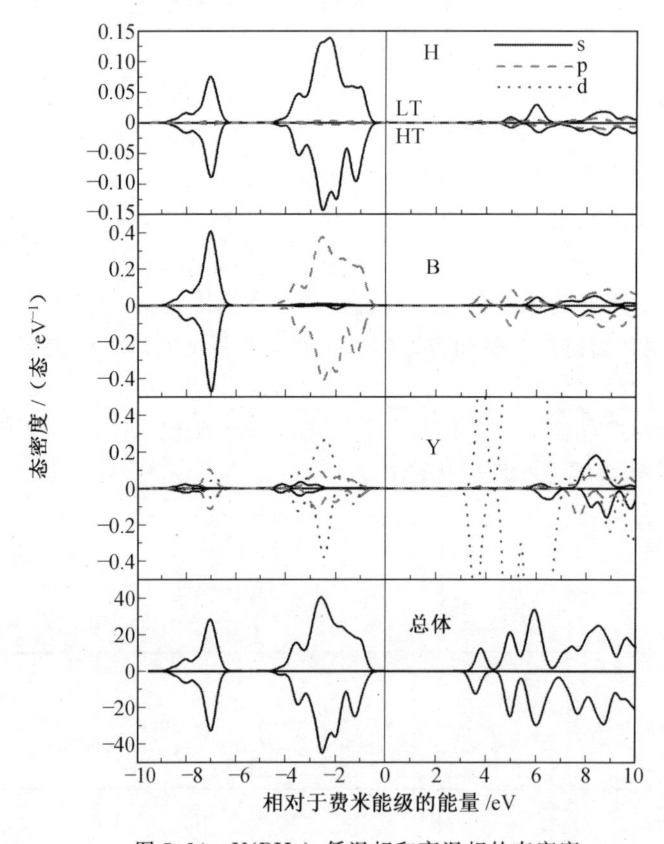

图 5.24 $Y(BH_4)_3$低温相和高温相的态密度

Li_{inter},Na_{inter}和 K_{inter}包含体系形成能和放氢能都较小,比较适合作为储氢材料。图 5.25所示为 Li 间隙掺杂 $Y(BH_4)_3$低温相和高温相的态密度。H—B 键合区域在(−7.4, −4.2) eV 和(−12.3, −9.8) eV 能量范围内。由于合金元素添加的电子移向费米能级,所以与未掺杂体系相比成键区域移向低能区 3.5 eV。进一步说,Li 的许多态位于费米能级以上,只有少量 Li 的 s 和 p 轨道分布在(−7.7, −4.5) eV 能量范围内的电子与 B 的 s 和 p 轨道的电子重叠。图 5.26 所示为 Na 间隙掺杂 $Y(BH_4)_3$低温相和高温相的态密度,与 Li 合金化态密度曲线相似。两种元素在 $Y(BH_4)_3$中具有相似的作用。

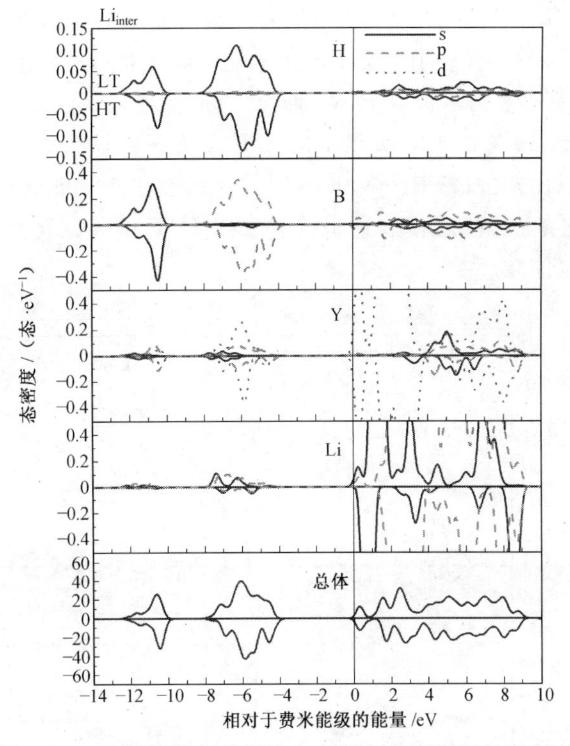

图 5.25 Li 间隙掺杂 $Y(BH_4)_3$ 低温相和高温相的态密度

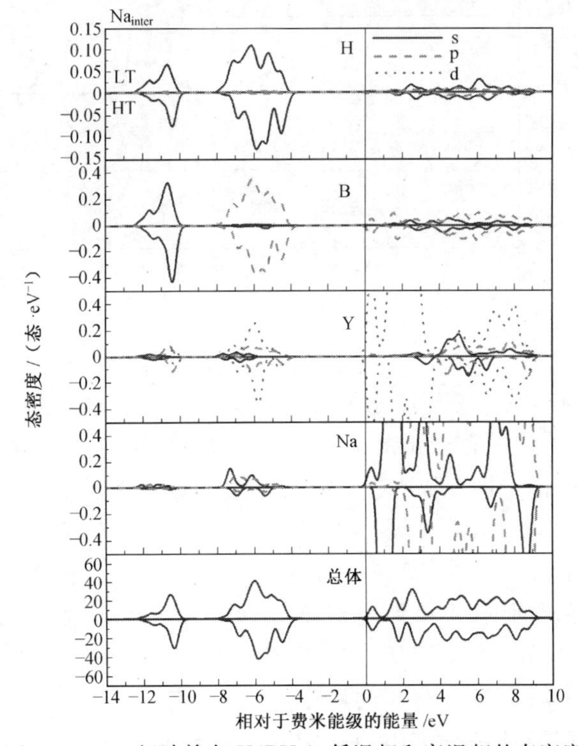

图 5.26 Na 间隙掺杂 $Y(BH_4)_3$ 低温相和高温相的态密度

图 5.27 所示为 K 间隙掺杂 $Y(BH_4)_3$ 低温相和高温相的态密度。与 Li 和 Na 掺杂体系相似，向费米能级移动明显，同时有许多费米能级以上的 K 态出现（反键态）。上述结果表明 K 能够很容易地被引入 $Y(BH_4)_3$，而 Li，Na 合金化 $Y(BH_4)_3$ 是放热的。这也许是由于与 Li，Na 相比，K 在费米能级以下的成键峰的振幅较大。H 在 Li，Na，K 合金化体系的成键峰的振幅比在纯 $Y(BH_4)_3$ 中小。合金元素在费米能级附近产生少量的成键峰，致使 H 在该能区的成键峰出现，这也许有助于 H 原子避免和 B 原子成键，因此包含体系的合金元素放氢能减小。

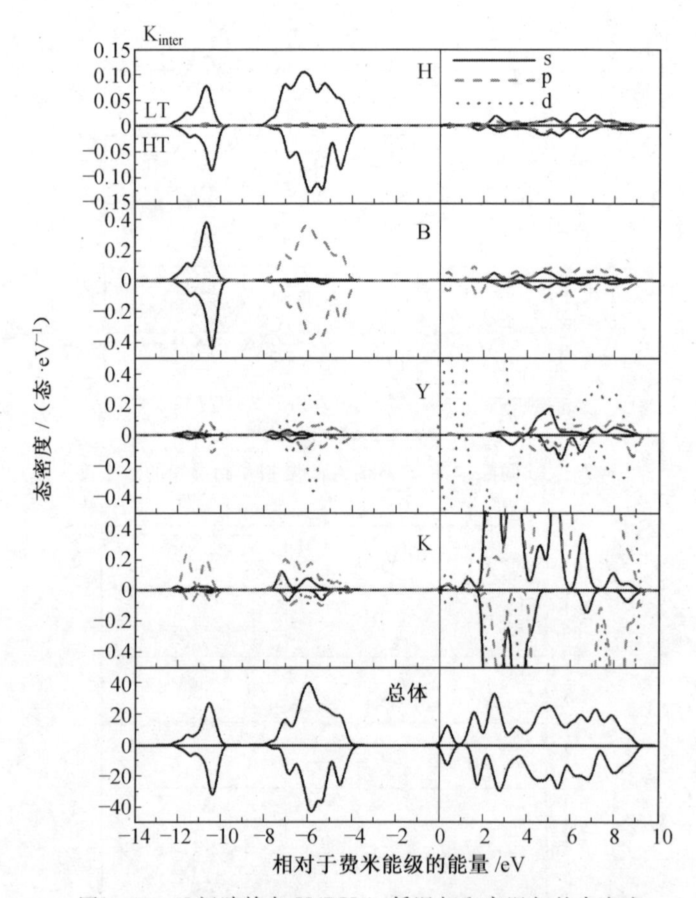

图 5.27　K 间隙掺杂 $Y(BH_4)_3$ 低温相和高温相的态密度

尽管 DOSs 的分布证明合金元素 K 和 Li/Na 成键峰的振幅不同，但是具体的成键区域和电子转移仍然未知。电子局域泛函（ELF）用于研究合金化 $Y(BH_4)_3$ 的电子转移。ELF=1 时电子完全局域，而 ELF=0 意味着没有电子，即为充分的离子态分布。图 5.28 所示为 K 合金化体系（110）面的 ELF 分布图。H 和 B 间的大量电子堆积证明它们之间存在共价键。金属原子周围（Y 和 K 电子）的 ELF 值比 K 原子附近的 ELF 值小，证明 Y 与 K 的离子化。K 原子周围的 ELF 值比 Y 周围的 ELF 值小，证明 Y 的离子化比 K 的离子化弱。因此，K 和 $Y(BH_4)_3$ 体相的强键合作用存在。

晶体轨道的哈密顿布居（COHP）方法用于研究合金化 $Y(BH_4)_3$ 体系的成键和反键特性。图 5.29 所示为合金化体系的 COHP 分布。

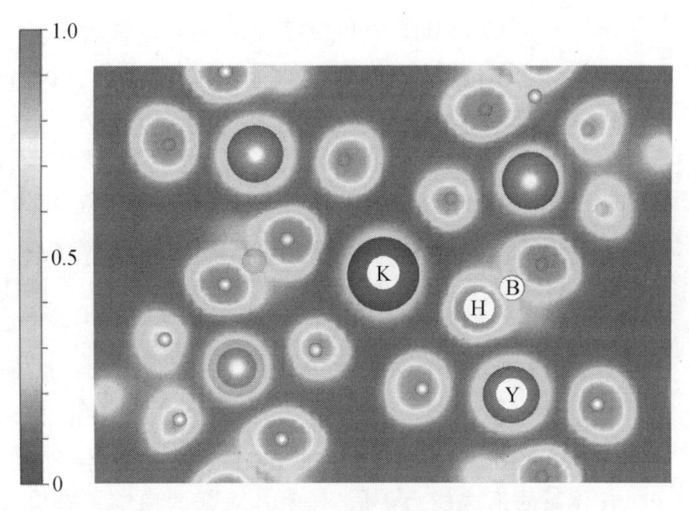

图 5.28 K 合金化体系(110)面的 ELF 分布图

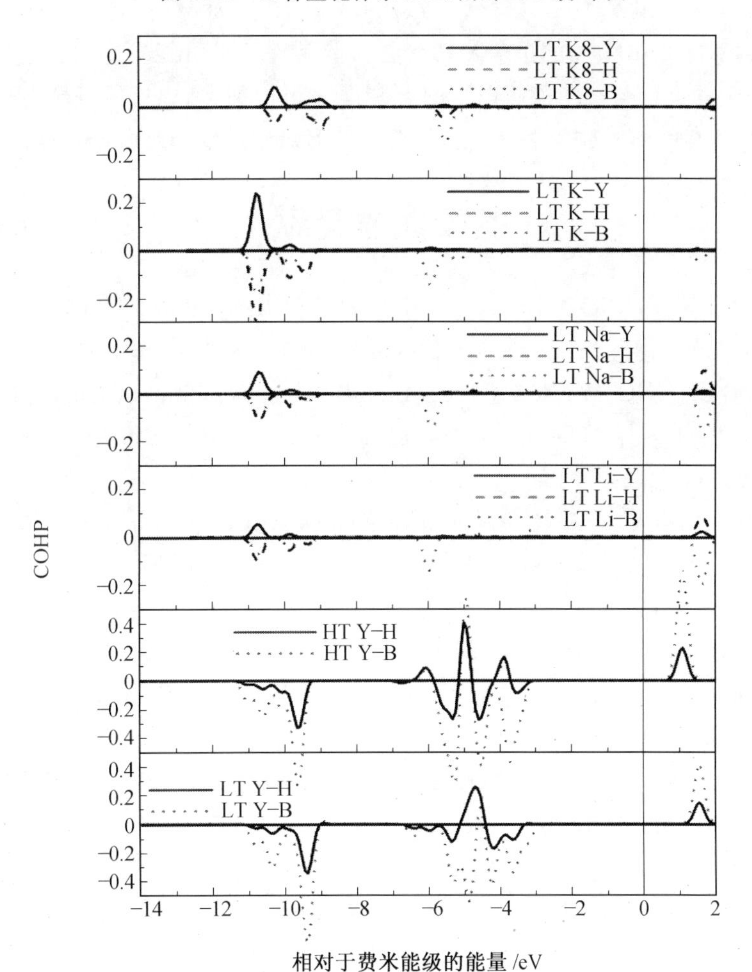

图 5.29 合金化体系的 COHP 分布图

合金化体系中B和H间的COHP分布与纯$Y(BH_4)_3$体系的相关分布相似。COHP的正值意味着键合作用对应能量区域，负值则对应反键态。DOS分布的比较如图5.24所示，Y—B和Y—H显示高能区成键特性，证明Y的离子化弱，这与K原子周围的分布一致(图5.28)。在Li,Na,K合金体系中可以发现合金元素和H—B间键合作用也存在于高能区。然而，合金元素与Y的键合作用存在于低能区。K合金化体系比Li/Na合金体系的COHP值更大，与图5.25和图5.27的DOS一致。K在$Y(BH_4)_3$比Li和Na在$Y(BH_4)_3$体相的离子化程度更多，暗示K与体相更强的键合作用。因此，K合金化体系的形成能为负值。

合金元素Li,Na,K,Ti,Mn和Ni对LT相和HT相的$Y(BH_4)_3$的稳定性和放氢性能的影响通过第一性原理计算研究。高的能量需求致使Ti,Mn和Ni很难合金化于$Y(BH_4)_3$中。Li和Na合金化$Y(BH_4)_3$体系的形成能为正值，合金元素倾向占据间隙区。八个K原子包含体系的形成能为负值，证明其掺杂的稳定。模拟XRD图像证明八个K原子合金化LT相$Y(BH_4)_3$与K—$Y(BH_4)_3$具有相似的结构特点，因此，从K合金化$Y(BH_4)_3$到K—$Y(BH_4)_3$的进一步转变在实验条件下是可能发生的。电子结构证明合金体系的稳定性也许与费米能级以下的态密度分布相关。总之，所有合金化体系证明比纯$Y(BH_4)_3$具有更小的放氢能，碱金属(特别是K)更适合改善$Y(BH_4)_3$的放氢性能。

本章参考文献

[1] EBERLE U, FELDERHOFF M, SCHUTH F. Chemical and physical solutions for hydrogen storage[J]. Angewandte Chemie, 2009, 48(36): 6608-6630.

[2] SONG Y, ZHANG W, YANG R. Stability and bonding mechanism of ternary (Mg, Fe, Ni)H_2 hydrides from first principles calculations[J]. Int. J. Hydrogen Energy, 2009, 34(3): 1389-1398.

[3] DAI J H, SONG Y, YANG R. First principles study on hydrogen desorption from a metal (=Al, Ti, Mn, Ni) doped MgH_2(110) surface[J]. J. Phys. Chem. C, 2010, 114(25): 11328-11334.

[4] FAKIOGLU E, YÜRÜM Y, NEJAT V T. A review of hydrogen storage systems based on boron and its compounds[J]. Int. J. Hydrogen Energy, 2004, 29: 1371-1376.

[5] LIU B H, LI Z P, MORIGASAKI N, et al. Alkali oxide addition effects on borohydride formation during the reaction of Al, Si, and Ti with borate and hydrogen [J]. Energy & Fuels, 2008, 22: 1894-1896.

[6] LEE Y S, SHIM J H, CHO Y W. Polymorphism and thermodynamics of $Y(BH_4)_3$ from first principles[J]. J. Phys. Chem C, 2010, 114: 12833-12837.

[7] FROMMEN C, ALIOUANE N, DELEDDA S, et al. Crystal structure, polymorphism, and thermal properties of yttrium borohydride $Y(BH_4)_3$[J]. J. Alloys.

Compd. , 2010, 496: 710-716.

[8] JARON T, GROCHALA W. Probing Lewis acidity of $Y(BH_4)_3$ via its reactions with MBH_4(M=Li, Na, K, NMe_4)[J]. Dalton Transactions, 2011, 40: 12808-12817.

第6章 光、电、磁性能计算

本章讨论采用第一性原理计算方法研究材料的光、电和磁性能，计算体系包括 TiO_2 纳米管和 ZnO。为了研究 TiO_2 纳米管之间的相互作用，进行了第一性原理计算。我们采用(9,0)和(0,6)两种不同分离和排列的管子对其进行了详细的研究。来自相邻纳米管的离子之间的相互作用和管之间的接触角可以极大地影响纳米管阵列的稳定性。由于不同管之间的 Ti 离子和 O 离子之间的相互吸引作用，(0,6)纳米管倾向于相互接触，而(9,0)纳米管由于相邻纳米管中的 O 离子之间的排斥，优先选择分离式分布。为了阐明 TiO_2 纳米管阵列稳定性的控制机制，对接触区的原子结构和电子结构进行了进一步的研究。发现 TiO_2 纳米管阵列的排列规则可以为其带来不同的电子和光学特性。纯 ZnO 是没有磁性的，但是掺杂能使 ZnO 产生磁性，由于掺杂体系往往不够稳定，因此一般采用多种掺杂元素进行共掺，研究发现 Ce 可以提高掺杂体系的稳定性，而 N 等元素则能使 ZnO 产生磁性。

6.1 TiO_2 纳米管阵列的组装和光学性质的电子结构控制

6.1.1 引言

由于其特殊的电化学、光电和半导体特性，TiO_2 在许多领域得到了广泛的应用。自1972年以来，由于其特殊的耐辐射性，TiO_2 作为光催化剂受到了高度关注。TiO_2 纳米管阵列(TNTA)比堆积 TiO_2 具有更为优异的电荷载体传输能力，TNTA 在染料敏化太阳能电池中作为氢传感器和光电极上展现出极大的应用前景。但其电子和光学性质受合成过程、形貌等因素的影响较大，对 O_2，NO，NO_2 等气体具有敏感的吸附性。而且由于氢与 TiO_2 基体之间的强键作用，TNTA 具有很高的氢敏感性。

为了构建 TiO_2 纳米管，Bandura 等人提出了一种基于(101)面构建锐钛矿型 TiO_2 纳米管的简单方法，分别通过沿[101]和[010]方向轧制锐钛矿(101)薄片来构建(n,0)和(0,m)型纳米管。除了锐钛矿(101)面之外，还可以滚压锐钛矿(001)及金红石(110)和(001)面以构建 TiO_2 纳米管。对于其他晶体结构，如钛酸盐和纤铁矿也被用来建造 TiO_2 纳米管。因此，目前还没有一种建立 TiO_2 纳米管的理论计算方法。在目前的工作中，我们采用锐钛矿(101)面辊压 TiO_2 纳米管，重点是研究包装排列对 TNTA 的电子和光学性能的影响。

6.1.2 计算方法

锐钛矿 TiO_2 纳米管可以通过(101)纳米片卷曲而成，我们分别沿着[101]和[010]方向卷曲(101)晶面，而获得(n, 0)和(0, m)模型。计算中 (9, 0)和(0, 6) 纳米管的尺寸分别是 30.0 Å×30.0 Å×10.210 Å 和 30.0 Å×30.0 Å×3.776 Å。纳米管的直径分别是 11.1 Å 和 19.7 Å，平面波截断能选择为 400 eV，(9, 0)和(0, 6)纳米管的 k 点分别设置为 2×2×1 和 1×1×8。

6.1.3 纳米管间的相互作用

为了研究纳米管分离对 TNTA 稳定性的影响，考虑了两种典型的排列结构：四方排列和六方排列。图 6.1 显示了 TNTA 体系的总能量，比例因子定义为模拟细胞的晶格常数 a 和 b 对 30.0 的比率。在四方排列中，(9,0)型 TNTA 的相邻纳米管的原子之间的最小距离约为 1.96 Å。管的外部由 O 离子构成，相邻纳米管之间有排斥力，如图 6.1(a)上部所示。电子定位功能(ELF)的分析表明，电子在 O 离子附近高度离域，当管彼此靠近时产生排斥力。

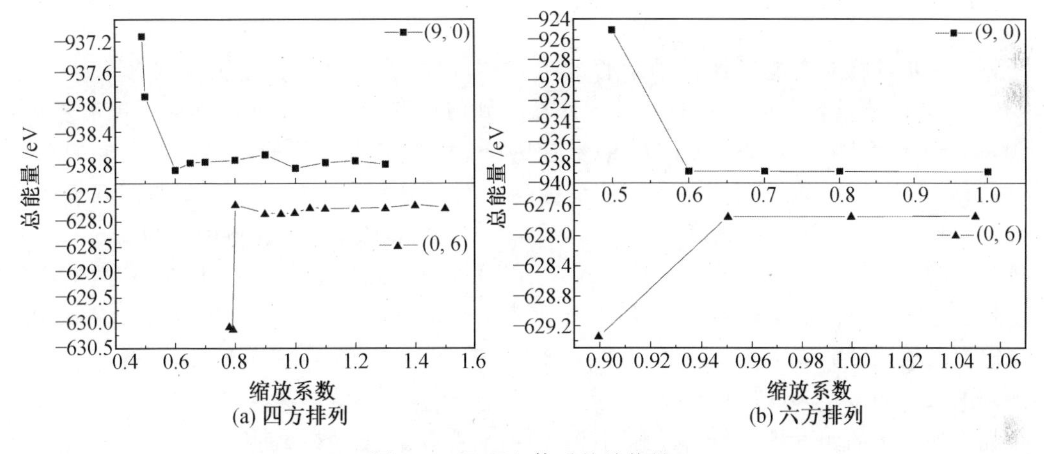

图 6.1 TNTA 体系的总能量

对于(0, 6)型 TNTA 六方排列，总能量随比例因子的减小而减小，这与由于 Ti 离子和 O 离子之间的吸引力而形成四方排列的情况一致。如图 6.1(b)所示，在两个连接的纳米管之间最多有六个接触点用于六方排列，因此比四方排列的四个接触点更稳定。然而，(0, 6)纳米管六方排列的总能量比四方排列的总能量约高 0.9 eV，这可能是由接触区的原子排列引起的。

除了上述排列，TNTA 一个可能的结合是管之间的相对旋转。在目前的工作中，研究了旋转在 TNTA 结合上的作用。对(0,6)TNTA 的六方排列进行计算。如图 6.2(a)所示，使用一个折中的晶胞以减少计算量。“R”部分以 5°的间隔逐渐旋转，图 6.2(b)所示为总能量相对于接触角的变化。最低能量出现在 10°的旋转角处，比非旋转结合能低 1.7 eV。

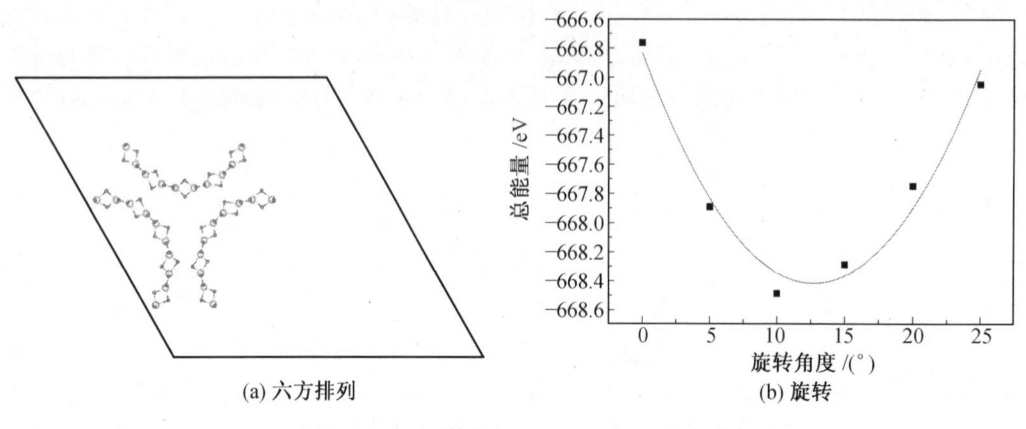

(a) 六方排列　　(b) 旋转

图 6.2　六方排列的 (0, 6) TNTA 纳米管

6.1.4　稳定性

进一步计算应变能以评估纳米管的稳定性,纳米管的稳定性定义为纳米管中一个 TiO_2 单元的能量与平板之间的差异。计算得到的应变能因计算方法不同而略有不同,(0, *m*)纳米管比直径相近的(*n*, 0)纳米管更稳定。纳米管之间的距离影响它们的总能量,如图 6.1 所示,因此距离将改变应变能。比例因子为 1.0,0.6 和 0.5 的四方排列的(9, 0)纳米管的应变能分别为 0.107 eV,0.098 eV 和 0.135 eV。比例因子为 0.6 的六方排列的(9, 0)纳米管应变能为 0.111 eV。因此,排列方式和排列距离对(9, 0)纳米管应变能的影响很小。优化后的(9.0)纳米管如图 6.3 所示。Ti—O 键合并的纳米管被发现可以提高纳米管的稳定性。因此,附加的离子(四个 O 离子和两个 Ti 离子)被进一步添加到纳米管的接触区域,如图 6.3 所示。原子完全弛豫后,接触区域的构造发生了变化。添加附加离子的四方排列和六方排列(9, 0)纳米管应变能在接触面积处分别为 0.229 eV 和 0.147 eV。所以,这些离子的加入导致(9, 0)纳米管的稳定性下降。值得注意的是,固结单壁碳纳米管的形状非常复杂,并且固结模型并不是总能提高纳米管的稳定性。因此,纳米管的固结模型没有被进一步地考虑。

对于比例因子分别为 1.0 和 0.78 的四方排列的(0, 6)纳米管,其计算应变能分别为 0.021 eV 和−0.067 eV。对于六方排列的(0, 6)纳米管,最小的应变能是−0.046 eV,比例系数为 0.9。因此,(0, 6)纳米管比(9, 0)纳米管稳定得多。与(9, 0)纳米管的应变能不同,纳米管之间的排列方式和距离大大影响(0, 6)纳米管的应变能。此外,负应变能意味着合成这些(0,6)纳米管的可能性。此外,还发现具有 3 层厚度的锐钛矿(001)纳米管具有负的应变能。

众所周知,与多壁碳纳米管相比,单壁碳纳米管(SWCNT)显示出显著的电学、光学、化学和热性能,可以通过优化生长参数获得直径为 1～2 nm 且紧密排列的 SWCNT。生长的单壁碳纳米管具有 0.8 nm 至 2.5 nm 的清洁和光滑的表面。这些单壁碳纳米管为紧密排列的六方排列。此外,还制备了平均直径为 1.6 nm 的分布均匀的沉积 SWCNT。虽然单壁碳纳米管存在许多挑战,例如合成和表征,但单碳纳米管的研究将成为未来 TiO_2 纳米管发展的一个很好的方向。据我们所知,单壁 TiO_2纳米管仍未制备出来。中

空 TiO_2 纳米管的内层可以很容易地进行功能化处理，纳米管的厚度可以很容易地被调整。TiO_2 纳米管的层间距受制备方法的影响很大，从 0.7 nm 到 1.3 nm 不等，因此可能只存在微弱黏合层之间的相互作用，如范德瓦耳斯力。值得注意的是，在制备纳米管期间，缺陷可能保持不变，例如层间 OH 基团。由于多壁碳纳米管的结构复杂，两者之间的间距较大，目前被广泛研究的只有单壁碳纳米管。

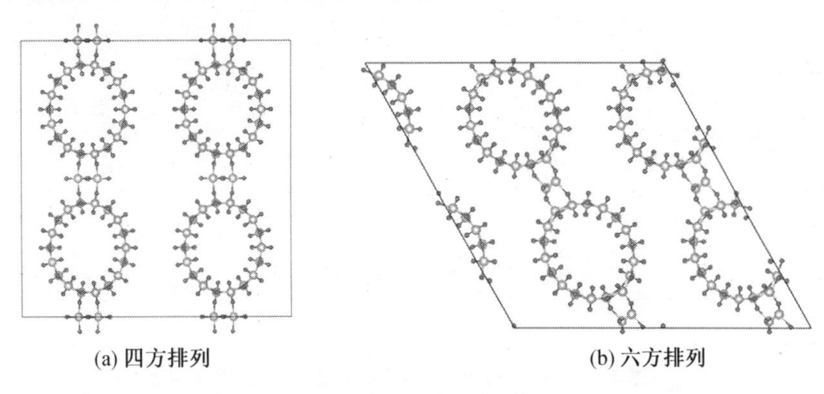

图 6.3 优化后的(9,0)纳米管

合成的不同直径的 TiO_2纳米管包括较小直径的 TiO_2纳米管。其平均直径为 5 nm，壁厚可减小至 1.3 nm。几种直径较小的 TiO_2 纳米管已被报道，如 15 nm、10 nm 和 2 nm。直径为 1.0～1.2 nm 的 SWCNT 也已被成功制备。因此，随着技术的发展，可以合成直径较小的 TiO_2 纳米管。理论上，LCAO 计算表明，由于纳米管接近展开的二维平板，应变能随着纳米管半径的增加而减小。(n,0)纳米管的应变能大于直径相近的(0, m)纳米管。TiO_2纳米管的应变能受其结构的影响很大。发现纤铁矿样 TiO_2纳米管的应变能大于相同直径的锐钛矿纳米管的应变能。当它们的直径小于 20 Å 时，六层 NTs 比三层 NTs 更稳定，能量更低。Ferrari 等人通过 LCAO 计算建立了具有负应变能的三个单层厚的锐钛矿(001)纳米管。然而，由锐钛矿(001)层产生的类纤铁矿样纳米管比锐钛矿(101)表面稳定。对于多壁纳米管，固结的单壁纳米管拥有负应变能，并且比它们折叠的层更稳定。我们的计算进一步证明了 TiO_2纳米管的负应变能可以通过优化填充排列来实现。

6.1.4 电子结构

为了研究纳米管中原子之间的键合作用，计算了(0, 6)TNTA 和(9, 0)TNTA 的全部和部分态密度(TDOS 和 PDOSs)，如图 6.4 和图 6.5 所示。由于 Ti d 和 O p 轨道是纳米管之间的键合作用的主要部分，所以仅显示这两个。对于(9,0)TNTA，“小”和“大”分别表示小间隔(缩放因子为 0.5)和大间隔(缩放因子为 1.0)。一般来说，TNTA 的 DOS 总量对比例因子不敏感。由于 Ti d 和 O p 轨道之间的阱重叠，主要键合峰出现在(−4.5,−3.0)eV的能区中，表明它们之间的强键合作用。特别是在(−3.0,−1.5)eV的能区，可以发现“大”和“小”系统之间的 Ti 离子的 DOS 之间的轻微差异。另一方面，O 离子的 DOS 在这个能区中表现出明显的差异，这主要是由 O 离子之间的排斥造成的。(9, 0)TNTA 中 O 离子键合峰的扩大，可能导致 TNTA 的稳定性下降。结合 ELF 分布,可以得出结论:(9, 0)TNTA 与(0, 6)TNTA 相比,其稳定性相对较低,这是由当TNTA 相互接近时 O 离子之间的排斥力造成。

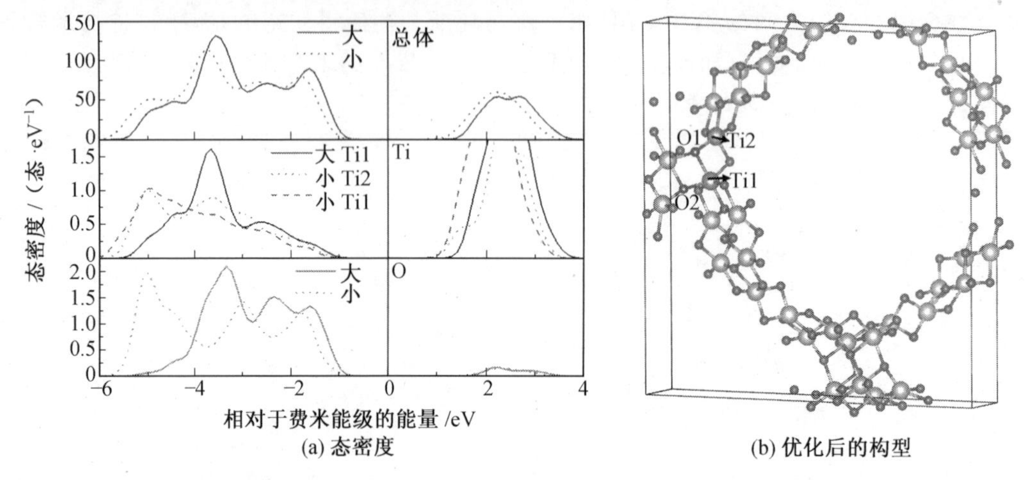

(a) 态密度　　(b) 优化后的构型

图 6.4 (0,6) TNTA 纳米管的态密度及优化构型

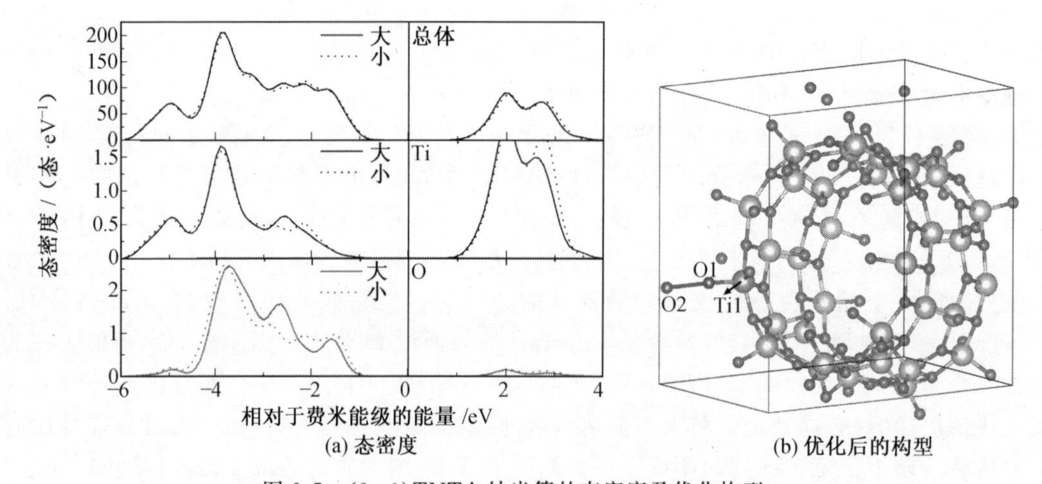

(a) 态密度　　(b) 优化后的构型

图 6.5 (9, 0)TNTA 纳米管的态密度及优化构型

对于(0, 6)TNTA,图 6.4(b)中的两个 O 离子 O1 和 O2 充当连接管的桥。(0,6)TNTA的DOS 如图 6.4(a)所示。值得注意的是,O 离子 O1 和 O2 显示几乎相同的 DOS,因此,图 6.4(a)中只有一个 O 离子的 DOS 图。在图 6.4(b)中有两种不同类型的 Ti 离子,分别为配位数为 5 和 6 的 Ti2 和 Ti1 离子。对于小比例因子(0.78),与大比例因子(1.0)相比,总的态密度向低能量范围移动约 0.67 eV。因此,低分离的(0, 6)TNTA 比高分离的TNTA 更稳定。对于 Ti 离子的 DOS,Ti2 与低能区低分离的(0, 6)TNTA 的 Ti1 和高能区高分离的 Ti1 分别具有相似的 DOS。"小"系统中 O 的主键明显移向低能区。Ti1 d 和 O p 轨道在"大"系统中分别在(−4.0,−3.0)eV 和(−5.5,−4.5)eV的能量范围内重叠得很好。

因此,Ti 离子和 O 离子之间存在较强的键合作用,配位数为 6 的 Ti 的出现将大大提升(0,6)TNTA 的稳定性。因此,管之间的分离主要影响 O 离子的态密度。在低分离中,

Ti d 和 O p 轨道之间的重叠明显减少，这是由 O 离子之间的排斥作用引起的。对于(0,6)TNTA，如图 6.1(a)下部所示，管外部由 O 离子和 Ti 离子交替组成。ELF 显示接触区富电子分布引起单个纳米管中 Ti 离子和 O 离子之间的吸引力，并导致相邻纳米管之间的距离为 1.85 Å。DOS 的结合峰出现在相对较低的能量范围内，这意味着来自不同管的 Ti 和 O 之间存在强结合的相互作用。

6.1.5 光学性质

通过计算占据状态和未占据状态之间的光学转换矩阵元素来评估光学性质。图 6.6 显示了平行和垂直于纳米管轴的介电函数虚部的计算结果。平行和垂直于纳米管轴的光吸收系数和光反射系数如图 6.7 和图 6.8 所示。理论研究表明，TiO_2纳米管的光学性质受结构特征和计算方法的影响很大。峰的数目和位置随着纳米管间距的变化而变化，如图 6.6～6.8 所示。

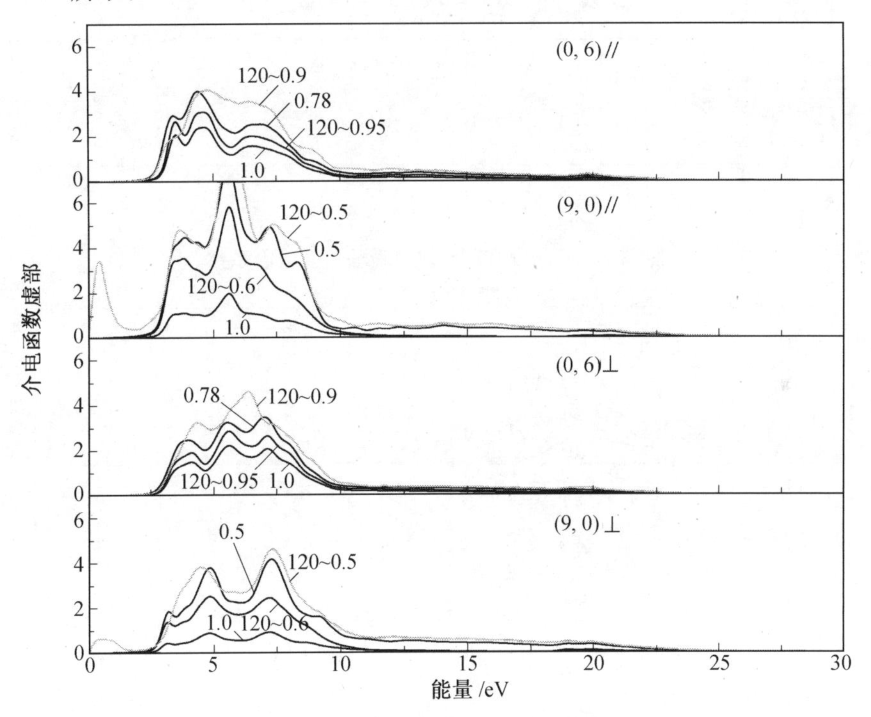

图 6.6 平行和垂直于纳米管轴的介电函数虚部的计算结果

实验中，光学性质受阳极氧化电压、退火温度等制备工艺的影响很大。入射到开放侧或闭合侧的光也影响光学性质，特别是反射率和吸收性能。此外，不同直径的纳米管在吸附光谱上表现出显著差异。为了减小量子尺寸效应，选择最小直径为 38 nm 的纳米管的实验吸收光谱与计算结果进行比较。计算结果和实验结果之间的吸附波长存在一些差异，这是由于通过 DFT 计算低估了带隙。一般而言，计算的光谱显示，吸收峰虽然出现移动，但形状相似。此外，计算的光谱是基于单壁纳米管，这可能是计算结果与实验结果出现差异的主要原因。

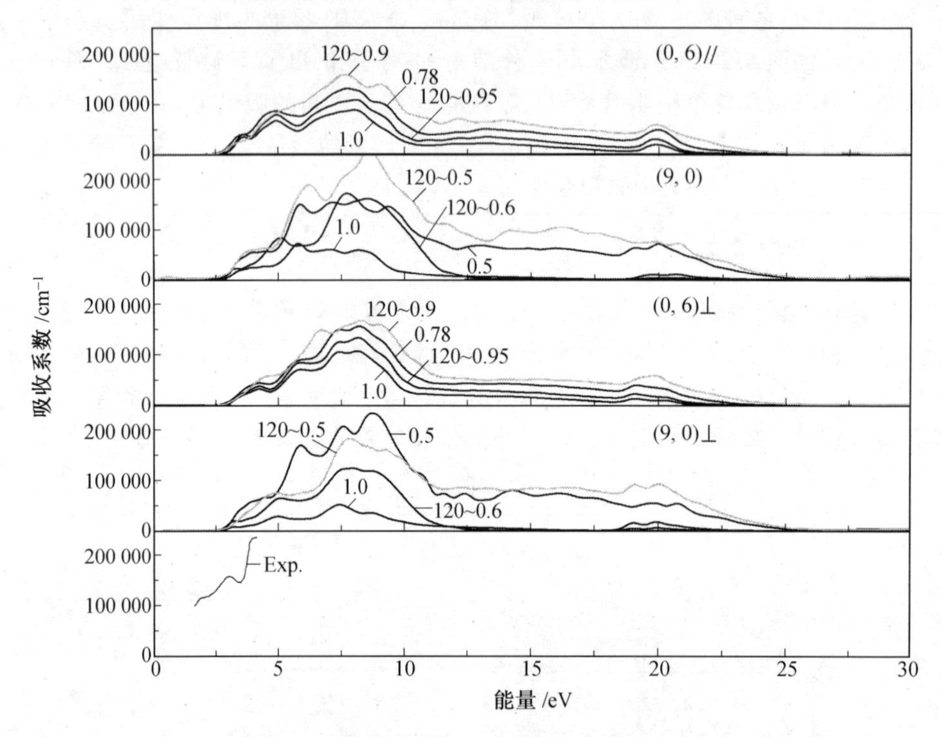

图 6.7　平行和垂直于纳米管轴的光吸收系数

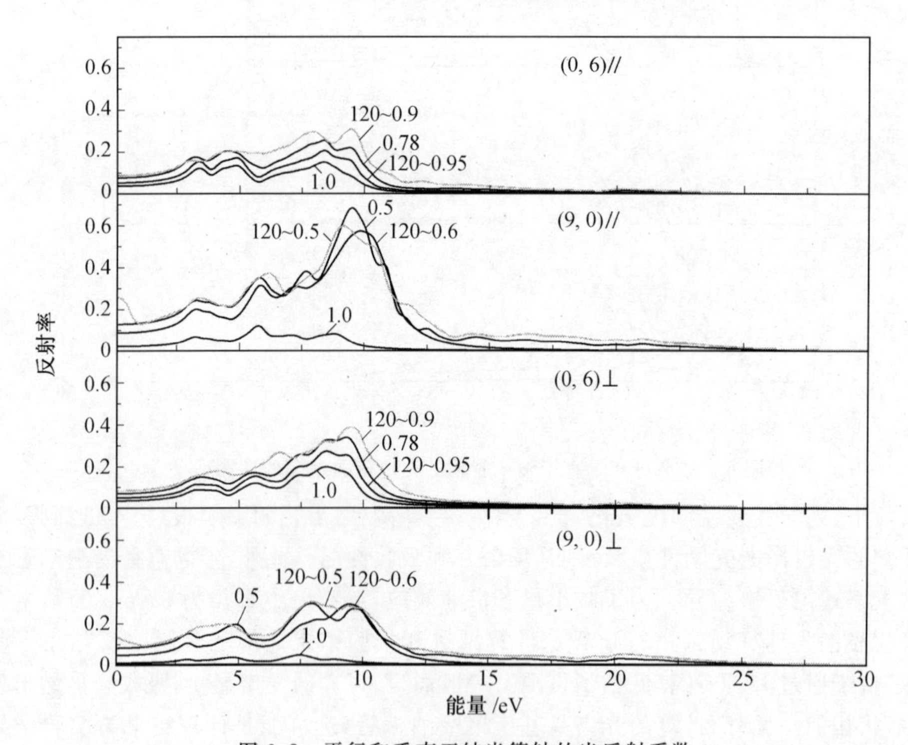

图 6.8　平行和垂直于纳米管轴的光反射系数

图 6.6 显示了具有不同比例因子和对称排列的(9，0)和(0，6)纳米管介电函数的虚部。由于介电函数在两个方向之间显著的能量偏移，显示出了光学各向异性。一般来说，对于四方排列的(9,0)和(0,6)纳米管，过渡峰的位置几乎是相同的，但是具有不同的倾角。吸附系数和反射率也显示出类似的特征(图 6.7 和图 6.8)。因此，TNTA 的分离和排列只影响四方排列的纳米管的强度特性。

对于六方排列的 TNTA，虚部有不同的值，特别在低分离状态。这与上述能带结构计算和原子轨道分析一致。对于具有低比例因子和六方排列的 TNTA，简并能态与(9,0)TNTA(120～0.5)中基波吸收边缘能量较低的费米能级非常接近，而蓝移出现归因于(0，6)TNTA 中的放大带隙。因此，可以得出结论：对称排列会影响 TNTA 的光学性质。控制纳米管的制造过程将有助于改变光学性质。这些结果提供了对 TiO_2 纳米管的电子结构和光学性质的理解，而恰当的纳米管结构设计可以提高 TiO_2 的光催化性能。

6.1.6　电荷局域密度结构

为了研究纳米管之间的相互作用机理，在现在的工作中采用了电荷局域函数(ELF)。ELF 显示了电子局域特性，在这里 ELF＝1 和 ELF＝0 分别表示完美的定位和没有电子。图 6.9 显示了(9，0)纳米管的 ELF 分布，其中的缩放系数为 1.0 和 0.5。

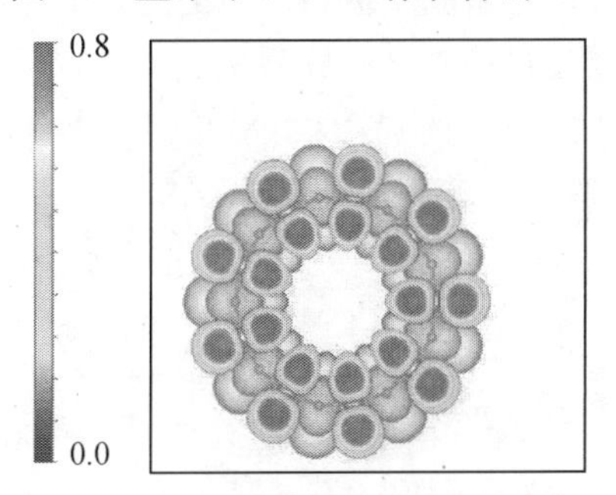

(a) 缩放系数为 1.0 的俯视图

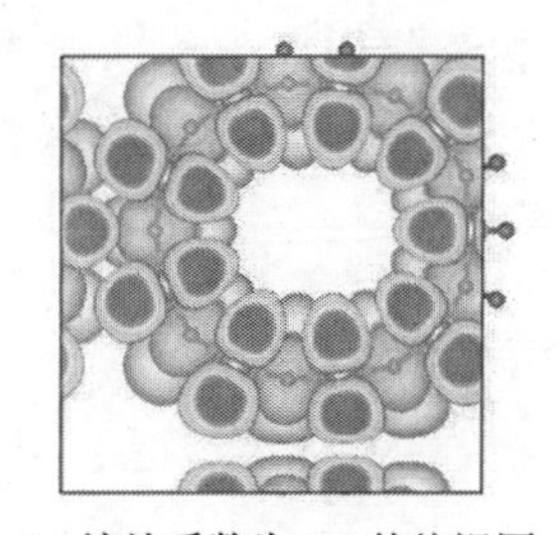
(b) 缩放系数为 0.5 的俯视图

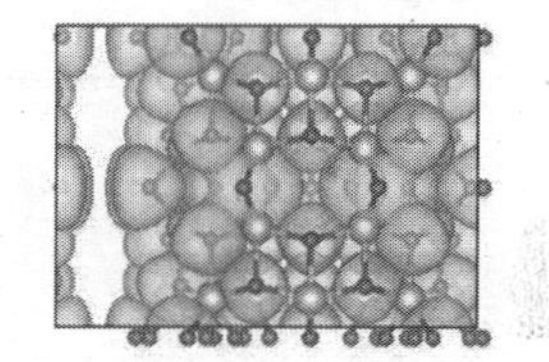
(c) 缩放系数为 0.5 的侧视图

图 6.9　(9，0)纳米管的 ELF 分布

对于(9，0)TNTA，每个纳米管之间有很大的分离，ELF 的分布是高度对称的，如图 6.9 所示。电子高度聚集在 O 离子周围。这个特征表示电子从 Ti 离子到 O 离子的转移。由于纳米管之间的微小分离，以及 O 离子之间的斥力作用，管状结构的几何结构被扭曲，因此，ELF 被极大地改变了。在接触区中，ELF 的分布变得更平了，如图 6.9(c)。在接触区域中很少有电子分布，表示它们之间的非共价相互作用。因此，(9，0)纳米管更倾向于彼此远离。

对于(0，6)TNTA，当缩放系数等于 1.0 时，ELF 的对称分布就会发生，如图 6.10 所示。因此，相邻的纳米管之间几乎没有相互作用(图 6.10(a))，与(9，0)TNTA 不同的是，缩放系数为 0.78(图 6.10(b)和(c))的相邻的(0，6)的纳米管之间有很强的成键作用。当分离很小的时候，在接触区域的富电子区可以很明显地表现出相邻的(0，6)纳米管之间的强键相互作用。

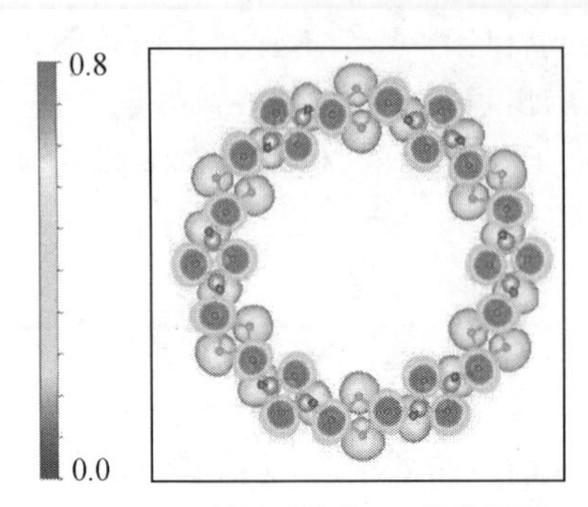

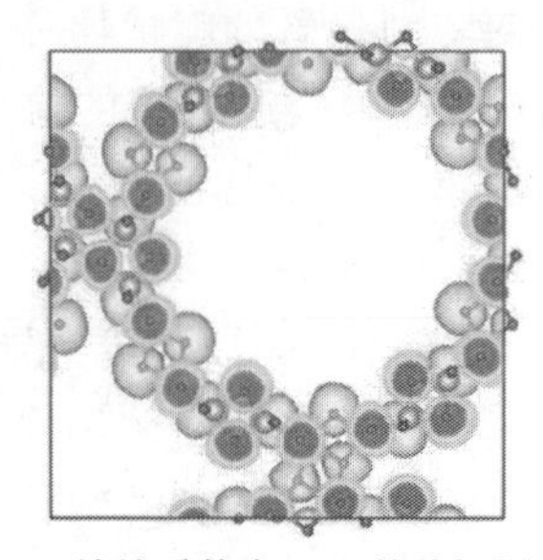

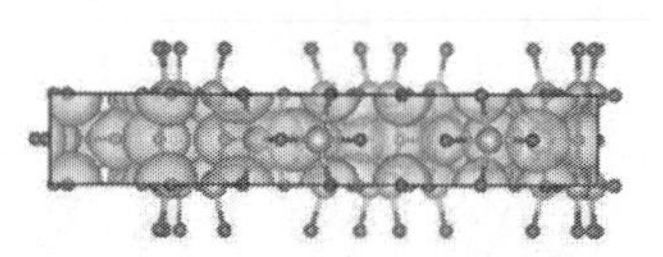

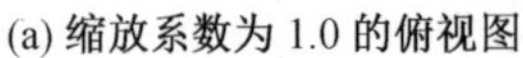

(a) 缩放系数为 1.0 的俯视图　(b) 缩放系数为 0.78 的俯视图　(c) 缩放系数为 0.78 的侧视图

图 6.10 (0, 6)纳米管的 ELF 分布

6.1.7 能带结构

对 TiO_2 纳米管电子结构计算能带结构研究构型的影响。在布里渊区中,高对称方向的能带结构和(0, 6) TiO_2 纳米管如图 6.11～6.14 所示。这些价带和传导带分别由 O 2p和 Ti 3d 轨道组成,它们与块体 TiO_2 相似。纳米管的原子结构会影响能带的特点,尤其是边缘带。图 6.11 显示了在四方排列中 0.5 和 1.0 的缩放系数(9, 0)的纳米管的能带结构。它显示了这个波段(9, 0)纳米管的结构是弱依赖于缩放系数,这意味着(9, 0)纳米管之间的弱成键相互作用。由于众所周知的 DFT 的局限性,能带经常被低估。因此,仅对不同纳米管的能带结构和相关光学性质的变化进行了研究。

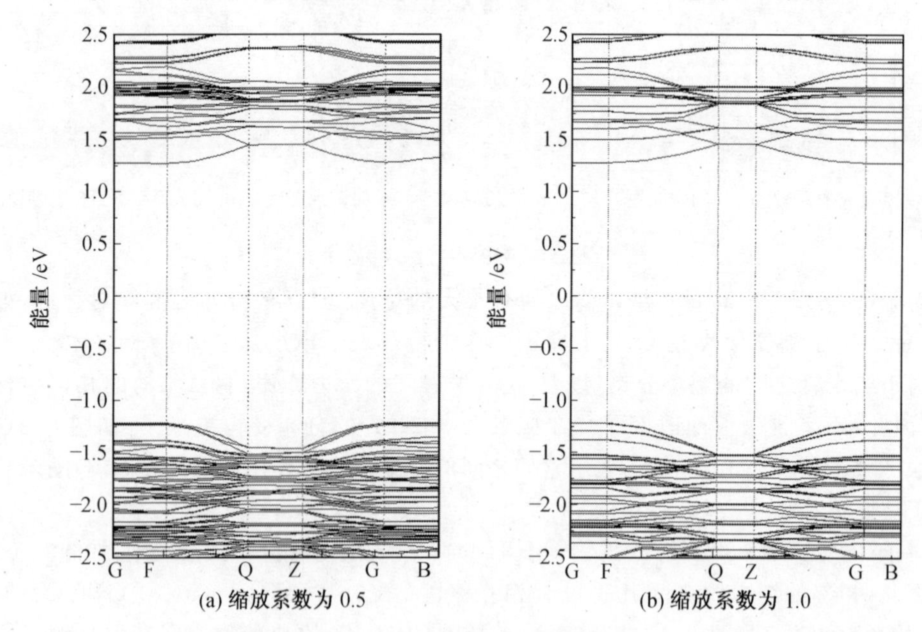

(a) 缩放系数为 0.5　(b) 缩放系数为 1.0

图 6.11 (9,0)纳米管的能带图 1

图 6.12 显示了能带结构六方排列的纳米阵列管之间的分离会影响能带结构。缩放系数的微小变化(0.5～0.6)可以显著改变费米能级和能带间隙的位置。对于缩放系数为

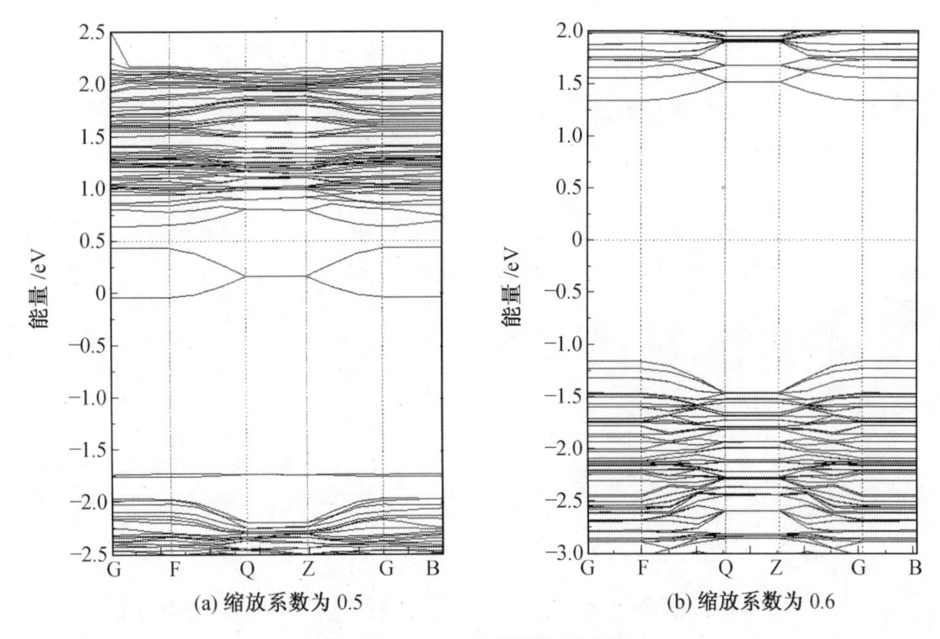

图 6.12 (9,0)纳米管的能带图 2

0.5 的纳米管阵列 TNTA,在费米能级以下的简并能级与其他价带分离,由于简并状态的参与,吸附边缘为低能量。

对于(0, 6)TNTA,管之间的间隔改变也可以改变带隙。如图 6.13 所示,与缩放系数是 0.78 的纳米管相比,缩放系数是 1.0 的纳米管的带隙是 0.6 eV,比前者更大。此外,它们之间的价带顶部出现了微小的差异,这可能会略微改变光学性质。对于六方排列的碳纳米管,碳纳米管之间的距离可以极大地影响它们的能带结构,如图 6.14 所示。缩放系数为 0.95 的纳米管比比例系数为 0.9 的纳米管之间的带隙大 0.2 eV。价带的顶部出现在费米能级以下,这表明了纳米管之间的距离可以改变费米能级的位置。

6.1.8 HOMO－LUMO

根据最高占据分子轨道(HOMO)和最低空分子轨道(LUMO),分别计算价带顶部和导带底部的原子轨道。图 6.15～6.18 分别显示了(9, 0)和(0, 6)纳米管能带边缘的等值面(0.001 eV/$Å^3$)。纳米管的 HOMO 和 LUMO 分别主要由内层的 O 原子和 Ti 原子组成。图 6.15 显示了比例因子为 1.0 和 0.5 的 (9, 0)纳米管的 HOMO－LUMO 横截面图。它们的 HOMO 和 LUMO 的分布非常相似,这与它们的能带结构分布一致。

对于六方排列的(9, 0)纳米管,缩放系数是 0.6 的纳米管的 HOMO 主要由内层 O 原子构成,而它来自于几个 Ti 原子和 O 原子。因此,可以利用这些原子的电子来缩小纳米管的带隙。对于不同构型的(0, 6)纳米管的 HOMO－LUMO,除了缩放系数是 0.9,它们都显示了相似的 HOMO 和 LUMO 的分布,表示它们之间有相似的能带结构。比例因子为 0.9 的纳米管之间有很强的键合作用,因此,与其他构型相比,它的价带发生了很大的变化。

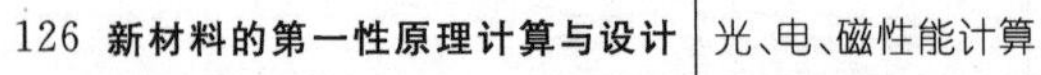

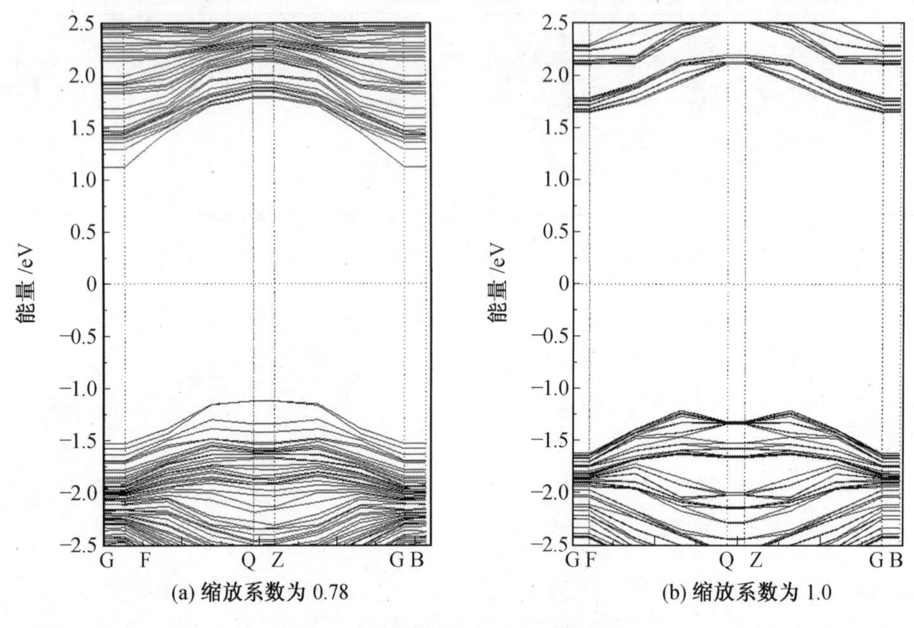

(a) 缩放系数为 0.78　　(b) 缩放系数为 1.0

图 6.13　(0,6)纳米管的能带图 1

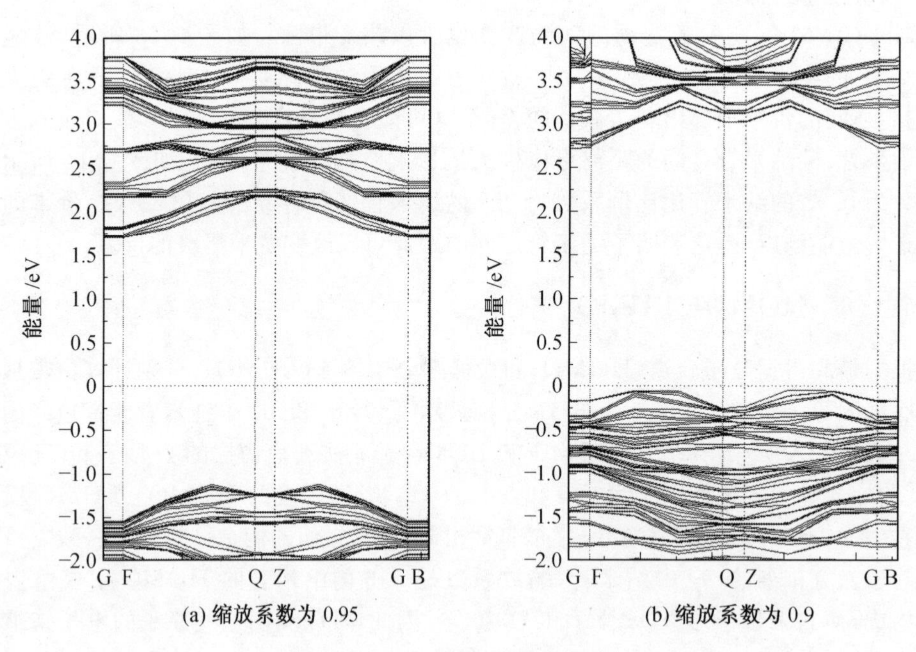

(a) 缩放系数为 0.95　　(b) 缩放系数为 0.9

图 6.14　(0,6)纳米管的能带图 2

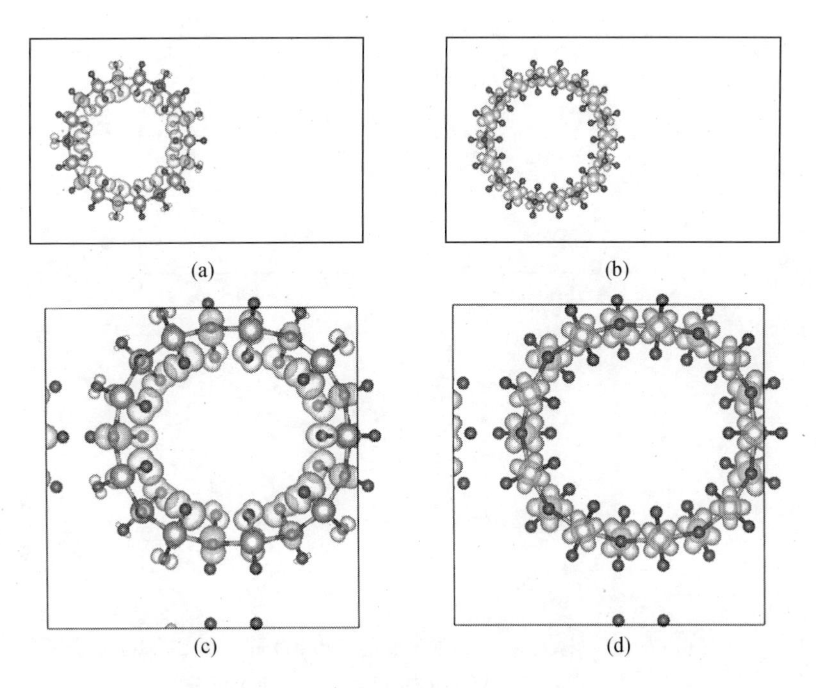

图 6.15 四方排列的(9.0)纳米管的 HOMO 分布和 LUMO 分布
(a),(c)—HOMO 分布;(b),(d)—LUMO 分布

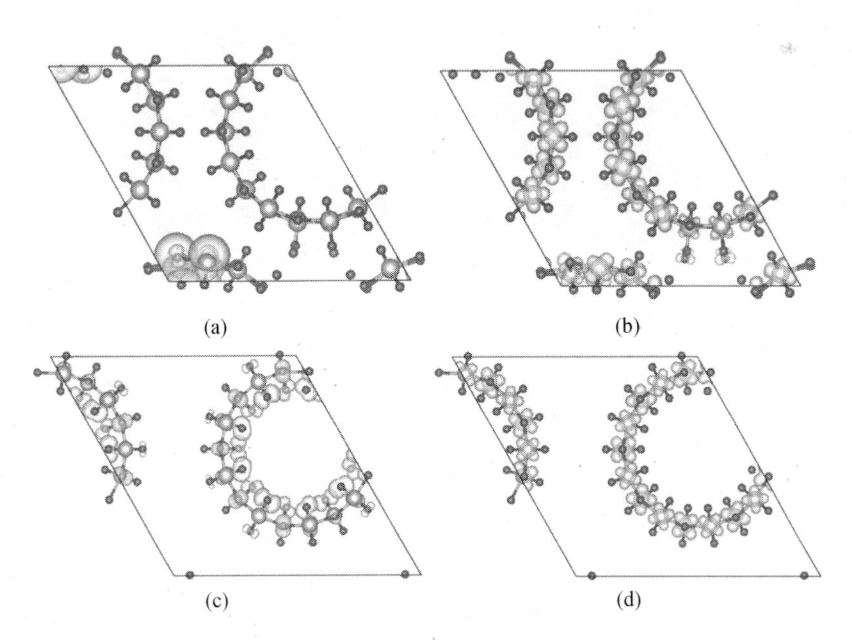

图 6.16 六方排列的(9.0)纳米管的 HOMO 分布和 LUMO 分布
(a),(c)—HOMO 分布;(b),(d)—LUMO 分布

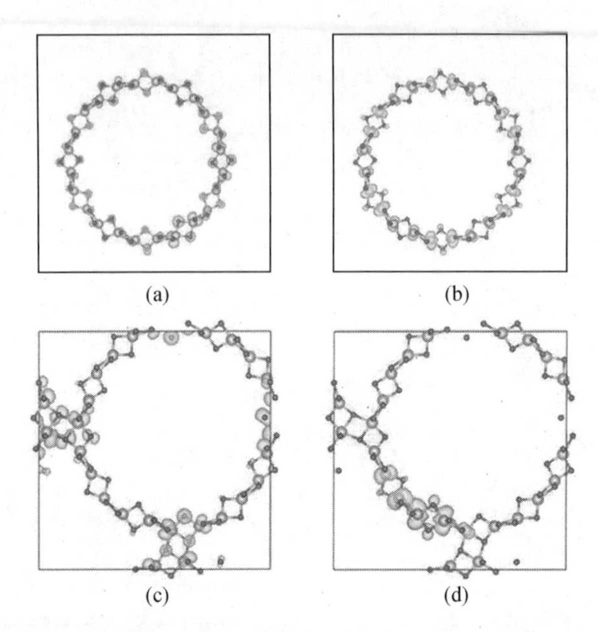

图 6.17　四方排列的(0,6)纳米管的 HOMO 分布和 LUMO 分布
(a),(c)—HOMO 分布;(b),(d)—LUMO 分布

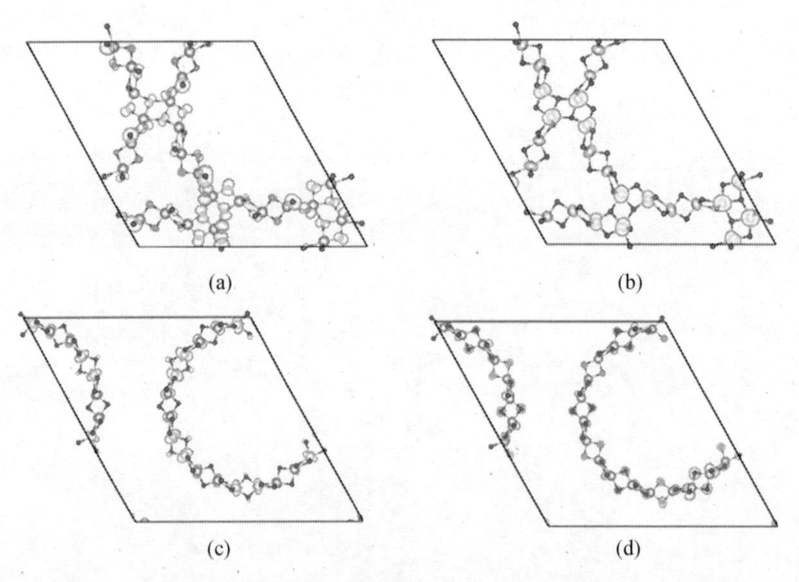

图 6.18　六方排列的(0,6)纳米管的 HOMO 分布和 LUMO 分布
(a),(c)—HOMO 分布;(b),(d)—LUMO 分布

本节研究了(9,0)型和(0,6)型 TiO_2纳米管,详细研究了四方排列和六方排列两种典型结构,包括管之间的分离和旋转。在(9,0)TNTA 中,电子在 O 离子附近高度离域,外部 O 离子的排斥力和 O 离子与其配位数为 6 的 Ti 离子的吸引力导致分离排列。在(0,6)TNTA中,观察到接触区富电子分布。这产生了来自不同管的 Ti 离子和 O 离子之

间的吸引力，并导致了相邻管之间的 1.85 Å 分离。(0,6)纳米管的六方排列的总能量比相同分离的四方排列的总能量约大 0.9 eV，这可能源于接触区中不同的原子排列。然而，如果将管之间的相对角度旋转约 10°，则将比四方排列的总能量约低 0.8 eV。观察到 TNTA 的光学各向异性，并且 TNTA 的光学性质与纳米管的排列密切相关，这可能带来 TiO_2 纳米管的丰富应用。

6.2 ZnO 掺杂体系的稀磁性计算

最近几年，材料技术的发展实现了各种宽带隙半导体光电子器件的应用。在研究领域中半导体 ZnO 是一种很有吸引力的材料，掺杂这种材料可使光电子器件具有优良的性能，如导电性能可调、高透明度、压电性、宽带隙的导电率、室温铁磁性，以及强烈的磁光效应和化学感应效应。

在 ZnO 中可以掺杂各种各样的离子，以满足多个应用领域的需求。用于掺杂 ZnO 的元素属于元素周期表第Ⅲ主族的低价金属(Al,In,Ga)和镧系稀土元素(Er,Nd,Sm,Eu,Tm)。由于离子半径小和材料成本较低，Al 是最常用的掺杂剂。Al 掺杂的 ZnO 纳米管具有室温铁磁性。除此之外，Al^{3+} 在 ZnO 晶格中取代了 Zn^{2+}，通过电荷载体的增加，提高了电荷的导电性，据报道，电子浓度从 $10^{16}/cm^{-3}$ 增加到 $10^{21}/cm^{-3}$。

据报道，掺杂摩尔分数为 5%Al 的 ZnO 显示了[002]的方向取向，并且具有高透光率和最小的电阻率。一些学者深入研究了掺杂浓度和退火温度对高取向 Al 掺杂 ZnO 性能的影响。在 ZnO 纳米粒子(NPs)中掺杂了稀土离子，由于其尖锐而强烈的光学发射光谱，预计将会合成出新的光学材料。掺杂 Er 的 ZnO 由于其在 1.54 mm 的发射而在光通信领域受到了广泛的关注。Lamrani 等人研究了掺杂剂对结构、形态、发光和非线性光学特性的影响。结果表明，在较低摩尔分数的 Er 掺杂下，可以有效地控制表面形态及其阴极发光特性，并获得最佳的结晶和形态。Chen 等人的研究表明，当加入掺杂剂时，掺杂的 ZnO 薄膜的晶体质量由于 O 的缺陷而降低。

Zhang 等人的研究表明，与纯 ZnO 相比，掺杂的 ZnO 的光致发光在可见辐射下有明显的改善，这是由掺杂膜的缺陷或空位造成的。ZnO 中 Er 和 Al 的共同使用可以明显地改善对可见光的反应。采用球磨、水热、共沉淀、喷雾热解、溶液燃烧、微波法、溶胶－凝胶法、气相沉积等多种制造方法制备不同的 ZnO 纳米结构。用水热法合成(Al－Er)共掺杂的 ZnO 粉末。该技术是一种很有前景的替代合成方法，因为它的温度较低，所以适合任何类型的掺杂，并且很容易控制颗粒的大小。与其他的生长过程相比，水热法有几个优点，如设备简单、无催化剂、成本低、方便大规模生产、环保和危险性较低。该方法也已成功应用于纳米尺度 ZnO 和其他发光材料的制备。利用 XRD、TEM、EDX 和磁性表征等多种分析方法，分析了掺杂剂 Al 和 Er 对 ZnO 性能的影响。

6.2.1 Er 和 Al 掺杂的 ZnO

1. 计算方法

平面波截断量为 500 eV 和 3×3×2 的 k 网格，得到 108 个原子弛豫的超胞。能量和力自洽计算的标准分别小于 0.01 meV 和 0.01 eV/Å。优化的纤锌 ZnO 的晶格常数是 a=0.324 1 nm，c=0.519 9 nm，与实验值（a=0.325 nm，c=0.521 nm）以及其他理论计算结果一致。通过用五种不同的结构来代替四个 Zn 原子，模拟了 Er 和 Al 的共掺杂（图 6.19）。掺杂剂的摩尔分数为 3.704%。由于巨大的计算消耗，掺杂物摩尔分数很难降低到接近实验值的程度。通过改变 Er 的磁矩，模拟掺杂系统的铁磁（FM）和反铁磁（AFM）排列。GGA+U 方法用于描述交换和相关势。采用现场库仑相互作用 U_{eff}=5.5 eV 和 U_{eff}=5.0 eV，描述了 Er 的局域原子轨道和 Zn 的 d 轨道的相关效应。

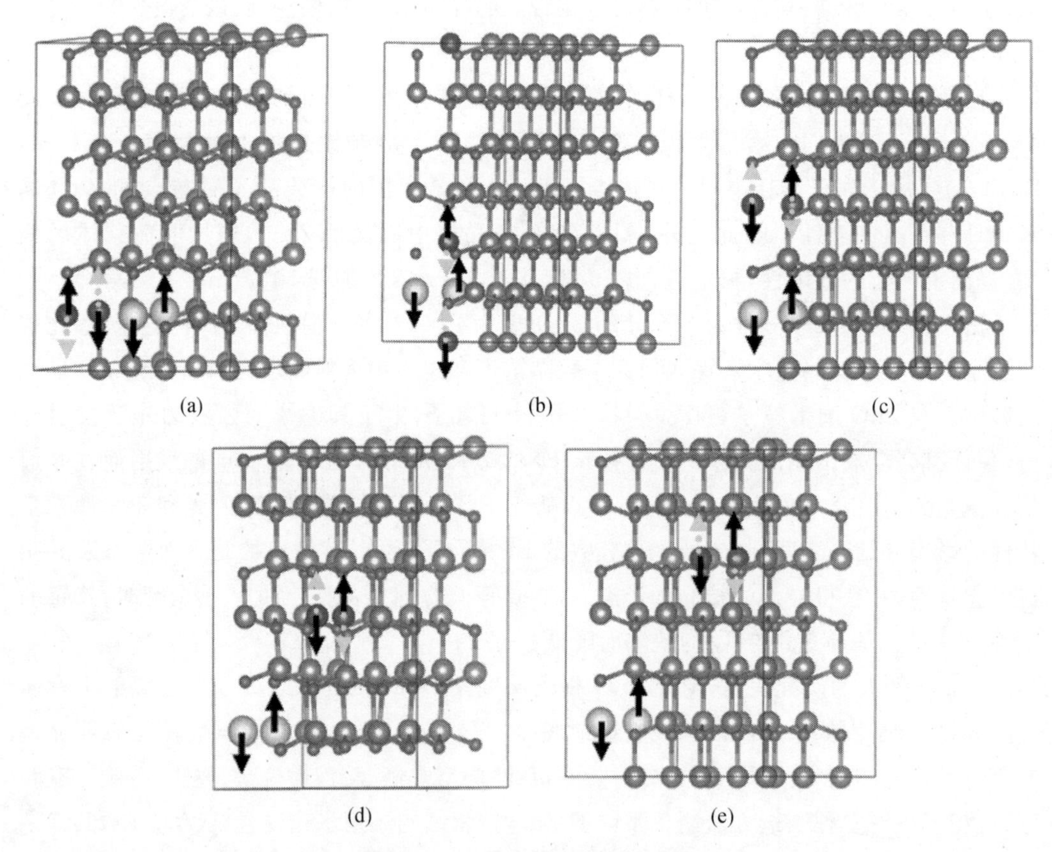

图 6.19　共掺杂体系的原子构型

（无箭头处小、大球分别代表 O 和 Zn 原子，箭头处小球和大球分别代表 Al 和 Er 原子。箭头所指方向代表可能的磁矩，四个实线的箭头为一种反铁磁态，两个实线和两个虚线箭头代表多个磁矩分布）

2. 形成能和相的稳定性

Er 和 Al 掺杂的 ZnO 的形成能通过下列的定义来评估，

$$E_{\mathrm{f}}=\frac{1}{N}\{[E_{\mathrm{ZnO}}^{\mathrm{doped}}-E_{\mathrm{ZnO}}^{\mathrm{un\,doped}}]+[N_{\mathrm{Zn}}E_{\mathrm{Zn}}-N_{\mathrm{Er}}E_{\mathrm{Er}}-N_{\mathrm{Al}}E_{\mathrm{Al}})]\} \tag{6.1}$$

式中，E_X 为基态 X 系统的总能量；N_{Zn}，N_{Er} 和 N_{Al} 分别为 Zn、Er 和 Al 原子的数量。

通过比较 FM 和 AFM 配置的形成量，可以对掺杂系统的磁场排列进行评价。在先前的研究中，我们考虑了五种不同的 Er 和 Al 共掺杂的 ZnO 系统，它们之间有不同的距离。在这些模拟晶胞中，Er 和 Al 之间的距离从 3.2 Å 增加到 9.2 Å。

表 6.1 显示了掺杂体系 a～e 的 Er 和 Al 共掺杂体系的形成能。所有共掺杂配置都显示出负的形成能，表明热动力学上 Er 和 Al 可以掺入 ZnO。AFM 和 FM 磁序几乎拥有相同的形成能，这表明了类似的稳定性。因此，这些掺杂系统的总磁矩几乎为 0。对于 Er 掺杂系统，考虑了四种不同的配置(a 相当于 b 的配置)。

表 6.1　共掺杂体系的形成能　　eV/dopant

掺杂体系	AFM		FM	
	ErAl	Er	ErAl	Er
a	−2.530 6	−3.170	−2.530 5	−3.170
b	−2.573 8	—	−2.574 0	—
c	−2.652 6	−3.266	−2.652 7	−3.266
d	−2.664 4	−3.388	−2.664 3	−3.388
e	−2.700 4	−3.379	−2.700 4	−3.378

注：dopant 译为掺杂剂。

Er 掺杂系统是研究系统中最稳定的配置。它的磁矩是每单元 0.034 μB，因此它显示了弱调频特性。然而，我们的实验结果也有一些与其不一致的地方，这可能是由缺陷、Er 元素隔离和第二相影响引起的。为了研究掺杂剂对电子结构和磁性性能的影响，在图 6.20中对最稳定的 Er 和 Al 共掺杂体系的能带结构进行了计算，并给出了结果。除了带隙不同，这两种掺杂的体系显示了相似的能带结构。与单掺杂 Er 体系相比，掺杂 Al 的体系更接近于导带到价带，缩短了大约 0.6 eV。因此，进一步的 Al 掺杂可以调节 Er 掺杂体系系统中的带隙。此外，Er 和 Al 共掺杂的体系几乎没有自旋极化。自旋向上带和自旋向下带重叠得很好。自旋向上带和自旋带之间有很小的区别，这产生了微小的磁矩。

6.2.2　Mn 和 Ce 共掺 ZnO 体系的稳定性及磁性能研究

1. 计算方法

使用 VASP 软件，赝势采用基于 PAW 方法的 PBE 势，平面波截断能为 450 eV，计算中高斯展开系数设为 0.15 eV，计算自洽标准为：原子间力小于 0.01 eV/Å，总能量小于 0.01 meV，优化的纤锌矿型结构的 ZnO 的晶格常数为 a＝0.324 1 nm，c＝0.519 9 nm(实验值 a＝0.325 nm，c＝0.521 nm)。

共掺杂是通过置换两个 ZnO 超胞中的 Zn 原子，分为五种构型。体系的掺杂浓度是 3.704％(原子数分数)。铁磁(FM)和反铁磁(AFM)是通过调整掺杂原子的磁动量获得的。由于 DFT 方法通常会低估带隙结构，因此我们采用了 GGA＋U 方法校正强关联体系。对 Ce 的 f 电子库仑相互作用势设置为 U_{eff}＝6 eV (U＝6.7 eV，J＝0.7 eV，U_{eff}＝U－J)；对于 Mn 的 d 电子，U_{eff}＝4.0 eV。

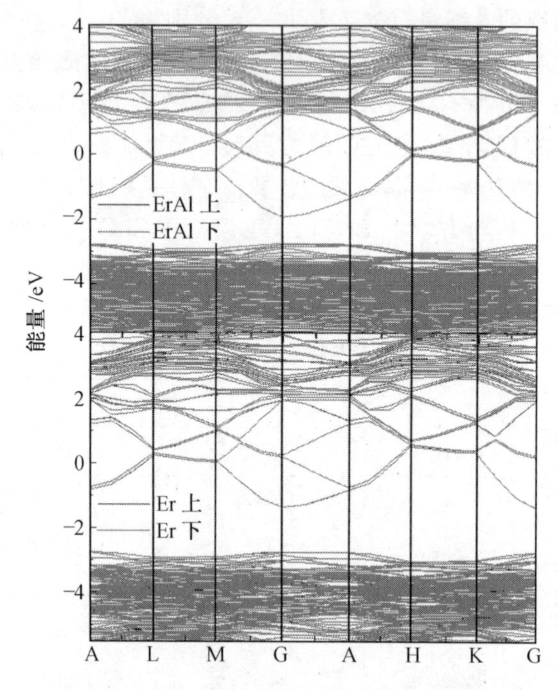

图 6.20　Er 和 Al 共掺杂体系的能带结构

2. 稳定性

共掺杂体系的相对稳定性可以通过如下的形成能公式进行估算：

$$E_{\mathrm{f}}=\frac{1}{4}\{[E_{\mathrm{ZnO}}^{\mathrm{doped}}-E_{\mathrm{ZnO}}^{\mathrm{un\,doped}}]+[4E_{\mathrm{Zn}}-2(E_{\mathrm{Mn}}+E_{\mathrm{Ce}})]\} \tag{6.2}$$

式中，E_{X}是 X 体系的总能量。

磁稳定性可以通过比较 FM 及 AFM 结构的相对稳定性获得，本书考察了两种 AFM 及一种 FM 结构的稳定性。

表 6.2 显示了 Ce 和 Mn 共掺杂体系五种结构的相对稳定性，所有掺杂体系都显示出正的形成能，意味着共掺杂体系并不能达到热力学稳定。其中值得注意的是有些体系仅需要额外的很少的能量即可以克服能量势垒。此外，CeMn－b 是最稳定的结构，其磁性结构为 FM，经过优化弛豫后，Ce—O 和 Mn—O 的平均键长分别是 2.24 Å 和2.05 Å。

表 6.2　Ce 和 Mn 掺杂体系的形成能 E_{f}和磁矩 θ_{B}

体系	形成能 E_{f}/(eV · supercell^{-1})			磁矩 θ_{B}/supercell		
	AFM1	AFM2	FM	M_{FM}	M_{AFM1}	M_{AFM2}
CeMn－a	0.246	0.224	0.243	11.991	0.000	0.015
CeMn－b	0.559	0.225	0.196	11.995	−0.927	−1.985
CeMn－c	0.471	0.195	0.208	11.996	−1.018	0.000
CeMn－d	0.211	0.777	0.227	12.002	0.000	0.006
CeMn－e	0.509	0.229	0.246	12.020	−1.011	0.000

注：supercell 译为超胞。

3. 电子结构和磁性

图6.21显示了Ce和Mn共掺杂体系的优化构型电子态密度和能带结构。图中显示所有的磁性几乎都来源于Mn的d轨道以及部分来源于Ce f轨道。一些价带从费米能级处移到了更低的能量区域,这部分价带主要由Ce元素组成。因此Ce能提高掺杂体系的稳定性,而Mn能使ZnO出现铁磁性。图6.21(c)为共掺杂体系的能带结构,图中显示一些由掺杂元素Ce引起的跨越费米能级的杂质能带与Ce单独掺杂ZnO的能带结构类似,而Mn的d轨道则主要影响了掺杂体系自旋向下的能带分布,这也意味着掺杂Mn能使ZnO具有磁性。

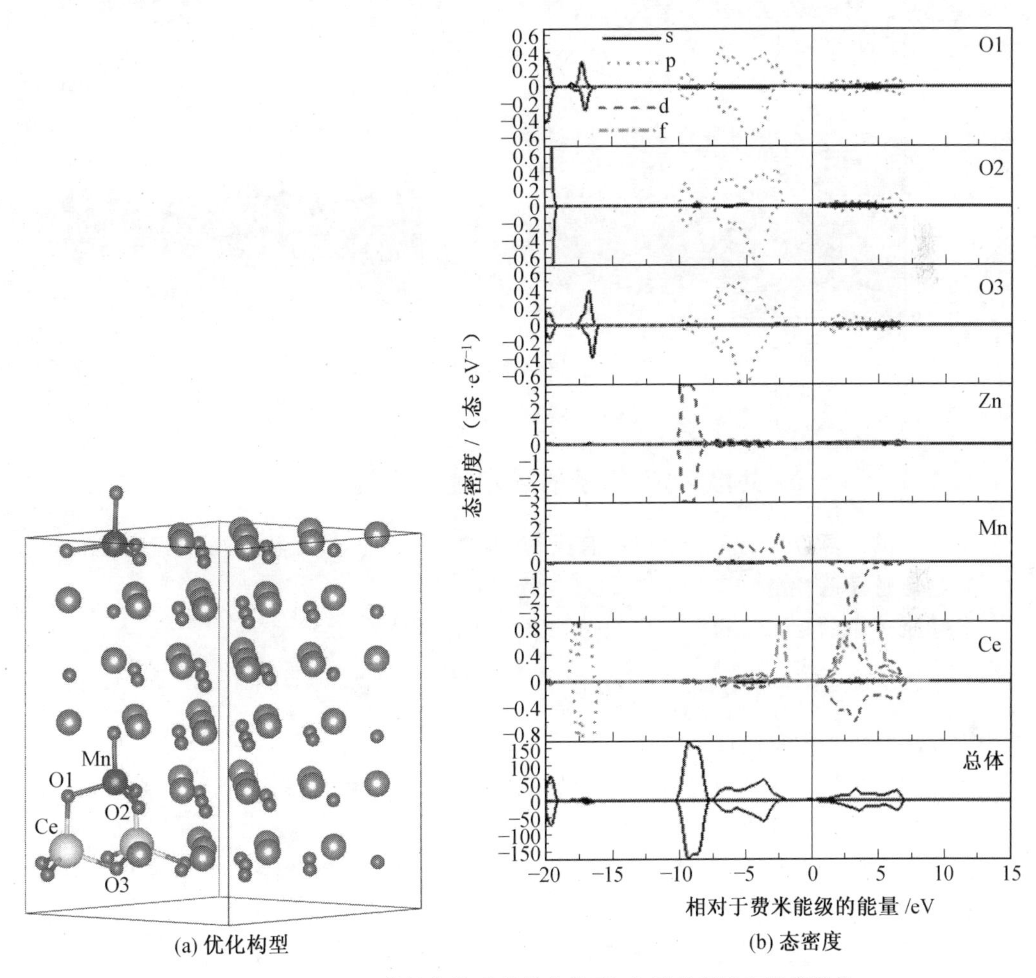

(a) 优化构型　(b) 态密度

图6.21　Ce和Mn共掺杂体系的优化构型、电子态密度和能带结构

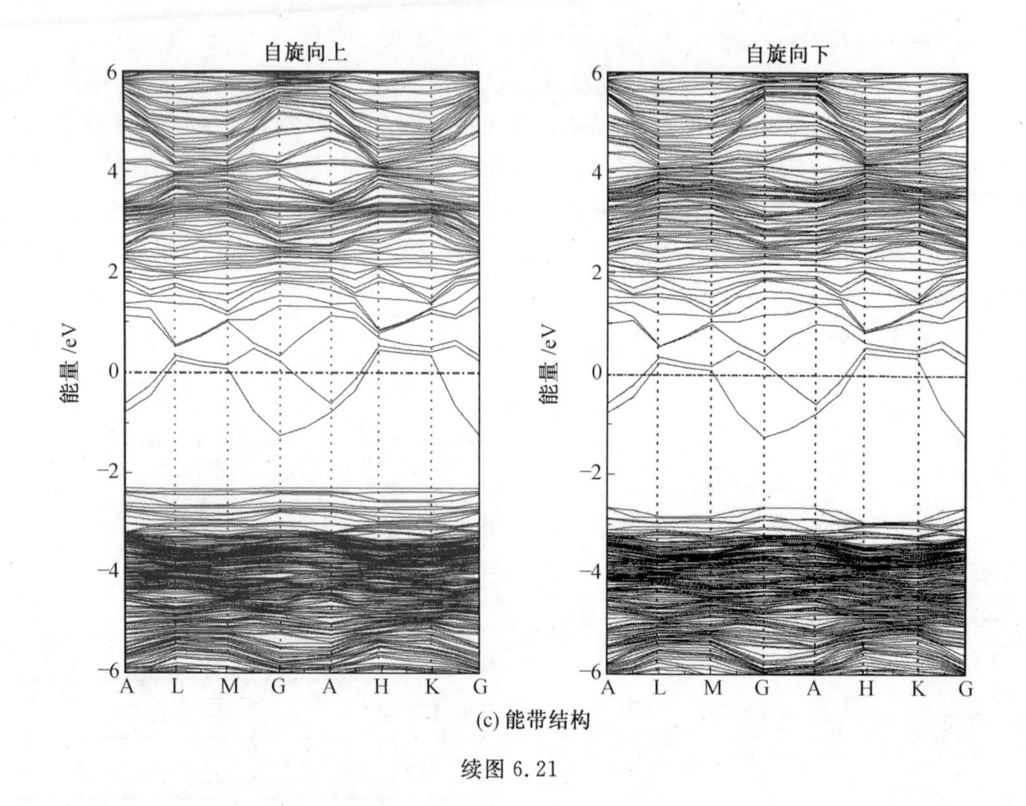

(c) 能带结构

续图 6.21

6.2.3 Ce－Ni 共掺 ZnO 体系的稳定性和磁性能

本部分的计算方法与 Ce－Mn 共掺类似，其中将 Ni 的 d 轨道的 U_{eff} 值设为 6.4 eV。

1. 稳定性及磁性能

共掺杂体系的相对稳定性可以通过如下公式进行估算：

$$E_{\text{f}} = \frac{1}{4}\{[E_{\text{ZnO}}^{\text{doped}} - E_{\text{ZnO}}^{\text{un doped}}] + [4E_{\text{Zn}} - 2(E_{\text{Ni}} + E_{\text{Ce}})]\} \tag{6.3}$$

式中，E_{X} 为 X 体系的总能量。

磁稳定性可以通过比较 FM 及 AFM 结构的相对稳定性获得，本节考察了两种 AFM 及一种 FM 结构的稳定性。

如表 6.3 所示，与 Ce 和 Mn 共掺杂不同，所有 Ce 和 Ni 掺杂体系都显示出负的形成能，意味着 Ce 和 Ni 容易共掺入 ZnO 中，其中 CeNi－b 的 FM 和 AFM 构型具有相似的形成能，约为 －1.04 eV，但是二者的磁动量差异很大，FM 和 AFM 的磁动量分别为 7.981 μB和 0.974 μB。如果仅考虑磁动量的话，则铁磁的 FM CeNi－c 构型具有最大的磁动量(10.018 μB)。由于 FM CeNi－b 和 FM CeNi－c 构型的能量仅相差 0.029 eV，因此二者应该很容易同时存在于实际的 ZnO 掺杂体系中，因此 Ce 和 Ni 共掺杂的 ZnO 体系的磁动量应在 9 μB。

表 6.3　Ce 和 Ni 掺杂体系的形成能 E_f 和磁矩 θ

体系	形成能 E_f/(eV・supercell^{-1})			磁动量 θ/(μB・supercell^{-1})		
	AFM1	AFM2	FM	M_{AFM1}	M_{AFM2}	M_{FM}
CeNi－a	－0.857 5	－0.558 5	－1.010 2	－1.034	2.053	5.983
CeNi－b	－1.041 0	－0.886 2	－1.046 0	0.974	1.027	7.981
CeNi－c	－1.009 7	－1.016 2	－1.017 2	0.001	0.000	10.018
CeNi－d	－0.622 7	－0.788 7	－1.003 5	－1.001	0.002	8.012
CeNi－e	－0.838 5	－0.864 7	－1.005 7	0.001	0.011	7.060

图 6.22 显示了 FM CeNi－b 的优化构型、能带结构及态密度，在 －7.5～－2.5 eV 范围内，Ni 的 d 轨道显示了高度反对称的自旋极化，使其相邻的 O 具有轻微的自旋极化量，因此导致了 Ni 掺杂体系具有较大的磁矩。同时掺杂体系中 Zn d 和 O p 轨道移动到了更低的能量区域，因而掺杂体系将获得更高的热力学稳定特性。能带结构也揭示了这样的特征，跨越费米能级的杂质带由 Ce 组成，而自旋极化导致的能带差异主要由 Ni 掺杂引起，这一点与 Ce 和 Mn 共掺体系也十分类似。

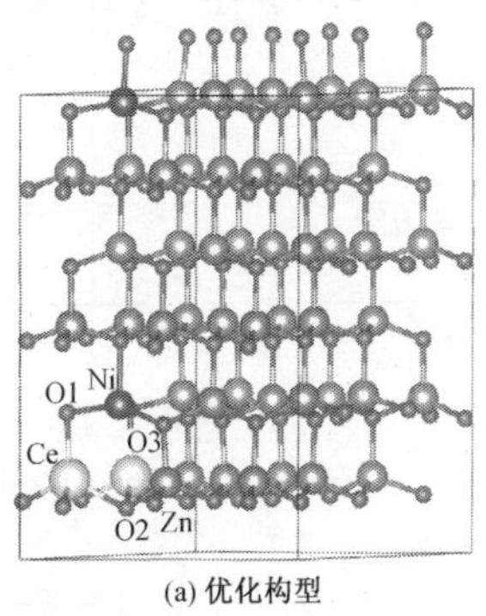

(a) 优化构型

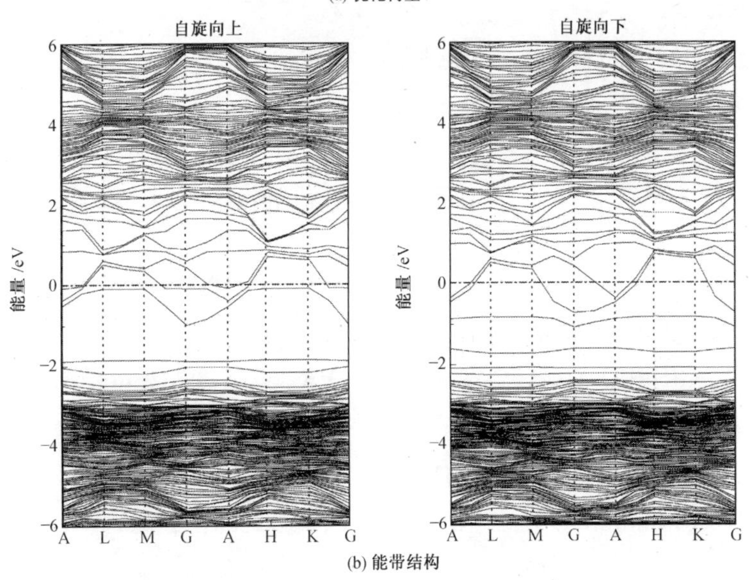

(b) 能带结构

图 6.22　FM CeNi－b 的优化构型、能带结构及态密度

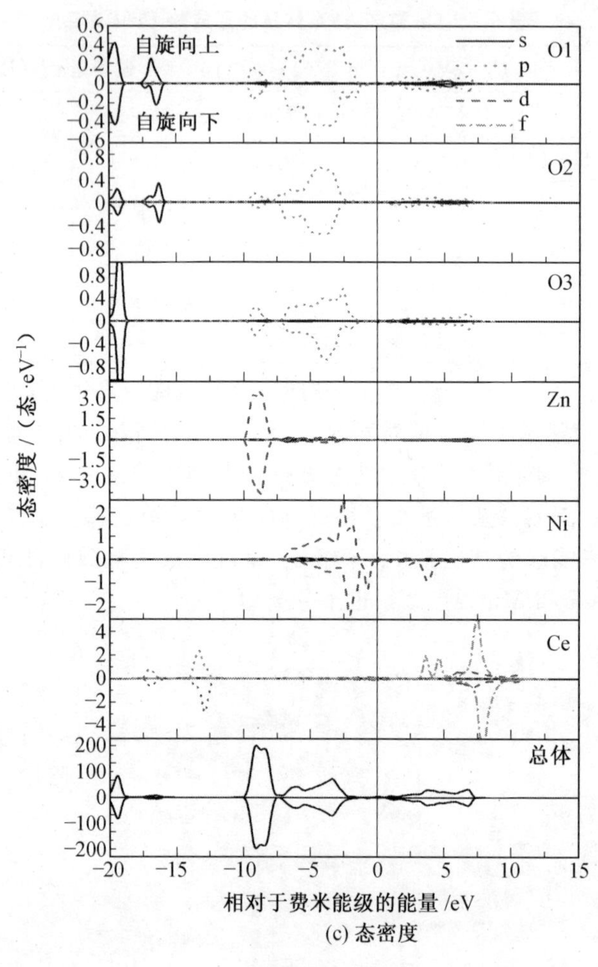

(c) 态密度

续图 6.22

综上所述，ZnO 的磁性可以通过两种元素共掺杂产生，一种掺杂元素提高稳定性，而另一种掺杂元素则导致自旋极化引起磁性。

本章参考文献

[1] FUJISHIMA A, HONDA K. Electrochemical photolysis of water at a semiconductor electrode[J]. Nature, 1972, 238:37-38.

[2] GONG D, GRIMES C A, VARGHESE O K, et al. Titanium oxide nanotube arrays prepared by anodic oxidation[J]. J. Mater. Res., 2001, 16:3331-3334.

[3] ASAHI R, MORIKAWA T, OHWAKI T, et al. Visible-light photocatalysis in nitrogen-doped titanium oxides[J]. Science, 2001, 293: 269-271.

[4] FINAZZI E, VALENTIN C D, PACCHIONI G, et al. Excess electron states in reduced bulk anatase TiO_2: Comparison of standard GGA, GGA+U, and hybrid DFT calculations[J]. J. Chem. Phys., 2008, 129: 154113.

[5] DAI J H, SONG Y. First principles calculations on the hydrogen atom passivation of TiO_2 nanotube[J]. RSC Adv., 2016, 6: 19190.

第7章　噻吩[2，3－b]苯并噻吩基衍生物的电子结构与电荷传输性质

7.1 引　言

近二十年，有机场效应晶体管（Organic Field Effect Transistors，OFET）在柔性显示、传感器、无线射频识别标签及电子纸等方面的应用引起了人们的广泛关注。作为OFETs的关键组成部分，有机半导体在获取高性能器件方面起着关键作用，并且由于其低成本和可剪裁性已经被企业和学术界广泛研究。至今为止，人们在开发高性能的新型有机半导体方面已经取得了显著的进步。其中，齐聚并苯，特别是并五苯，由于其优异的电荷传输性质，引起了人们广泛的研究兴趣。不幸的是，由于并五苯具有较高的 HOMO 能级和二聚的 Diels－Alder 型加合物的形成，导致并五苯在周围环境中很容易被氧化。因此，人们在寻找兼具较好的电荷传输性质和较高的环境稳定性的半导体方面做出了巨大的努力。

近来，噻吩类衍生物由于具有大的共轭结构，较好的环境稳定性和较强的分子间相互作用被人们认定为是可以克服这一挑战的潜在候选者，已有具有优异电学性能的几类噻吩衍生物被报道。对于 p 型半导体，2，6－二苯基－二噻吩[3，2－ b：2′，3′－ d]噻吩(DP－DTT)，2，6－二苯基－噻吩[3，2－ b]噻吩[2′，3′：4，5]－噻吩[2，3－ d]噻吩(DP－TTA)，二苯并[d，d′]噻吩[3，2－b；4，5－b′]二噻吩 (DBTDT) 和苯并[d，d]噻吩[3，2－b；4，5－b] 二噻吩 (BTDT) 的空穴迁移率分别高达 0.42 $cm^2 \cdot V^{-1} \cdot s^{-1}$，0.14 $cm^2 \cdot V^{-1} \cdot s^{-1}$，0.51 $cm^2 \cdot V^{-1} \cdot s^{-1}$和>0.1 $cm^2 \cdot V^{-1} \cdot s^{-1}$。Youn 报道了几种 BTDT 衍生物，其中，苯基 BTDT 的空穴迁移率高达 0.70 $cm^2 \cdot V^{-1} \cdot s^{-1}$。另外，一种 DBTDT 衍生物在室温和 80 ℃的空穴迁移率分别达到 2.5 $cm^2 \cdot V^{-1} \cdot s^{-1}$和 3.1 $cm^2 \cdot V^{-1} \cdot s^{-1}$。对于 n 型半导体，Chen 课题组开发了氟化苯基取代二噻吩[2,3－ b：3′，2′－d]噻吩(DFP－DTT)和氟化苯基端基取代杂化四噻吩基四噻吩并苯(DFP－TTA)，其电子迁移率分别为 0.07 $cm^2 \cdot V^{-1} \cdot s^{-1}$和 0.3 $cm^2 \cdot V^{-1} \cdot s^{-1}$。然而，开发同时具有优异电学性质和良好环境稳定性的新型杂化噻吩，并且充分理解该类材料的结构－性质关系仍然面临着挑战。

Chen 等人引入噻吩[3，2－b]苯并噻吩 (TBT) 基础材料和桥的概念。他们报道了基于 TBT 核心的四种半导体材料，并且在基于优化的 1，2－二(噻吩[3，2－b][1]苯并噻吩－2－)乙烯 (DTBTE)有机薄膜晶体管中获得优异的电学性能，其最高载流子迁移率为 0.50 $cm^2 \cdot V^{-1} \cdot s^{-1}$。TBT 结构有望同时具有良好的环境稳定性和优异的电荷传输性质。杂化 TBT 化合物的大 π 共轭体系也提供了有效的轨道重叠，并且在富硫的

TBT 基齐聚物中，分子堆叠方式和分子间多重 S…S，S…C 和 CH…π 相互作用导致该类材料在有机薄膜晶体管(Organic Thin Film Transistor，OTFT)应用中具有高的载流子迁移率。TBT 材料扩展的 π 共轭结构、大的带隙和良好的氧化还原稳定性在 OTFT 领域引起了广泛关注。Chen 等人引入一种简单的三元环杂化苯－噻吩分子，苯并噻吩[3，2－b]噻吩 (BTT)，并且发现其二聚体 BBTT 在底－栅/底－接触 OTFT 中其迁移率高达 0.22 $cm^2 \cdot V^{-1} \cdot s^{-1}$。最近，Chen 课题组开发了三种 BTT 衍生物，其中二苯基取代 Bp－BTT 和 BBTT 呈现优异的电学性能，其空穴迁移率分别为 0.34 $cm^2 \cdot V^{-1} \cdot s^{-1}$ 和 0.12 $cm^2 \cdot V^{-1} \cdot s^{-1}$(最大)；而萘取代衍生物 Np－BTT 的迁移率相对较低，为 0.055 $cm^2 \cdot V^{-1} \cdot s^{-1}$(最大)。Liu 等人将 BTT 作为末端取代基团，引入不同 π－桥间隔单元，合成了一系列对称有机半导体材料，基于苯基取代的 BTT(BTTB) 的 OFET 器件呈现优异的电学性能，其迁移率为 0.46 $cm^2 \cdot V^{-1} \cdot s^{-1}$；Mathis 课题组也研究了基于该类材料的电学性质，结果表明，对于生长在 Al_2O_3 基板上的 OFET 器件，其迁移率高达 1 $cm^2 \cdot V^{-1} \cdot s^{-1}$。

尽管 TBT 基齐聚物在实验中已经获得良好的电荷传输性质和环境稳定性，欠缺的是全面理解该类材料的结构－性质关系，从微观角度探索该类材料具有高载流子迁移率的微观机理。本工作基于 TBT 结构单元，通过引入不同的 π－桥间隔区(TBT 二聚体；乙烯基；苯基；四氟苯基)和不同取代基(苯基；双苯基；萘基；苯并噻吩)构建了八种有机半导体材料(其化学结构式如图 7.1 所示)，通过量子化学计算研究了该类材料的电子结构和电荷传输性质。在本章中计算了该类材料的电子结构、重组能、吸收光谱、前线分子轨道、离子势和电子亲和能，以建立分子结构与性质之间的关系，目的是在实验上设计合成同时具有优异电荷传输性质和良好环境稳定性的杂化噻吩基新型有机半导体材料。

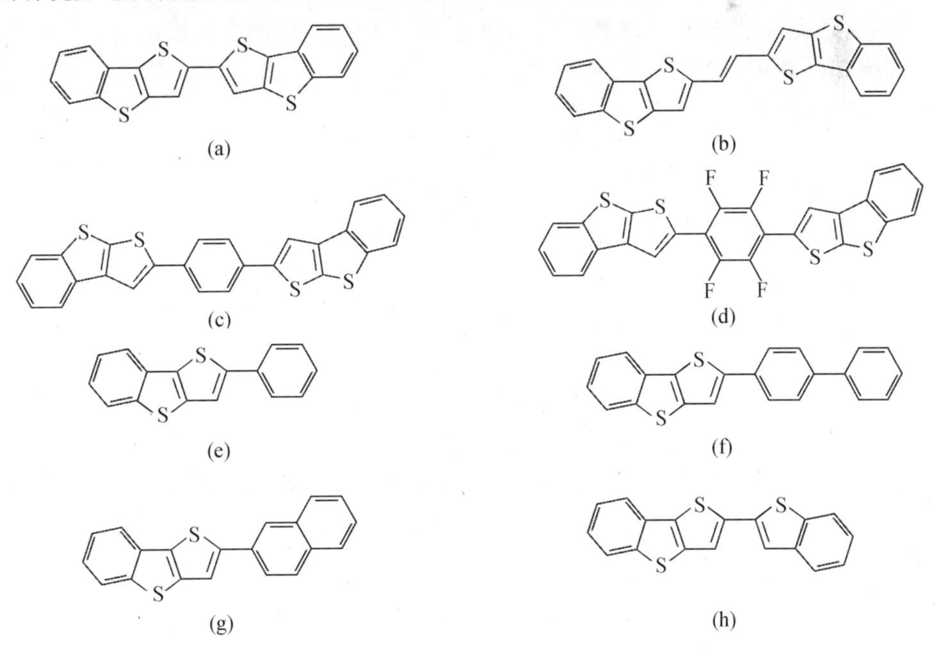

图 7.1 噻吩[2，3－b]苯并噻吩基衍生物的化学结构式

7.2 理论计算方法

本章中所有化合物在中性态和离子态的几何构型基于 B3LYP 泛函和 6－31G** 基组进行优化。前线分子轨道也基于 B3LYP/6－31G** 方法获得。相应的谐波振动频率基于同样的方法获得以验证计算结果的准确性。为了验证计算结果的可靠性，我们选取另外三种泛函(包括 B3PW91，M06－2X 和 PBE1PBE)，以验证前线分子轨道分布与基于 B3LYP 泛函得到的结果的异同。附录Ⅰ给出了化合物 1，2，4 和 6 的前线分子轨道(图 S2～S5)和 HOMO，LUMO 能量及能隙(表 S6)。计算结果表明基于这四种泛函得到的前线分子轨道分布类似，然而，与实验值相比，M06－2X 和 PBE1PBE 泛函高估了 HOMO，LUMO 能量及能隙。B3PW91 泛函得到的 HOMO，LUMO 能量数值与 B3LYP 泛函结果相近。然而，基于 B3LYP 泛函得到的能隙与 B3PW91 泛函相比，与实验值更为接近。因此，本章基于 B3LYP 泛函得到前线分子轨道。

TBT 衍生物在邻位二氯苯溶剂、氯仿溶剂及未添加溶剂中的电子激发能和吸收光谱基于含时密度泛函理论(TDDFT)选取 CAM－B3LYP/6－31＋＋G** 方法由极化连续模型(Polarizable Continuum Model，PCM)得到。半峰宽设置为 0.333 eV 以获得吸收带。

为了描述半导体材料的电荷传输性质，主要有两种广泛使用的模型：能带模型和跳跃模型。能带模型通常应用于低温下高度有序的有机晶体。Cheng 等人报道了当温度高于 150 K 时，简单的能带模型并不适用于描述有机晶体体系的电荷迁移率。高温下，热无序可能强烈地使电荷局域，这时跳跃模型可能变为主要机制。本书中，所有化合物均在室温下研究，因此，这里选取了跳跃模型来描述 TBT 衍生物的电荷传输过程。

在跳跃模型中，电荷仅能通过邻近分子 i 和 j 之间迁移。电荷跳跃速率可通过 Marcus 理论获得：

$$K=\frac{V_{i,j}^{2}}{\hbar}\left(\frac{\pi}{\lambda k_{\mathrm{B}}T}\right)^{\frac{1}{2}}\exp\left(-\frac{\lambda}{4k_{\mathrm{B}}T}\right) \tag{7.1}$$

式中，$V_{i,j}$为邻近分子 i 和 j 之间的传输积分；λ 为重组能；$\hbar$ 为普朗克常数；k_{B} 为 Boltzmann 常数；T 为室温，这里设置为 298 K。

由该公式可以看出，要想获得大的电荷传输速率，需要使重组能尽可能地小，传输积分尽可能地大。

重组能 λ 是决定电荷跳跃速率的关键参数之一。重组能通常包括外重组能和内重组能两部分。

来自媒介极化作用的外重组能通常可以被忽略掉，这是由于这一贡献通常非常小，在十分之几电子伏数量级上。因此我们这里仅考虑内重组能。内重组能可以通过绝热势能面方法得到：

$$\lambda^{\pm}=\lambda_{1}^{\pm}+\lambda_{2}^{\pm}=[E_{\pm}(Q_{N})-E_{\pm}(Q_{\pm})]+[E_{N}(Q_{\pm})-E_{N}(Q_{N})] \tag{7.2}$$

式中，$E_{\pm}(Q_{N})$ 和 $E_{\pm}(Q_{\pm})$ 分别为基于中性态和带电荷态几何构型下的电荷态的总能；$E_{N}(Q_{\pm})$ 和 $E_{N}(Q_{N})$ 分别为基于电荷态和中性态几何构型下的中性态的总能。

这里基于 B3LYP/6－31G** 方法获得重组能。离子势(IP) 和电子亲和能 (EA) 基于 6－31＋＋G**/6－31G** 基组获得。基于 B3LYP/6－31G** 和 B3LYP/6－31＋＋G** 基组优化所有分子中性态、阳离子态和阴离子态的几何构型。

传输积分描述了两个邻近分子之间的电子耦合强度,可通过直接法采用 Fock 算符得到:

$$V_{i,j} = \langle \varphi_1^0 | \hat{F}^0 | \varphi_2^0 \rangle \tag{7.3}$$

式中,φ_1^0 和 φ_2^0 代表了二聚体中分子 1 和分子 2 的非微扰的前线分子轨道; $\hat{F}^0$ 为特定路径中二聚体的 Fock 算符;上标 0 代表算符中的分子轨道是非微扰的。

Fock 矩阵可以通过公式 $\boldsymbol{F}=\boldsymbol{SC\varepsilon C}^{-1}$ 计算。其中,$\boldsymbol{S}$ 为分子间重叠矩阵,$\boldsymbol{C}$ 和 $\boldsymbol{\varepsilon}$ 分别为分子轨道系数和能量本征值。所有分子的传输积分基于 PW91PW91/6－31G** 方法获得。PW91PW91 泛函被证实在密度泛函理论水平上可以得到较好的结果。

载流子迁移率 μ 可以通过爱因斯坦关系式计算,与扩散系数 D 相关:

$$\mu = \frac{e}{k_B T} D, \quad D = \frac{1}{2n} \sum_i d^2 K_i P_i \tag{7.4}$$

式中,e 为电子电荷;n 为维度,$n=3$;d 为到邻近分子 i 的质心距离;K_i 为跳跃速率; P_i 为电荷迁移到第 i 个邻近分子的相对概率 ($P_i = K_i / \sum K_i$)。

所有计算均在 Gaussian 09 软件包中完成。

7.3 结果与讨论

7.3.1 电子结构与重组能

TBT 及其八种衍生物的基态几何构型基于 B3LYP/6－31G** 方法进行了优化,相应的优化结构如图 S1(附录Ⅰ)和图 7.2 所示,原子标号位于分子结构上。阳离子和阴离子几何构型可基于同样的方法优化得到。化合物 1, 2, 4 和 6 的主要键参数列于表 7.1; TBT 及化合物 3, 5, 7 和 8 的部分键参数列于表 S1～S5(附录Ⅰ),为做比较,实验结果也在此列出。可以看出 TBT 以及化合物 2 和 4 的优化构型基本呈平面结构,表明这三种分子具有大的 π 共轭平面,而其余化合物具有相对扭曲的几何构型。由表 7.1 还可得出,计算的所有化合物的键长和键角与实验 X 射线衍射得到的晶体结构数据符合得很好。

理论计算的键长与实验值之间的差值在 0.01～0.03 Å 范围内,而理论计算的键角与实验数据的差值在 0.5°～1.3°范围内。对于化合物 2,S1—C2 键长与实验数值相差 0.02 Å;计算的 C6—C2—C3 键角数值与实验值相差 1.3°。然而,计算得到的化合物 1,4 和 6 的二面角数值与实验结果相差较大。以化合物 4 为例,四氟苯基间隔区与 TBT 核心单元之间的二面角的实验数值为 167.6°,而计算结果为 176.2°。计算得到的几何构型相对实验结果变得更加平面。四氟苯基间隔区与 TBT 核心单元之间相对柔性的 C—C 键,导致固态晶体中相对气相结构中具有更大的二面角变化。然而,对于化合物 1 和 6,引入的 C2—C3 键和柔性的联苯环导致这两种分子在气相中相对固态具有更加扭曲的构型

(对于化合物 1,在气相和晶体中两个 TBT 单元之间的二面角分别为 159.1° 和 180.0°。而对于化合物 6,优化态和晶体态中苯环与 TBT 核心之间的二面角分别为 153.4° 和 172.7°,而两个引入的苯环之间的二面角分别为 142.9°和 176.7°)。由上文可以看出,对比 TBT 及八种衍生物的键参数变化,阳离子态构型相对中性态的变化比阴离子态构型相对中性态的变化更小,这表明空穴重组能可能比电子重组能小。

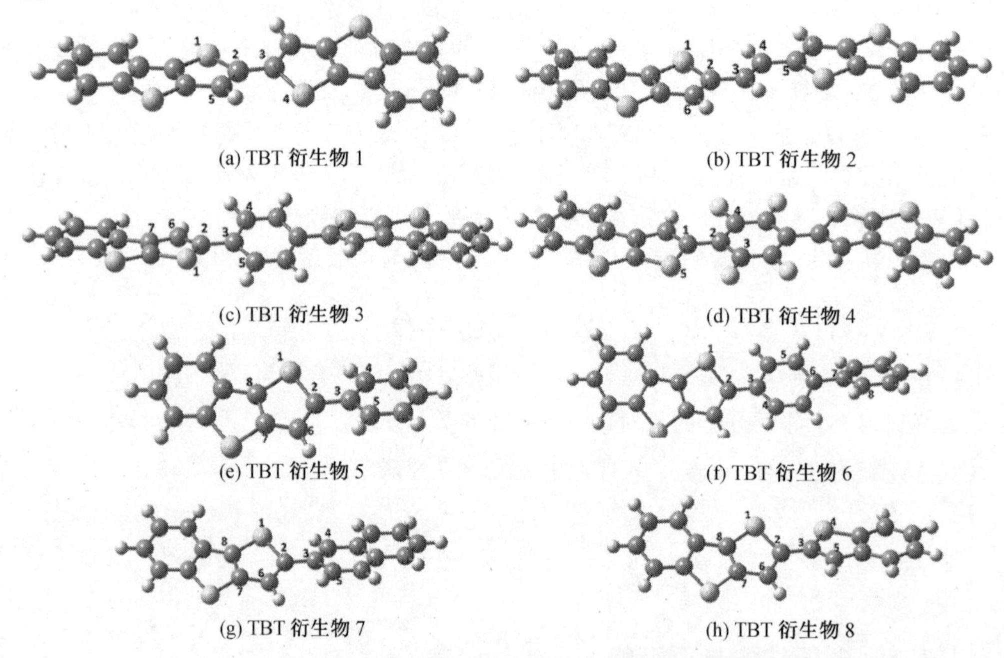

(a) TBT 衍生物 1　(b) TBT 衍生物 2　(c) TBT 衍生物 3　(d) TBT 衍生物 4　(e) TBT 衍生物 5　(f) TBT 衍生物 6　(g) TBT 衍生物 7　(h) TBT 衍生物 8

图 7.2　优化的 TBT 衍生物 1～8 的基态几何结构
(原子标号位于分子结构上)

表 7.1　优化的化合物 1，2，4 和 6 在中性态和离子态的主要键参数及实验数据

化合物	键参数	中性态	实验值	阳离子	阴离子
1	键长 R(S1—C2)/Å	1.77	1.74	1.78	1.80
	键长 R(C2—C3)/Å	1.45	1.45	1.41	1.41
	键角 θ(S1—C2—C5)/(°)	111.5	112.3	111.5	110.2
	二面角 θ(S1—C2—C3—S4)/(°)	159.1	180.0	180.0	180.0
2	键长 R(S1—C2)/Å	1.77	1.75	1.78	1.80
	键长 R(C2—C3)/Å	1.44	1.45	1.41	1.41
	键角 θ(C6—C2—C3)/(°)	125.9	127.2	125.2	127.6
	二面角 θ(C2—C3—C4—C5)/(°)	180.0	180.0	180.0	180.0
4	键长 R(C1—C2)/Å	1.46	1.47	1.44	1.43
	键长 R(C1—S5)/Å	1.79	1.76	1.79	1.81
	键角 θ(C1—C2—C3)/(°)	123.7	124.3	123.4	125.0
	二面角 θ(S5—C1—C2—C4)/(°)	176.2	167.6	179.9	179.8

续表 7.1

化合物	键参数	中性态	实验值	阳离子	阴离子
6	键长 R(S1—C2)/Å	1.77	1.75	1.78	1.80
	键长 R(C2—C3)/Å	1.47	1.47	1.43	1.42
	键角 θ(C2—C3—C4)/(°)	120.5	121.0	120.9	121.8
	键角 θ(C5—C6—C7)/(°)	121.2	121.8	121.4	122.4
	二面角 θ(S1—C2—C3—C4)/(°)	153.4	172.7	179.6	178.1
	二面角 θ(C5—C6—C7—C8)/(°)	142.9	176.7	153.0	158.2

计算的 TBT 及其八种衍生物的重组能如图 7.3 所示。所有分子的空穴重组能在 0.221 eV到 0.332 eV 范围,电子重组能在 0.250 eV 到 0.403 eV 范围。当向 TBT 引入不同的 π—桥间隔区时,化合物 1 的空穴重组能相对 TBT 增加到 0.290 eV,而电子重组能降低到 0.317 eV。对于化合物 2,引入的乙烯基使得空穴重组能相对 TBT 增加了大约 0.01 eV,而电子重组能降低了大约 0.05 eV。对于化合物 3,苯基间隔区的引入使得空穴和电子重组能相对 TBT 均有所增加。然而,当向苯环引入氟原子,化合物 4 具有最小的空穴(0.221 eV)和电子重组能(0.250 eV),表明该化合物可能具有高的载流子迁移率。向 TBT 引入不同的取代基使得空穴和电子重组能均增加。对于化合物 6,空穴和电子重组能分别为 0.303 eV 和 0.403 eV,表明该分子可能具有较低的空穴和电子迁移率。还可以发现,所有分子的空穴重组能均小于电子重组能,表明从重组能角度看,所有分子均有利于空穴传输。化合物 1～8 的空穴重组能按如下顺序递增:0.221 eV (化合物 4) < 0.265 eV (化合物 2) < 0.267 eV (化合物 7) < 0.290 eV (化合物 1) < 0.298 eV (化合物 5) < 0.303 eV (化合物 6) < 0.332 eV (化合物 3 和 8),表明化合物 4, 2, 7 和 1 相对化合物 5, 6, 3 和 8 更有利于空穴传输。计算结果表明不同的 π—桥间隔区和不同的取代基导致化合物不同的重组能,表明该类分子具有不同的电荷传输性质。

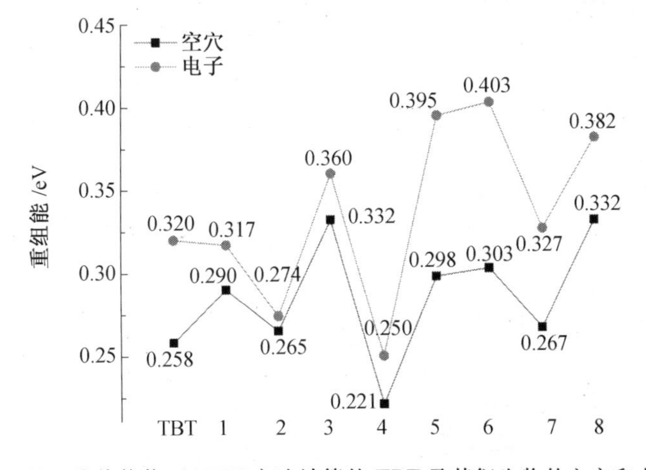

图 7.3 基于绝热势能面(PES)方法计算的 TBT 及其衍生物的空穴和电子重组能

7.3.2 紫外可见吸收光谱

TBT及其八种衍生物的紫外可见吸收光谱如图7.4所示。所有衍生物的吸收光谱峰值相对母体分子TBT均红移。引入不同的π—桥间隔区和取代基对吸收光谱影响很大。引入苯基(化合物3，λ_{abs}=340 nm)和四氟苯基(化合物4，λ_{abs}=361 nm) π—桥间隔区导致吸收光谱相对化合物1 (λ_{abs}=376 nm)发生蓝移，而化合物2(引入乙烯基)相对化合物1，吸收光谱峰红移。当向TBT核心引入不同的取代基，最大吸收波长按照如下顺序红移：5 (319 nm) < 6 (333 nm) ～7 (334 nm) < 8 (345 nm)。计算的TBT及八种衍生物在邻位—二氯苯溶剂(化合物2，3和4为氯仿溶剂)中的紫外可见吸收光谱最大吸收峰(λ_{abs})，激发能(ΔE)，振子强度(f)和轨道主要贡献列于表7.2。文献中的实验数值也在此列于括号中。为与实验值做比较，计算过程中采用与实验中相同的溶剂进行计算。结果表明，计算的八种衍生物的λ_{abs}与实验结果吻合得很好。所有化合物的电子激发过程主要是HOMO轨道到LUMO轨道的跃迁，该跃迁过程具有最显著的振子强度。

表7.2 计算的TBT和化合物1～8在邻二氯苯溶剂(对于化合物2，3和4，在氯仿溶剂中计算)中的紫外可见光谱吸收峰(λ_{abs})、激发能(ΔE)、振子强度(f)及其主要贡献

化合物	λ_{abs}/nm	ΔE/eV	f	主要贡献
TBT	276	4.50	0.382	HOMO→LUMO(94%)
1	376(388)	3.30	1.351	HOMO→LUMO(95%)
2	416(432，408)	2.98	1.763	HOMO→LUMO(95%)
3	340(382，362；365)	3.65	1.544	HOMO→LUMO(90%)
4	361(371)	3.43	1.856	HOMO→LUMO(91%)
5	319(330)	3.89	0.939	HOMO→LUMO(95%)
6	333(352)	3.72	1.392	HOMO→LUMO(93%)
7	334(352)	3.71	1.062	HOMO→LUMO(93%)
8	345(366)	3.60	1.257	HOMO→LUMO(95%)

注：括号内数值为实验结果。

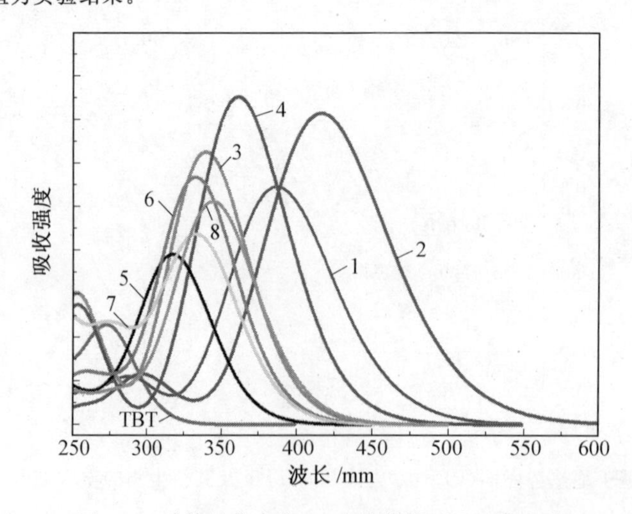

图7.4 计算的化合物1～8的紫外可见吸收光谱

7.3.3 前线分子轨道、离子势和电子亲和能

前线分子轨道是决定电荷传输性质的关键参数之一，与得失电子密切相关。基于B3LYP/6－31G** 基组获得的 TBT 及八种衍生物的 HOMO 和 LUMO 轨道波函数列于图 7.5。为做比较，并五苯(Pen)、二萘并[2，3－b:2′，3′－f]噻吩并[3，2－b]噻吩(DNTT)和 2，7－二苯基[1]苯并噻吩并[3，2－b][1]苯并噻吩 (DPh－BTBT)的前线分子轨道也在此给出(研究证明 DPh－BTBT 和 DNTT 同时具有高的载流子迁移率和良好的环境稳定性)。为做比较，化合物 1～8 的阳离子和阴离子态的单占据分子轨道(Singly Occupied Molecular Orbital，SOMO)基于同样的方法在图 S6(附录Ⅰ)中给出，可以看出 HOMO，LUMO 轨道分布与 SOMOs 并没有明显不同。由图 7.5 可以看出，所有化合物的 HOMO 和 LUMO 分子轨道密度主要分布在整个分子骨架上。对于TBT，化合物 1 和 2，HOMO 和 LUMO 轨道主要分布在整个分子上。然而，当向 TBT 引入苯环，化合物 3 的 HOMO 轨道离域在整个分子上，而 LUMO 轨道分布在苯环间隔区和相邻的噻吩环上。由于四氟苯基的吸电子效应，化合物 4 的 LUMO 轨道也集中分布在引入的四氟苯基间隔区和邻近的噻吩环上。当向 TBT 引入不同的取代基，化合物 5～8 的 HOMO 和 LUMO 轨道均分布在整个分子上，还可以得出所有八种化合物的 HOMO 能级相对母体分子 TBT 升高，LUMO 能级降低。

TBT，Pen，DNTT，DPh－BTBT 及八种衍生物的 HOMO－LUMO 能量、能隙(E_{gap})及垂直与绝热离子势和电子亲和能列于表 7.3。HOMO－LUMO 能量和能隙基于 B3LYP/6－31G** 方法得到。为做比较，实验结果也在此列出。值得注意的是，与并五苯(HOMO 能量大约为 5.0 eV；HOMO－LUMO 能隙为 1.70～2.09 eV)相比，所有TBT 衍生物具有更低的 HOMO 能量(＜－5.11 eV)和显著增大的 HOMO－LUMO 能隙 (＞ 3.01 eV)，表明 TBT 衍生物不容易被氧化，与并五苯相比，TBT 衍生物可能具有良好的环境稳定性。与 DNTT 和 DPh－BTBT 相比，化合物 1～3(化合物 4～8)的 HOMO 能级与 DNTT (DPh－BTBT)类似，而化合物 1 和 4(化合物 3，5～8)的 HOMO－LUMO 能隙也与 DNTT (DPh－BTBT)可比。此外，TBT 衍生物的 HOMO 能级与金电极的功函数(－5.2 eV)符合得很好，因此空穴可以较容易地由金源电极注入有机半导体层。

分子离子势(IP)和电子亲和能(EA)为描述电荷注入能力的关键参数，与有机器件性能和氧化还原稳定性密切相关。IP 和 EA 基于 B3LYP/6－31G** 和 B3LYP/6－31＋＋G** 方法估算。垂直和绝热数值有较小不同，表明电荷注入过程的结构弛豫较小。EA为负值表明分子的还原为放热过程，可以看出所有衍生物的 IP 相对 TBT 来说均有所降低。不同取代衍生物 5～8 相对不同 π－桥间隔区取代分子 1～4 具有更高的 IP。所有衍生物的 IP 变化趋势为 6.95 eV(化合物 5)＞6.77 eV(化合物 8)＞6.73 eV(化合物 7)＞6.69 eV(化合物 6)＞6.55 eV(化合物 1 和 4)＞6.40 eV(化合物 3)＞6.30 eV(化合物 2)。然而，所有 TBT 衍生物的 IP 均比并五苯的 IP(5.94 eV)高，表明这些化合物在实际应用中相对并五苯更具有抗氧化性。TBT 的垂直 EA 为 0.64 eV，表明从环境中获取一个电子为吸热过程，最终导致 TBT 金属电极的电子注入能力较差。而所有衍生物的 EA(均

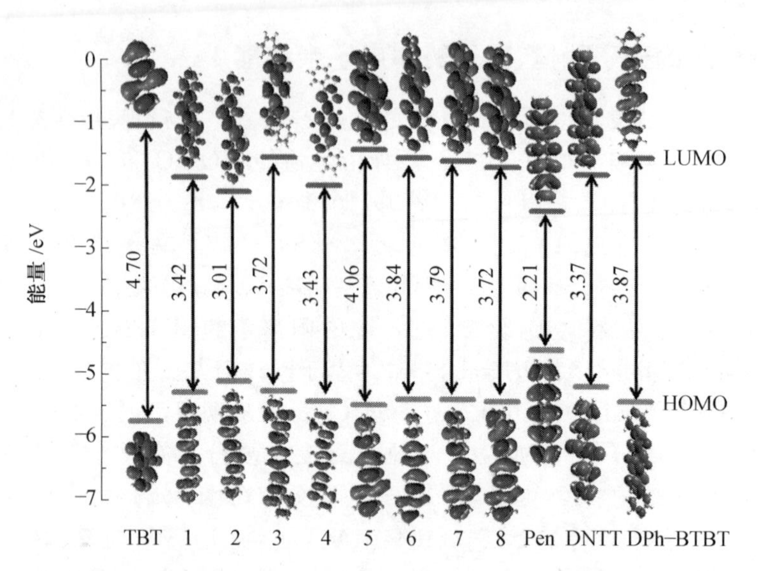

图 7.5 基于 B3LYP/6－31G** 方法计算的 TBT 及其衍生物的前线分子轨道与能级

为负值)相对 TBT 的 EA 来说更低,而比并五苯的 EA(－1.07 eV)高,表明八种衍生物比 TBT 更有利于电子注入。尽管从 EA 角度考虑,并五苯的电子传输能力相对 TBT 及八种衍生物来说更好,然而并五苯较高的 HOMO 能级和较窄的带隙导致其环境稳定性较差。所有衍生物中,化合物 2 的 EA 相对其他化合物最低,表明化合物 2 更容易从金属电极获得电子。

表 7.3 基于 B3LYP/6－31G 方法计算的所有分子的 HOMO－LUMO 能量、能隙及垂直与绝热离子势(IP)和电子亲和能(EA)[a]**

化合物	E_{HOMO}/eV	E_{LUMO}/eV	E_{gap}/eV	IP/eV		EA/eV	
				垂直	绝热	垂直	绝热
Pen	−4.61(−5.02[b])	−2.40(−2.93[b])	2.21(2.09[b])	5.94(6.17[c])	5.90(6.12[c])	−1.07(−1.43[c])	−1.14(−1.49[c])
DNTT	−5.19(−5.19[d])	−1.82(−1.81[d])	3.37(3.38[d])	6.48(6.68)	6.42(6.62)	−0.56(−0.91)	−0.66(−1.00)
DPh−BTBT	−5.42(−5.41[e])	−1.55(−1.52[e])	3.87(3.89[e])	6.65(6.87)	6.53(6.74)	−0.35(−0.69)	−0.52(−0.86)
TBT	−5.75	−1.05	4.70	7.49(7.67)	7.36(7.55)	0.64(0.18)	0.48(0.04)
1	−5.29(−5.46[f])	−1.87(−2.31[f])	3.42(3.15[f])	6.55(6.76)	6.39(6.59)	−0.61(−0.94)	−0.79(−1.12)
2	−5.11(−5.53[g])	−2.10(−2.81[g])	3.01(2.72[g])	6.30(6.50)	6.17(6.37)	−0.91(−1.23)	−1.04(−1.37)
3	−5.27(−5.56[g])	−1.55(−2.68[g])	3.72(2.88[g])	6.40(6.92)	6.22(6.75)	−0.32(−0.66)	−0.53(−0.89)
4	−5.43(−5.34[h])	−2.00(−2.31[h])	3.43(3.03[h])	6.55(6.81)	6.44(6.70)	−0.77(−1.16)	−0.90(−1.29)
5	−5.49	−1.43	4.06(3.56[i])	6.95(7.15)	6.79(7.00)	−0.002(−0.40)	−0.23(−0.63)
6	−5.40(−5.53[f])	−1.56(−2.09[f])	3.84(3.44[f])	6.69(6.92)	6.53(6.75)	−0.29(−0.66)	−0.52(−0.89)
7	−5.40(−5.52[f])	−1.61(−2.11[f])	3.79(3.41[f])	6.73(6.94)	6.59(6.80)	−0.30(−0.67)	−0.48(−0.85)
8	−5.43	−1.71	3.72(3.39[i])	6.77(6.98)	6.57(6.78)	−0.37(−0.71)	−0.60(−0.94)

注:a—所有计算采用 B3LYP/6－31G** 和 6－31＋＋G**(括号内数值)方法;b～i—来自参考文献。

7.3.4 晶体堆叠与传输积分

传输积分代表着邻近分子之间的轨道耦合，是决定载流子迁移率的关键参数之一。为了确定电荷传输路径，利用分子的晶体结构产生所有可能的分子间跳跃路径。选取其中一个分子作为电荷给体，所有最邻近的分子作为电荷受体。化合物 1,2,4 和 6 的晶体结构和电荷跳跃路径如图 7.6 所示。对于化合物 1,2 和 4 分别有 16 种电荷跳跃路径，而化合物 6 有 14 种电荷跳跃路径。由图 7.6 左边可以看出化合物 1 和 4 的最邻近二聚体为沿 a 轴的 π 堆叠方式，而在化合物 2 和 6 中，最邻近二聚体采取人字形堆叠方式。在图右边的 ac 平面中，化合物 1,2 和 6 分别有八种分子与中心分子以边对边方式发生相互作用。然而，对于化合物 4，只有四个分子与中心分子发生相互作用，其中两个分子为 π 堆叠，而其余两种为边对边堆叠模式。化合物 1,2,4 和 6 的最邻近分子间质心距离(通过软件测量得到)和计算的空穴及电子传输积分见表 7.4。所有传输路径的最邻近分子间质心距离如图 S7～S10(附录Ⅰ)所示。

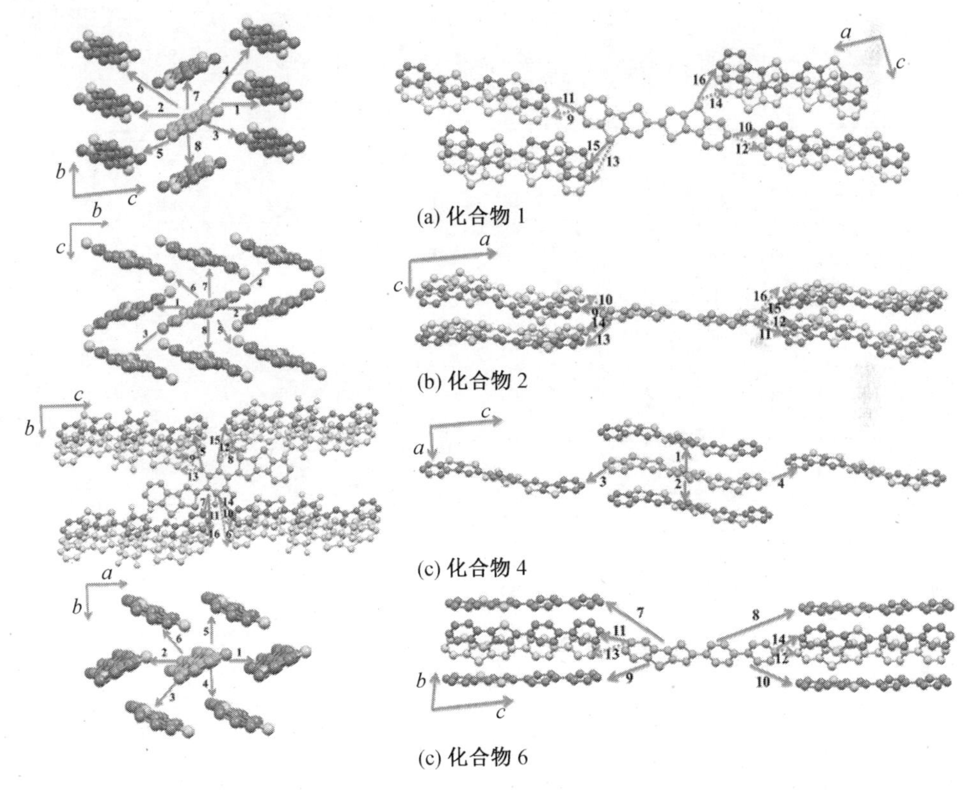

(a) 化合物 1

(b) 化合物 2

(c) 化合物 4

(c) 化合物 6

图 7.6 化合物 1,2,4,6 的晶体结构和电荷跳跃路径

(为清晰起见，本图省略了 H 原子)

表 7.4 化合物 1, 2, 4,6 的空穴(V_{hole})和电子($V_{electron}$)传输积分

化合物	路径	距离/Å	V_{hole}/meV	$V_{electron}$/meV
1	1，2	3.97	122.6	38.5
	3，4	9.58	0.03	0.1
	5，6，7，8	7.77	1.2	5.4
	9，10，11，12	18.38	1.1	1.0
	13，14	14.13	7.5	4.3
	15，16	14.68	0.1	0.3
2	1，2	5.83	10.4	20.2
	3，4，5，6	7.03	0.4	11.9
	7，8	3.94	23.3	15.3
	9，10，11，12	19.42	0.8	0.3
	13，16	19.28	3.8	3.7
	14，15	19.28	4.5×10^{-4}	5.0×10^{-4}
4	1，2	3.82	65.4	12.1
	3，4	21.43	0.2	0.04
	5，6，7，8	12.51	0.01	0.02
	9，10，11，12	12.39	4.5	1.2
	13，14，15，16	13.40	1.5	2.3
6	1，2	5.90	3.16	17.9
	3	4.79	18.6	11.1
	4	4.76	4.1	3.2
	5	4.78	1.8	4.7
	6	4.81	2.7	7.2
	7，8	18.42	0.2	0.2
	9，10	18.01	3.3	2.7
	11	17.62	0.1	0.1
	12	17.49	1.6	0.2
	13	18.63	1.5	1.3
	14	18.52	1.5	0.6

计算结果表明，当引入不同的 π－桥间隔区和不同取代基，四种 TBT 基衍生物的传输积分显著不同。对于化合物 1，最有效的传输路径 1 和 2 因为采取紧密的 π 堆叠方式，

具有较高的空穴和电子传输积分(分别为 122.6 meV 和 38.5 meV),而空穴传输积分比电子传输积分高 3 倍,表明化合物 1 可能有利于空穴传输。当向 TBT 二聚体引入乙烯基和四氟苯基间隔区时,传输积分出现不同程度的下降。对于化合物 2,引入的乙烯基间隔区将晶体堆叠模式变为人字形堆叠(图 7.6),并且传输路径 1~8 均具有显著的传输积分。路径 7 和 8 具有最近的分子间质心距离(3.94 Å),空穴传输积分(23.3 meV)比电子传输积分(15.3 meV)高 8 meV。路径 1 和 2 也具有较近的分子间质心距离(5.83 Å),与路径 7 和 8 相反,电子传输积分比空穴约高 10 meV。对于路径 3~6,电子传输积分比空穴约高 30 倍。因此对传输积分数值进行分析,化合物 2 可能具有平衡的传输性质。对于化合物 4,最有效传输路径 1 和 2 的分子间质心距离为 3.82 Å,空穴传输积分(65.4 meV)比电子传输积分(12.1 meV)更高,表明化合物 4 可能被用作 p 型半导体材料。化合物 6 的传输积分与其他化合物相比较低,可能导致其较低的迁移率。对于路径 3,空穴传输积分和电子传输积分分别为 18.6 meV 和 11.1 meV。路径 1 和 2 也具有相对高的传输积分。电子传输积分(17.9 meV)比空穴传输积分(3.16 meV)高 14.7 meV。值得注意的是,路径 4~6 的分子间质心距离(分别为 4.76 Å, 4.78 Å 和 4.81 Å)与路径 3 的分子间质心距离(4.79 Å)非常接近,然而路径 4~6 的传输积分比路径 3 的传输积分低得多。众所周知,较近的分子间距离应该具有较高的传输积分。因此我们有必要探索一下路径 4~6 的传输积分比路径 3 的传输积分低得多的原因。化合物 6 中路径 1~6 的晶体堆叠、分子间相互作用以及 HOMO 和 LUMO 如图 7.7 所示。这六个二聚体中,路径 1 和 2 的分子间质心距离(5.90 Å)比其他路径大,但却具有相对高的空穴和电子传输积分。由图 7.7 可以看出,二聚体 1 和 2 显示 π 堆叠模式,因此两个单体之间具有较大的重叠,HOMO 和 LUMO 轨道离域在整个分子上。然而,二聚体 3~6 均显示人字形堆叠模式,并且四种二聚体单体之间的二面角均为 53.84°。

对于二聚体 3,HOMO 相对 LUMO 更加离域,导致空穴比电子传输积分高。还可以看出,路径 3 中苯环与 TBT 核之间最近的 C…H 距离为 2.75 Å。然而,路径 4 中的最邻近 C…H 距离比路径 3 的相应距离更大,分别为 2.87 Å 和 2.79 Å。对于路径 5 和 6,最邻近 C…H 距离比路径 3 和 4 的相应距离大,分别为 2.95 Å 和 3.02 Å。另一方面,路径 3~6 的最邻近S…噻吩环距离相对最邻近 C…H 距离均较大。对于路径 5 和 6,最邻近 S…噻吩环距离分别为 3.16 Å 和 3.19 Å。而对于路径 3 和 4,这一数值增加至 3.50 Å。因此 C…H 相互作用可能成为主要影响因素,具有较小分子间质心距离的路径 3 相对路径 4~6 具有相对强的分子间相互作用。此外,由图 7.7 还可以看出二聚体 4~6 的 HOMO和 LUMO 的有效重叠比二聚体 3 的相应重叠小。较小的传输积分表明化合物 6 与其他分子相比可能具有较低的载流子迁移率。

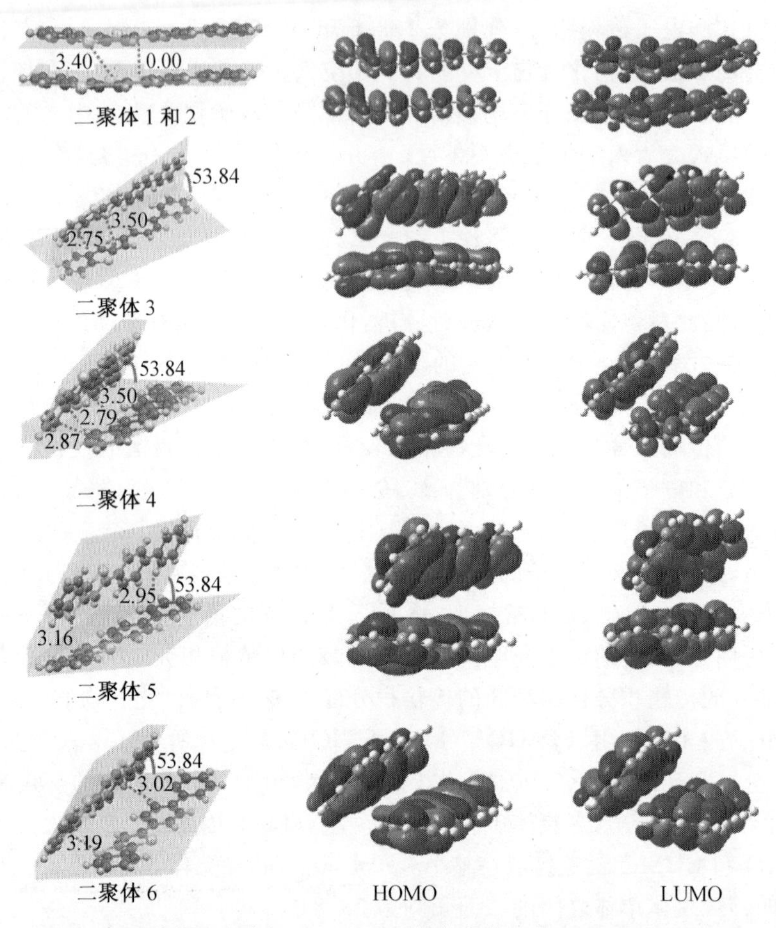

图 7.7　化合物 6 中路径 1～6 的分子间相互作用与 HOMO 和 LUMO

7.3.5　载流子迁移率与分子间相互作用

结合化合物 1，2，4 和 6 的重组能与传输积分，将基于式(7.4)得到的空穴和电子迁移率列于表 7.5，为做比较，这里也给出了实验数值。计算得到的载流子迁移率与实验结果吻合得很好，表明计算方法很可靠。由表 7.5 可以看出这四种化合物均具有相对高的载流子迁移率。对于化合物 1，空穴迁移率为 0.28 $cm^2 \cdot V^{-1} \cdot s^{-1}$，与实验结果为同一数量级(0.12 $cm^2 \cdot V^{-1} \cdot s^{-1}$)。而电子迁移率为 0.02 $cm^2 \cdot V^{-1} \cdot s^{-1}$，比空穴迁移率低 14 倍，表明化合物 1 可能被用作 p 型半导体材料。对于化合物 1，空穴重组能比电子重组能低，而空穴传输积分相对电子更高。紧密的分子间 π—π 堆叠导致化合物 1 具有较高的空穴迁移率和电子迁移率。当向 TBT 二聚体引入乙烯基和四氟苯基间隔区时，化合物 2 和 4 也具有较好的电荷传输性质。化合物 2 的空穴迁移率和电子迁移率较为平衡，分别为 0.012 $cm^2 \cdot V^{-1} \cdot s^{-1}$和 0.013 $cm^2 \cdot V^{-1} \cdot s^{-1}$。计算得到的迁移率数值比实验结果(0.12～0.50 $cm^2 \cdot V^{-1} \cdot s^{-1}$)低一个数量级，这是由于实验中测量的载流子迁移率对实验条件非常敏感。化合物 4 具有比电子(3.9×10^{-3} $cm^2 \cdot V^{-1} \cdot s^{-1}$)更高的空穴迁移率(0.17 $cm^2 \cdot V^{-1} \cdot s^{-1}$)，表明它可用作 p 型半导体材料。当向 TBT 核引入联苯取代基时，化合物 6 的载流子迁移率相对其他分子降低，空穴迁移率和电子迁移率与实验数据吻合得较好，分别为 7.01×10^{-3} $cm^2\cdot V^{-1}\cdot s^{-1}$ 和 3.00×10^{-3} $cm^2\cdot V^{-1}\cdot s^{-1}$。由于分子间晶体堆叠的有效重叠较少，因此化合物 6 的传输积分相对较低。

由计算结果可以看出，当向 TBT 核引入不同的取代基，传输积分显著不同，导致显著不同的载流子迁移率。探明如何设计同时具有高载流子迁移率和良好环境稳定性的新型半导体材料以增强器件性能是有意义的。为了获得高的载流子迁移率，重组能需要尽可能地小，传输积分需要尽可能地大。具有较好的 π 共轭结构的平面分子构型在分子得失电子过程中会有较小的构型弛豫，因此其重组能较小。另一方面，晶体堆叠方式与分子间相互作用将会影响传输积分。由表 7.4 可以看出，当引入不同的 π－桥间隔区和取代基之后，由于晶体堆叠方式显著不同，传输积分有明显差异。化合物 1 在这四种化合物中具有最高的传输积分，获得了最高的载流子迁移率。尽管化合物 1 中最有效传输路径不存在分子间相互作用，较强的分子间面对面 π－π 堆叠模式增强了电子耦合，对于化合物 4，最有效传输路径也采取 π－π 堆叠模式，然而，分子间 π－轨道仅有部分重叠，相对化合物 1 来说电子耦合降低。因此这两种化合物均具有较高的空穴迁移率。但是，化合物 2 和 6 的最有效传输路径为人字形堆叠（图 7.6），其他路径为头－尾堆叠方式——尽管这种晶体堆叠模式可能会减少分子间 π－轨道重叠，广泛存在的氢键相互作用和 S…S 相互作用导致化合物 2 和 6 具有相对较大的载流子迁移率。还可以注意到这两种分子均具有平衡的电荷传输性质。简言之，刚性的 π－共轭分子结构、紧密的晶体堆叠和分子间相互作用都将影响电荷传输性质。本章旨在为实验上开发同时具有高电荷迁移率和环境稳定性的新型有机半导体材料提供理论指导。

表 7.5 计算的化合物 1，2，4 和 6 的空穴和电子迁移率 $cm^2\cdot V^{-1}\cdot s^{-1}$

化合物	空穴迁移率	电子迁移率	实验值
1	0.28	0.02	0.12
2	0.012	0.013	0.12～0.50
4	0.17	3.9×10^{-3}	0.012；10^{-5}～0.1
6	7.01×10^{-3}	3.00×10^{-3}	0.009～0.34

7.4 本章小结

本章基于密度泛函理论研究了噻吩[2，3－b]苯并噻吩（TBT）及其八种衍生物的电子结构与电荷传输性质。本章对分子几何构型进行了优化，计算了分子重组能、吸收光谱、前线分子轨道、离子势和电子亲和能，以阐明分子结构与性质之间的关系。TBT 衍生物较宽的带隙、低的 HOMO 能级及高的离子势表明该类材料具有良好的氧化还原稳定性。向 TBT 引入不同 π－桥间隔区（TBT 二聚体；乙烯基；苯基；四氟苯基）和不同取代基（苯基；双苯基；萘基；苯并噻吩）导致化合物 1～8 具有显著不同的电荷传输性质。基于 Marcus 电荷转移理论预测了化合物 1，2，4 和 6 的晶体堆叠相互作用、传输积分和载流子迁移率。这四种化合物均具有良好的电荷传输性质。其中，化合物1和4由于具有较小的重组能和较高的传输积分，因此具有较高的载流子迁移率。其空穴迁移率分别为0.28 $cm^2 \cdot V^{-1} \cdot s^{-1}$和0.17 $cm^2 \cdot V^{-1} \cdot s^{-1}$，表明它们可用作p型半导体材料。而化合物2和6具有平衡的电荷传输性质。得到的结果将为开发同时具有良好的电荷传输性质和环境稳定性的杂化噻吩类高性能有机半导体材料提供理论指导。

本章参考文献

[1] KNOPFMACHER O, HAMMOCK M L, APPLETONA L, et al. Highly stable organic polymer field-effect transistor sensor for selective detection in the marine environment[J]. Nat. Commun., 2014, 5: 2954.

[2] DIEMER P J, LYLE C R, MEI Yaochuan, et al. Vibration-assisted crystallization improves organic/dielectric interface in organic thin-filmtransistors[J]. Adv. Mater., 2013, 25:6956-6962.

[3] ANTHONY J E. Functionalized acenes and heteroacenes for organicelectronics[J]. Chem. Rev., 2006, 106:5028-5048.

[4] KIM C, FACCHETTI A, MARKS T J. Polymer gate dielectric surface viscoelasticity modulates pentacene transistor performance[J]. Science, 2007, 318:76-80.

[5] OSAKA I, ABE T, SHINAMURA S, et al. High-mobility semiconducting naphthodithiophenecopolymers[J]. J. Am. Chem. Soc., 2010, 132:5000-5001.

[6] RONCALI J, LERICHE P, BLANCHARD P. Molecular materials for organic photovoltaics: small isbeautiful[J]. Adv. Mater., 2014, 26:3821-3838.

[7] GUNDLACH D J, ROYER J E, PARK S K, et al. Contact-induced crystallinity for high-performance soluble acene-based transistors and circuits[J]. Nat. Mater., 2008, 7:216-221.

[8] ITO K, SUZUKI T, SAKAMOTO Y, et al. Oligo(2,6-anthrylene)s: acene-oligomer approach for organic field-effect transistors [J]. Angew. Chem. Int. Ed., 2003, 42:1159-1162.

[9] GRIFFITH O L, ANTHONY J E, JONES A G, et al. Substituent effects on the electronic characteristics of pentacene derivatives for organic electronic devices: dioxolane-substituted pentacene derivatives with triisopropylsilylethynyl functionalgroups[J]. J. Am. Chem. Soc., 2012, 134:14185-14194.

[10] KIM C, HUANG P Y, HUANG J W, et al. Novel soluble pentacene and anthradithiophene derivatives for organic thin-film transistors [J]. Org. Electron., 2010, 11:1363-1375.

[11] LI Y N, WU Y L, LIU P, et al. Stable solution-processed high-mobility substituted pentacene semiconductors[J]. Chem. Mater., 2007, 19:418-423.

[12] MENG Hong, BENDIKOV M, MITCHELL G, et al. Tetramethylpentacene: Re-

markable absence of steric effect on field effectmobility[J]. Adv. Mater., 2003, 15:1090-1093.

[13] ANTHONY J E, BROOKS J S, EATON D L, et al. Functionalized pentacene: improved electronic properties from control of solid-stateorder[J]. J. Am. Chem. Soc., 2001, 123:9482-9483.

[14] YAMADA H, YAMASHITA Y, KIKUCHI M, et al. Photochemical synthesis of pentacene and its derivatives[J]. Chem. Eur. J., 2005, 11: 6212-6220.

[15] MALIAKAL A, RAGHAVACHARI K, KATZ H, et al. Photochemical stability of pentacene and a substituted pentacene in solution and in thin films[J]. Chem. Mater., 2004, 16:4980-4986.

[16] COPPO P and YEATES S G. Shining light on a pentacene derivative: the role of photoinduced cycloadditions[J]. Adv. Mater., 2005, 17: 3001-3005.

[17] SUN Y M, MA Y Q, LIU Y Q, et al. High-performance and stable organic thin-film transistors based on fused thiophenes[J]. Adv. Funct. Mater., 2006, 16: 426-432.

[18] LIU Y, WANG Y, WU W P, et al. Synthesis, characterization, and field-effect transistor performance of thieno[3,2-b]thieno[2′,3′:4,5]thieno [2, 3-d]thiophene derivatives[J]. Adv. Funct. Mater., 2009, 19:772-778.

[19] GAO J H, LI R J, LI L Q, et al. High-performance field-effect transistor based on dibenzo[d, d′]thieno[3, 2-b; 4, 5-b′]dithiophene, an easily synthesized semiconductor with high ionization potential[J]. Adv. Mater., 2007, 19:3008-3011.

[20] EBATA H, IZAWA T, MIYAZAKI E, et al. Highly soluble [1]benzothieno[3, 2-b]benzothiophene (btbt) derivatives for high-performance, solution-processed organic field-effect transistors[J]. J. Am. Chem. Soc., 2007, 129:15732-15733.

[21] TAKIMIYA K, EBATA H, SAKAMOTO K, et al. 2, 7-Diphenyl[1] benzothieno[3, 2-b] benzothiophene, a new organic semiconductor for air-stable organic field-effect transistors with mobilities up to 2.0 $cm^2 \cdot V^{-1} \cdot s^{-1}$ [J]. J. Am. Chem. Soc., 2006, 128:12604-12605.

[22] YOUN J, CHEN M C, LIANG Y J, et al. Novel semiconductors based on functionalized Benzo[d, d′]thieno[3, 2-b; 4, 5-b′]dithiophenes and the effects of thin film growth conditions on organic field effect transistor performance[J]. Chem. Mater., 2010, 22, 5031-5041.

[23] MIYATA Y, YOSHIKAWA E, MINARI T, et al. High-performance organic field-effect transistors based on dihexyl-substituted dibenzo[d, d′]thieno[3,2-b;4,5-b′]dithiophene[J]. J. Mater. Chem., 2012, 22:7715-7717.

[24] CHEN M C, CHIANG Y J, KIM C, et al. One-pot [1+1+1] synthesis of dithieno[2,3-b:3′,2′-d]thiophene (DTT) and their functionalized derivatives for organic thin-film transistors[J]. Chem. Commun., 2009, 1846-1848.

[25] KIM C, CHEN M C, CHIANG Y J, et al. Functionalized dithieno[2,3-b:3′,2′-d]thiophenes (DTTs) for organic thin-film transistors[J]. Org. Electron., 2010, 11:801-813.

[26] YOUN J, HUANG P Y, HUANG Y W, et al. Versatile α,ω-disubstituted tetrathienoacene semiconductors for high performance organic thin-film transistors [J]. Adv. Funct. Mater., 2012, 22:48-60.

[27] CHEN H J, CUI Q Y, YU G, et al. Synthesis and characterization of novel semiconductors based on thieno[3,2-b][1]benzothiophene cores and their applications in the organic thin-film transistors[J]. J. Phys. Chem. C, 2011, 115:23984-23991.

[28] HUANG P Y, CHEN L H, CHEN Y Y, et al. Enhanced Performance of Benzothieno [3, 2-b]thiophene (BTT)-Based Bottom-Contact Thin-Film Transistors[J]. Chem-Eur. J., 2013, 19:3721-3728.

[29] YOUN J, HUANG P Y, ZHANG S M, et al. Functionalized benzothieno[3, 2-b]thiophenes (BTTs) for high performance organic thin-film transistors (OTFTs) [J]. J. Mater. Chem. C, 2014, 2:7599-7607.

[30] LIU Y, LIU Z Y, LUO H, et al. Benzothieno[2,3-b]thiophene semiconductors: synthesis, characterization and applications in organic field-effect transistors[J]. J. Mater. Chem. C, 2014, 2:8804-8810.

[31] MATHIS T, LIU Y, AI L, et al. Stable organic field-effect-transistors with high mobilities unaffected by supporting dielectric based on phenylene-bridged thienobenzothiophene[J]. J. App. Phys., 2014, 115:043707.

[32] LEE C T, YANG W T, PARR R G. Development of the colic-salvetti correlation-energy formula into a functional of the electrondensity[J]. Phys. Rev. B, 1988, 37:785-789.

[33] WANG L J, LI Tao, SHEN Y X. A theoretical study of the electronic structure and charge transport properties ofthieno[2,3-b]benzothiophene based derivatives [J]. Phys. Chem. Chem. Phys., 2016, 18: 8401-8411.

[34] LIU L, YANG G C, DUAN Y, et al. The relationship between intermolecular interactions and charge transport properties of trifluoromethylated polycyclic aromatichydrocarbons[J]. Org. Electron., 2014, 15: 1896-1905.

[35] ZHANG X Y, HUANG J D, YU J J, et al. Anisotropic electron-transfer mobilities in diethynyl-indenofluorene-dione crystals as high-performance n-type organic semiconductor materials: remarkable enhancement by varying substituents[J]. Phys. Chem. Chem. Phys., 2015, 17:25463-25470.

[36] TOMASI J, MENNUCCI B, CAMMI R. Quantum mechanical continuum solvationmodels[J]. Chem. Rev., 2005, 105:2999-3094.

[37] IRFAN A, NADEEM M, ATHAR M, et al. Electronic, optical and charge trans-

fer properties of α,α′-bis(dithieno-[3,2-b:2′,3′-d]thiophene) (BDT) and its heteroatom-substituted analogues [J]. Computational and Theoretical Chemistry, 2011, 968:8-11.

[38] WANG L J, DUAN G H, JI Y N. Electronic and charge transport properties of peri-xanthenoxanthene: the effects of heteroatoms and phenylsubstitutions[J]. J. Phys. Chem. C, 2012, 116: 22679-22686.

[39] CHENG Y C, SILBEY R J, DA SILVA FILHO D A, et al. Three-dimensional band structure and bandlike mobility in oligoacene single crystals: a theoretical investigation[J]. J. Chem. Phys., 2003, 118:3764-3774.

[40] COROPCEANU V, CORNIL J, DA SILVA FILHO D A, et al. Charge transport in organic semiconductors[J]. Chem. Rev., 2007, 107:926-952.

[41] MARCUS R A. Electron transfer reactions in chemistry—theory and experiment [J]. Reviews of Modern Physics, 1993, 65:599.

[42] YIN S W, YI Y P, LI Q X, et al. Balanced carrier transports of electrons and holes in silole-based compounds-a theoretical study[J]. J. Phys. Chem. A, 2006, 110: 7138-7143.

[43] BRÉDAS J L, BELJONNE D, COROPCEANU V, et al. Charge-transfer and energy-transfer processes in π-conjugated oligomers and polymers: a molecular picture[J]. Chem. Rev., 2004, 104:4971-5003.

[44] TROISI A, ORLANDI G. Dynamics of the intermolecular transfer integral in crystalline organic semiconductors[J]. J. Phys. Chem. A, 2006, 110: 4065-4070.

[45] YANG X D, WANG L J, WANG C L, et al. Influences of Crystal Structures and Molecular Sizes on the Charge Mobility of Organic Semiconductors: Oligothiophenes[J]. Chem. Mater., 2008, 20:3205-3211.

[46] SONG Y B, DI C G, YANG X D, et al. A cyclic triphenylamine dimer for organic field-effect transistors with high performance[J]. J. Am. Chem. Soc., 2006, 128:15940-15941.

[47] DENG W Q, GODDARD Ⅲ W A. Predictions of hole mobilities in oligoacene organic semiconductors from quantum mechanical calculations[J]. J. Phys. Chem. B, 2004, 108: 8614-8621.

[48] TAKIMIYA K, EBATA H, SAKAMOTO K, et al. 2, 7-diphenyl[1]benzothieno [3, 2-b]benzothiophene, a new organic semiconductor for air-stable organic field-effect transistors with mobilities up to 2.0 $cm^2V^{-1}s^{-1}$[J]. J. Am. Chem. Soc., 2006, 128:12604-12605.

[49] YAMAMOTO T, TAKIMIYA K. Facile synthesis of highly π-extended heteroarenes, dinaphtho[2,3-b: 2′, 3′-f]chalcogenopheno[3, 2-b]chalcogenophenes, and their application to field-effect transistors[J]. J. Am. Chem. Soc., 2007, 129: 2224-2225.

[50] IRFAN A，NADEEM M，ATHAR M，et al. Electronic，optical and charge transfer properties of α，α′-bis(dithieno-[3,2-b:2′,3′-d]thiophene) (BDT) and its heteroatom-substituted analogues [J]. Computational and Theoretical Chemistry，2011，968:8-11.

[51] DELGADO M C R，PIGG K R，DA SILVA FILHO D A，et al. Impact of perfluorination on the charge-transport parameters of oligoacenecrystals[J]. J. Am. Chem. Soc.，2009，131:1502-1512.

[52] ZHANG J，WANG C Y，LONG G K，et al. Fusing n-heteroacene analogues into one "kinked" molecule with slippedtwo-dimensional ladder-like packing [J]. Chem. Sci.，2016，7:1309-1313.

[53] SHUAI Z G，WANG L J，SONG C C. Theory of charge transport in carbon electronic materials[M]. New York：Springer，2012.

第8章 有机小分子材料的热活性型延迟荧光性质

8.1 引　言

近三十年，有机发光二极管（Organic Light Emitting Diodes, OLED）因其在平板显示和照明光源方面的应用前景引起了人们的广泛关注。然而，其较低的效率阻止了OLED器件的发展与应用。为了提高OLED器件的效率，人们开发了许多荧光和磷光材料。根据自旋统计，基于传统荧光材料的OLED器件在电激发下仅能捕获25%的单重态激子，导致其内量子效率（Internal Quantum Efficiencies，IQE）低于25%。基于磷光材料的OLED可以通过有效的自旋轨道耦合作用同时捕获单重态和三重态激子，实现最大IQE接近100%。然而，贵金属的高额成本和稀缺资源仍然是其实际应用过程中的瓶颈。为了同时捕获单重态和三重态激子以提高OLED效率。人们提出了几种策略，其中，一种被称为热活性型延迟荧光（Thermally Activated Delayed Fluorescence，TADF）的新机理显示出巨大的潜力，因其无须使用贵金属也可实现100%的IQE。

自从2009年Adachi教授研究组提出了TADF机理之后，TADF材料的设计与描述成为OLED领域研究者广泛关注的活跃课题。TADF过程的实现需要两个关键条件：较小的最低单重激发态（S_1）与最低三重激发态（T_1）之间的能隙（ΔE_{ST}）以增加反隙间窜跃效率（Reverse Inter System Crossing，RISC）；以及合理的辐射跃迁速率（k_r）以与无辐射跃迁路径相竞争。分子中较小的ΔE_{ST}可以通过给体单元最高占据轨道（Highest Occupied Molecular Orbital，HOMO）与受体单元最低空轨道（Lowest Unoccupied Molecular Orbital，LUMO）的分离的空间分布实现。根据费米黄金准则，这种分子不可避免地导致较低的辐射跃迁速率（k_r）。这两者的权衡导致高性能TADF材料较为稀少，调节发射波长使其覆盖整个可见区域非常困难。因此，如何平衡较小的ΔE_{ST}和较高的k_r成为设计高效的TADF发射体的关键因素。

基于这一策略，许多纯有机TADF发射体被开发出来，大部分采取扭曲的分子内电荷转移设计，电子给体和受体单元直接相连或者通过芳环连接体相连。例如，Adachi教授研究组设计了一系列D－Ph－A－Ph－D－型蒽醌基化合物，获得了由黄色到红色TADF材料，最大外量子效率（External Quantum Efficiency, EQE）可达12.5%，表明通过增加分子内电荷转移分子中给受体之间的距离可以同时获得较小的ΔE_{ST}和较大的k_r。Cheng等人合成了两种基于苯甲酰吡啶－咔唑的D－A－D型化合物，获得了较小的ΔE_{ST}（0.03 eV）和高达27.2%的EQE，可以被用作蓝色和绿色TADF发射体。Yasuda及其合作者开发了一系列V形的D－A－D型分子，最大EQE可达18.9%，显示TADF

发射波长覆盖了由蓝光到红光的整个可见光区。Wu 等人报道了一种基于螺环吖啶一三嗪的 TADF 发射体,其 IQE 接近 100%,并且在蓝色 TADF-OLED 器件中获得了非常高的 EQE(接近 37%)。

尽管人们在开发新型的 TADF 发射体过程中取得了巨大的进步,但开发高效的长波长 TADF 发射体(如橙色或者红色 TADF 材料)仍然面临着挑战。其主要原因在于通过分子设计在同一分子中同时获得较小的 ΔE_{ST} 数值和较大的 k_r 非常困难。近来,Adachi 教授课题组开发了一种构型并没有高度扭曲结构的高效绿色 TADF 发射体(发射峰位于 544 nm),N^3, N^3, N^6, N^6-四苯基-9-(4-(喹喔啉-6-基)苯基)-9H-咔唑-3,6-二胺(图 8.1 中化合物 1),含有咔唑和两个二苯胺基团(N^3, N^3, N^6, N^6-四苯基-9H-咔唑-3,6-二胺分子,DAC-Ⅱ)作为电子给体,2-苯基-喹喔啉为电子受体。实验表明分子 1 中 DAC-Ⅱ给体可以同时诱导 $S_1 \leftarrow T_1$ RISC 过程和 $S_1 \rightarrow S_0$(单重基态)辐射跃迁过程的发生。采用 DAC-Ⅱ作为电子给体也避免了 TADF 发射体使用高度扭曲的分子结构,并且允许控制分子的光物理性质。为了实现全色 TADF-OLED,采用万能的 D-A 体系调控分子的 TADF 性质和发射颜色至关重要。本工作中采用 DAC-Ⅱ作为电子给体,通过改变给受体连接位置和向受体单元引入不同给、吸电子取

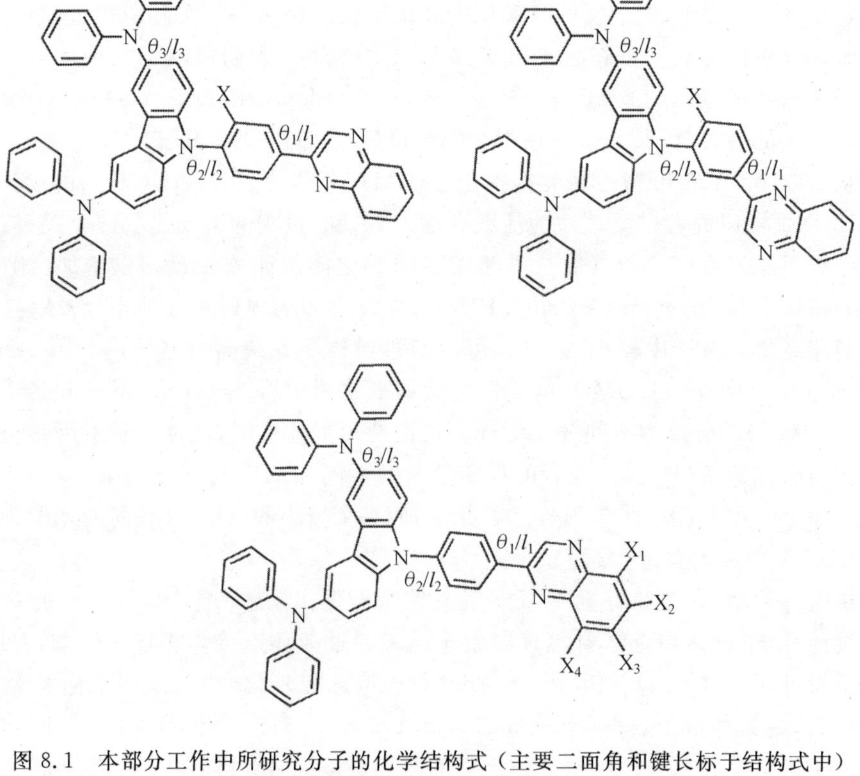

图 8.1 本部分工作中所研究分子的化学结构式(主要二面角和键长标于结构式中)
1—X=H;2—X=OCH_3;3—X=CH_3;4—X=CF_3;5—X=H;6—X=OCH_3;7—X=CH_3;8—X=CF_3;9—X_1=X_4=H,X_2=X_3=F;10—X_1=X_2=X_3=X_4=F;11—X_1=X_2=X_3=X_4=H;X_2=CN

代基，基于含时的密度泛函理论设计了 11 种 D－A 型喹喔啉类衍生物分子（分子 1～11 的化学结构式如图 8.1 所示）。结果表明分子 2～11 的 ΔE_{ST}、辐射跃迁速率（k_{VE}）及最大发射波长可以得到调控。在所有分子中，分子 10 和 11 可以同时获得较小的 ΔE_{ST} 和较高的辐射跃迁速率，最大发射波长分别红移至 576 nm 和 590 nm，有望被用作 OLED 器件中黄色和橙色 TADF 发射体。

8.2 理论计算方法

人们提出了几种理论方法预测 TADF 发射体的光物理性质和 ΔE_{ST}。在此，基于密度泛函理论和含时密度泛函理论对分子的基态（S_0）和最低单重激发态（S_1）进行几何构型优化。所有分子的 S_0 构型基于 B3LYP 泛函和 6－31G* 基组进行优化，S_1 构型采用 BMK 泛函和 6－31G* 基组进行优化获得。基于同样的方法进行频率计算以保证计算结构的准确性。为了测试 B3LYP 泛函的可靠性，分子 1 的键参数也采用 MPW1B95，BMK，M062X，PBE0 和 CAM－B3LYP 泛函进行计算（见附录Ⅱ表 S1）。可以看出计算得到的键长和键角对不同的泛函并不敏感。许多前面关于 TADF 发射体的研究表明基组对激发能并没有明显的影响。因此我们采用 6－31G* 基组以节省计算资源。分子最低单重激发态和最低三重激发态的垂直激发（发射）能采用 BMK 泛函和 6－31G* 获得。垂直单重态－三重态劈裂的能隙通过公式 $\Delta E_{ST}=E_{VA/VE}(S_1)-E_{VA/VE}(T_1)$ 获得。

基于电学性质，由 S_1 态到 S_0 态的辐射跃迁速率可以通过爱因斯坦自发射速率方程进行计算：

$$k_r=\frac{f\Delta E^2}{1.499} \tag{8.1}$$

式中，f 为由 S_1 到 S_0 态的振子强度；ΔE 为 S_1 与 S_0 态之间的能量差，cm^{-1}。

所有计算都是在 Gaussian 09 软件包中基于极化连续模型在甲苯溶剂中进行的。为分析分子的激发性质，S_1 态的电子－空穴（electron－hole，可简写为 e－h）分布和 e－h 重叠通过 Multiwfn 软件进行分析。

8.3 结果与讨论

8.3.1 S_0 和 S_1 态的几何构型

分子几何结构在调节 TADF 性质过程中起着关键作用。分子给体与受体单元之间较大的二面角通常允许 HOMO 与 LUMO 之间有效的空间分离，进而获得较小的 ΔE_{ST}。11 种分子的基态（S_0）和最低单重激发态（S_1）的几何构型基于 B3LYP/6－31G* 和 BMK/6－31G* 在甲苯溶剂中进行优化。基于所有分子优化的 S_0 和 S_1 态几何构型的主要二面角（θ_1，θ_2 和 θ_3）和键长（l_1，l_2 和 l_3）列于表 8.1 中，所有主要的二面角和键长索引标于图 8.1 中的分子结构上。所有分子均为 D－A 型体系。由表 8.1 可以看出，当向受体中的苯环引入不同的给、吸电子基团，或者改变给受体之间的连接位置时，S_0 和 S_1 态的几何构型会发生明显的改变。

表 8.1 基于所有分子在甲苯溶剂中优化的 S_0 和 S_1 态几何构型的主要二面角(θ_1, θ_2 和 θ_3)和键长(l_1, l_2 和 l_3)

化合物	S_0 构型		S_1 构型	
	$\theta_1/\theta_2/\theta_3$/(°)	$l_1/l_2/l_3$/Å	$\theta_1/\theta_2/\theta_3$/(°)	$l_1/l_2/l_3$/Å
1	−19.2/51.8/48.1	1.482/1.417/1.427	1.1/64.4/31.4	1.457/1.427/1.396
2	−21.8/62.0/50.0	1.484/1.419/1.429	1.2/65.7/31.4	1.458/1.423/1.396
3	−21.0/69.8/49.6	1.484/1.427/1.428	−3.0/77.6/31.9	1.457/1.430/1.396
4	−19.5/83.7/49.7	1.485/1.425/1.428	0.2/88.5/31.0	1.449/1.427/1.394
5	−21.4/−56.8/−49.1	1.485/1.422/1.428	−1.9/−60.3/−29.8	1.461/1.433/1.391
6	−17.3/−70.0/−50.7	1.481/1.422/1.429	−3.9/−64.6/−27.8	1.471/1.428/1.389
7	−18.7/−77.0/−49.8	1.484/1.429/1.429	−2.3/−72.4/−27.8	1.463/1.436/1.389
8	−19.1/−85.6/−49.1	1.485/1.426/1.428	−0.8/−91.0/−31.3	1.448/1.436/1.394
9	−17.7/52.0/48.3	1.481/1.416/1.427	−0.3/71.0/31.4	1.461/1.429/1.392
10	−16.4/50.3/47.3	1.479/1.415/1.426	−0.9/76.5/30.9	1.463/1.431/1.394
11	−17.2/50.1/47.1	1.479/1.414/1.426	−1.9/71.3/31.4	1.463/1.430/1.395

对于 S_0 态，母体分子(分子 1)的给受体之间的二面角为 51.8°，对应的键长(l_2)为 1.417 Å。当受体的苯环中引入—OCH_3 和—CH_3 取代基团时，分子 2 和 3 的二面角 θ_2 和键长 l_2 相对分子 1 的相关量分别增大了 10.2°～18° 和 0.002～0.01 Å。而分子 4 中引入—CF_3 基团明显增大了 θ_2(由 51.8° 到 83.7°)和 l_2(由 1.417 Å 到 1.425 Å)。然而，给体中二苯胺单元和咔唑单元之间的二面角(θ_3)和相应的键长(l_3)略微增大，由分子 1 到分子 2，3 和 4，θ_3 由 48.1° 增大到 50.0°，l_3 由 1.427 Å 增大到 1.429 Å。受体中苯环与喹喔啉单元之间的二面角(θ_1)和相应的键长(l_1)也并没有显著变化，由分子 1 到分子 2，3 和 4，θ_1 由 −19.2° 增加到 −21.8°，l_1 由 1.482 Å 增大到 1.485 Å。可以看出，向受体中引入较小的取代基后，分子 2 到 4 的几何结构变得更加扭曲，并且—CF_3 基团的引入使得分子 4 相对分子 1～3 的几何构型变得更加扭曲。另一方面，当改变给受体之间的连接位置时，分子 5～8 相对分子 1～4 来说，二面角 θ_2 和键长 l_2 进一步增大，θ_2 增大了 5°～8°，l_2 增大了 0.001～0.005 Å，表明分子 5～8 相对分子 1～4 的构型具有相对大的空间位阻。增大的二面角将打断给体与受体之间的共轭，导致分子 5～8 的前线分子轨道重叠相对较小。然而，分子 5～8 的二面角 θ_3 和键长 l_3 与分子 1～4 的相关量基本一致，二面角 θ_1 和键长 l_1 变化也较小(θ_1 增大了 0.4°～4.5°，l_1 仅仅变化了大约 0.003 Å)。此外，向受体的喹喔啉单元中引入吸电子基团(—2F，—4F 和—CN)对分子 9～11 的几何构型影响很小。分子 9～11 所有主要的二面角(减小了 0.6°～2.8°)和键长(减小了 0～0.003 Å)相对分子 1 的相关量均略微减小，表明这些分子相对分子 1 来说可能具有相对大的前线轨道重叠。

与 S_0 态相比，所有分子 S_1 态的二面角 θ_2 增大了 3.5°～26.2°(除了分子 6 和 7 减小了大约 5°)，键长 l_2 相对 S_0 态也有所增大。而 θ_1 和 θ_3 分别减小了 13.4°～20.6° 和 15.7°～22.9°，键长 l_1 和 l_3 减小了 0.01～0.04 Å。DAC－Ⅱ给体和喹喔啉基受体单元的 π 体系上激发态电子的离域增强了共轭，导致二面角 θ_1 和 θ_3 以及相应的键长 l_1 和 l_3 减小。给受体之间增大的 θ_2 可归因于 Franck－Condon 态增大的给体与受体的分离距离 (l_2)和较弱的给体与受体的电子耦合。通过向受体引入较小的给吸电子基团和改变给受体之间的连接位置导致的 S_0 和 S_1 态几何构型的变化必将影响分子的前线轨道和光物理性质，具体讨论见下文。

8.3.2 前线分子轨道

前线分子轨道 HOMO 和 LUMO 分布在决定 ΔE_{ST} 大小方面起着关键作用，这与分子构型的空间位阻密切相关。所有分子 S_0 和 S_1 态的前线轨道分布分别如图 8.2 和图 S1 (附录Ⅱ)所示。由图 8.2 可以看出，通过向受体引入不同的取代基和改变给受体之间的连接位置得到的 HOMO－LUMO 能隙可以由 2.13 eV (分子 11) 变化到 2.60 eV (分子 6)。所有分子的 HOMO 能量几乎相同，而 LUMO 却显著不同。向分子 2 和 3 的电子受体中引入给电子取代基团(—OCH_3 和—CH_3) 改变了 HOMO 和 LUMO 能量，导致相对分子 1 减小的能隙，而引入—CF_3 取代基使得分子 4 的 LUMO 能量减小，相应的能隙减小了 0.23 eV。当改变给受体之间的连接位置，分子 6 和 7 的能隙相对分子 2 和 3 分别增大了 0.10 eV 和 0.03 eV。相反，相对分子 1 和 4，分子 5 和 8 的能隙分别减小了 0.04 eV和 0.03 eV。当向受体引入吸电子基团时，由分子 9 到分子 11，能隙按照受体(—2F＜—4F＜—CN)吸电子能力增加的顺序降低，进而影响了 HOMO 和 LUMO 的能量。还可以看出分子 9 到 11 的 HOMO 和 LUMO 能量相对分子 1 显著降低，并且分子 11 的能隙在所有分子中最小，表明分子 11 的吸收光谱相对其他分子的吸收光谱将会有很大程度的红移。

由图 8.2 还可以看出，这些分子的 HOMO 主要分布在 DAC－Ⅱ电子给体单元上，部分分布在受体的苯环上，而 LUMO 主要分布在整个喹喔啉基电子受体上以及给体中咔唑单元的氮原子上。对于分子 1，HOMO 和 LUMO 在给受体之间部分重叠，并且由于 DAC－Ⅱ给体较强的给电子能力，HOMO 分布延伸到邻近的苯环上，LUMO 分布在整个受体以及咔唑单元的 N 原子上。HOMO 和 LUMO 轨道之间较小的重叠不仅有利于获得较小的 ΔE_{ST}，还保证了较大的振子强度。为分析分子的激发性能，通过 Multiwfn 软件分析了 S_1 态的电子－空穴分布和电子－空穴重叠，结果如图 8.2 和图 S2(附录Ⅱ)所示。由图 8.2 可以看出分子 1 的电子与空穴之间有明显的重叠，重叠部分主要发生在受体的苯环单元上，还可发现所有分子的电子和空穴分布发生了明显的分离，表明所有分子中均有可能发生电荷转移过程。而电子与空穴之间的重叠部分均相对较小，主要发生在受体的苯环上。为做定量比较，将所有分子 S_1 和 S_2 态的 Δr 指数，空穴－电子分布的重叠积分(S)和空穴与电子之间的质心距离(D)，以及HOMO和 LUMO 轨道在整个空间的重叠列于表 8.2。Δr 指数用于测量电子激发过程中电荷转移长度，Δr 指数越大，激发过程越有可能为电荷转移(CT)模式。S 可以衡量空穴和电子的空间分离，D 可以测量 CT 长度。由表 8.2 可以看出，所有分子在 S_1 和 S_2 态的 Δr 指数比区分局域激发态和电荷转移

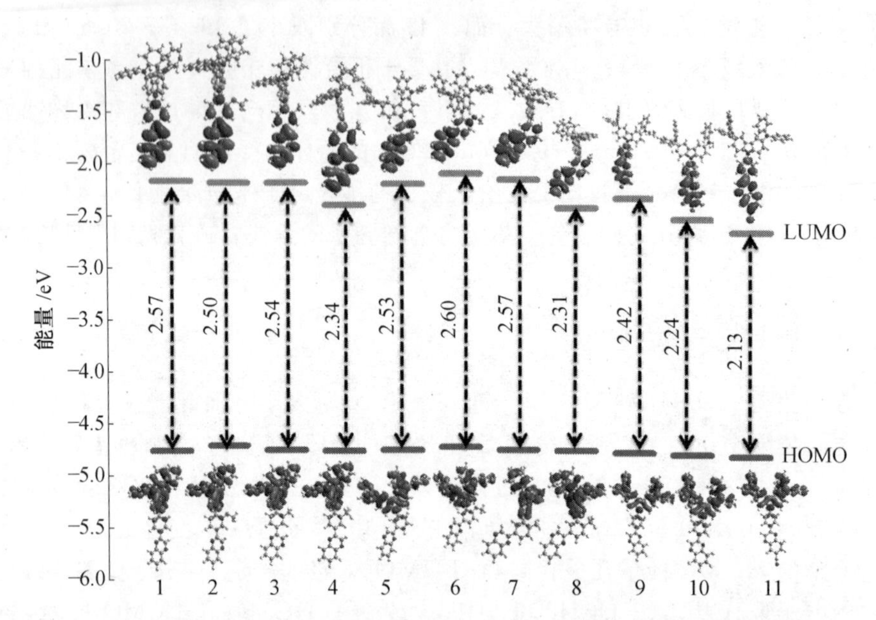

图 8.2 基于 B3LYP/6－31G(d)泛函得到的分子 1～11 的基态 HOMO 和 LUMO 轨道分布和能级

激发态的阈值(2.0 Å)大得多，表明所有分子的 S_1 态和 S_2 态均为电荷转移态。而所有分子的 S 数值非常小，表明空穴和电子的空间重叠较小。由表 8.2 还可以注意到所有分子的 HOMO 和 LUMO 轨道之间的重叠相对较小，导致较小的 ΔE_{ST} 以提高 TADF 性质。

表 8.2 所有分子 S_1 和 S_2 态的 Δr 指数、空穴－电子分布的重叠积分(S)和空穴与电子的质心距离(D)，以及 HOMO(H)和 LUMO(L)轨道之间的重叠

化合物	Δr_{S_1}/Å	Δr_{S_2}/Å	S	D/Å	H－L 重叠
1	9.605 1	10.393 8	0.121 5	7.963 4	0.174 2
2	9.863 3	10.543 4	0.075 9	8.566 8	0.130 1
3	9.978 0	10.537 1	0.050 5	8.763 2	0.099 4
4	9.745 7	10.144 4	0.022 7	8.381 3	0.051 7
5	8.969 1	9.531 8	0.055 2	8.070 5	0.088 5
6	9.111 5	9.621 8	0.031 5	8.447 6	0.062 8
7	9.040 6	9.494 9	0.025 6	8.309 2	0.057 4
8	8.604 4	8.966 6	0.018 3	7.743 1	0.057 3
9	9.854 6	10.642 6	0.107 0	8.374 2	0.169 7
10	9.786 0	10.533 0	0.093 5	8.504 9	0.178 3
11	10.341 6	11.074 9	0.088 8	9.022 2	0.181 7

由表 8.2 还可以看出，在分子 2 到 4 中引入—OCH_3，—CH_3 和—CF_3 较小的取代基团，相对分子 1 减小了 HOMO 和 LUMO 轨道的重叠。对于分子 5 到 8，HOMO 和

LUMO轨道的重叠相对分子1～4进一步减小(除了分子8)。而分子9～11的HOMO和LUMO轨道的重叠与分子1几乎相同,表明向喹喔啉单元引入吸电子基团并不会影响HOMO和LUMO分布。该结果与基态中分子9～11相对分子1给受体之间二面角几乎不改变的结果相一致,表明分子9～11可能具有像分子1一样较强的振子强度。

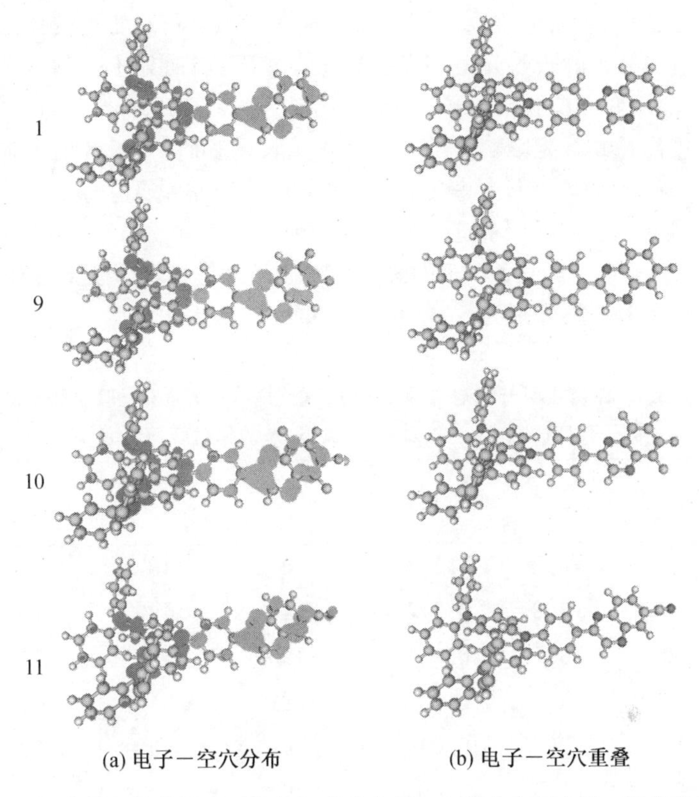

图8.3 分子1及分子9～11在S_1态的电子一空穴分布与电子一空穴重叠

8.3.3 光物理性质

为研究所有分子的光物理性质和TADF性质,表8.3列出了所有分子在甲苯溶剂中的跃迁能($E_{VA}(S_1)$和$E_{VE}(S_1)$)、吸收和发射波长(λ_{ab}和λ_{em})、振子强度(f_{VA}和f_{VE}),以及由S_1到S_0态的跃迁速率。计算的分子1在甲苯溶剂中的吸收和发射波长分别为392 nm和487 nm,而实验中在掺杂膜中测量的发射波长为526 nm,在甲苯溶剂中测量的发射波长为544 nm。对比分子1发射波长的计算结果与实验数值,可以发现计算的发射能大约比实验结果大0.19～0.27 eV。类似的情况在前面的研究中也有报道。研究表明分子中有苯环的化合物,计算的$E_{VE}(S_1)$通常会被高估0.2 eV。其原因在于这里采用的极化连续模型可能会低估这种体系在甲苯中的溶剂化效应,因为在真空中计算的$E_{VE}(S_1)$与实验结果吻合得较好。为了验证这一结论,基于BMK泛函计算的分子1在甲苯溶剂中和真空中的激发能和发射能,以及吸收波长和发射波长列于表S3(附录Ⅱ)。结果表明基于BMK泛函得到的气相中的发射波长(511 nm)相对甲苯溶剂中的结果与实验数值更加吻合。此外,为了验证BMK泛函的可靠性,分子1在甲苯溶剂中的激发和发射能，吸收和发射光谱以及单重态－三重态能隙（ΔE_{ST}）也通过 PBE0/6－311G(d)，M06－2X/6－311G(d)和 CAM－B3LYP/6－311G(d) 方法进行了计算（附录Ⅱ中表 S4）。结果表明采用这三种方法得到的分子 1 的发射波长和 ΔE_{ST}与实验数据不符。

由表 8.3 还可以看出，分子 1～3 和分子 5～7 的吸收波长在 381～396 nm，发射波长均在绿光区域，表明引入吸电子取代基（$—OCH_3$，$—CH_3$）和改变给受体之间连接位置并不能明显影响这些分子的吸收光谱和发射光谱。然而，当向分子 1 的苯环中引入吸电子基团时，分子 4 的吸收光谱相对分子 1 的吸收光谱红移至 420 nm。与分子 4 相比，改变给受体之间连接位置并不能影响分子 8 的吸收波长。然而，分子 8 的发射光谱由绿光区域红移至黄光(570 nm)区域。另一方面，向受体的喹喔啉单元中引入吸电子取代基显著影响了吸收和发射波长，使得吸收光谱按照 1 (392 nm) ＜ 9 (411 nm) ＜ 10 (440 nm)＜ 11 (454 nm)顺序红移。分子 9～11 的最大发射波长峰值相对分子 1 红移了 19～62 nm。分子 10 和 11 的发射波长分别为 576 nm 和 590 nm，表明可作为黄色和橙色发射体的潜在应用。

表 8.3　基于 BMK 泛函在甲苯溶剂中计算的跃迁能($E_{VA}S_1$，$E_{VE}S_1$)、吸收和发射波长(λ_{ab}，λ_{em})、振子强度(f_{VA}，f_{VE})以及由 S_1 到 S_0 态的辐射跃迁速率(k_{VE})

化合物	$E_{VA}S_1$/eV	λ_{ab}/nm	f_{VA}	$E_{VE}S_1$/eV	λ_{em}/nm	f_{VE}	k_{VE} /($\times10^7 s^{-1}$)
1	3.17	392	0.348 3	2.55	487	0.174 0	4.91
2	3.13	396	0.175 7	2.48	499	0.152 7	4.08
3	3.20	387	0.094 4	2.55	486	0.046 2	1.30
4	2.95	420	0.000 7	2.27	547	0.000 3	0.01
5	3.17	392	0.010 0	2.49	498	0.006 6	0.18
6	3.26	381	0.004 2	2.59	478	0.004 2	0.12
7	3.22	385	0.007 5	2.56	483	0.007 8	0.22
8	2.91	426	0.001 6	2.17	570	0.001 4	0.03
9	3.02	411	0.309 6	2.38	522	0.085 1	2.09
10	2.82	440	0.283 8	2.15	576	0.040 1	0.80
11	2.73	454	0.316 5	2.10	590	0.0851	1.63

由于振子强度与辐射跃迁速率通常成正比，计算振子强度(f_{VA}，f_{VE})和由 S_1态到 S_0态的发射过程的辐射跃迁速率(k_{VE})至关重要。由表 8.3 可以看出分子 1 的 f_{VA}和 f_{VE}分别为 0.348 3 和 0.174 0。计算结果表明分子 1 也具有较强的辐射跃迁速率($4.91\times10^7 s^{-1}$)，该数值相对实验结果($2.1\times10^8\ s^{-1}$)偏低，主要原因在于不同的实验环境。向受体中引入$—OCH_3$和$—CH_3$单元得到的分子 2 和 3 的 f_{VA}和 f_{VE}相对分子 1 均有所降低。然而，分子 2 和 3 的 k_{VE}相对较高，可能如分子 1 一样被用作绿色 TADF 发射体。而分子 4～8 的 f_{VA}和 f_{VE}减小至 10^{-4}和 10^{-3}数量级，并且较小的 f_{VE}导致这些分子较小的 k_{VE}。相反，具有吸电子取代基的分子 9～11 具有较高的 f_{VA}和相对较高的 k_{VE}。对于分子 9～11，

f_{VA}在 0.283 8～0.316 5,该数值与分子 1 较为接近。另一方面,分子 9～11 的 f_{VE}相对 f_{VA}数值显著减小。尽管分子 9～11 的 f_{VE}相对分子 1 均有所降低,这些分子均显示相对较强的 f_{VE}(0.040 1～0.085 1)和 k_{VE}(0.80×10^7～$2.09\times10^7 s^{-1}$)。特别地,分子 10 和 11 具有较高的 f_{VE}和 k_{VE},可被用作高效的黄色和橙色 TADF 发射体。

8.3.4 单重激发态—三重激发态能隙

单重激发态—三重激发态能隙 (ΔE_{ST})是决定发射体 TADF 性质的关键因素之一。较小的 ΔE_{ST}将有利于由 T_1 态到 S_1 态 的上转换过程,进而实现 TADF 过程。为研究取代基和给受体之间连接位置对所研究分子 TADF 性质的影响,将基于 S_0和 S_1构型采用 BMK 泛函计算的所有分子的 ΔE_{ST}列于表 8.4。为进一步探索电子跃迁的本质,所有分子 S_1,S_2,T_1,T_2和 T_3态的自然跃迁轨道(Natural Transition Orbitals, NTO)如图 8.4 和图 S3～S12(附录Ⅱ)所示,可以看出所有分子的 S_1,S_2,T_1和 T_2态均具有电荷转移性质,而 T_3态具有局域激发三重态的性质(除了分子 6,分子 6 的 T_2态为 ^{3}LE 态)。

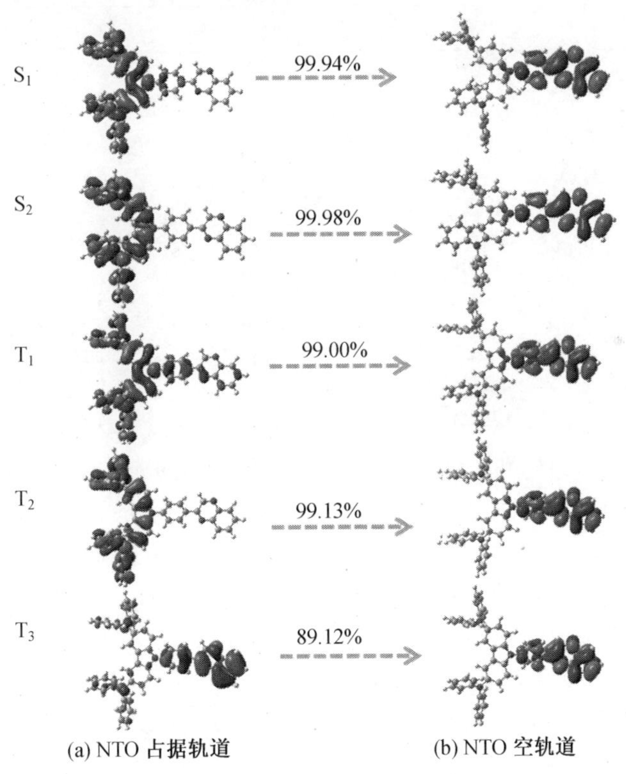

图 8.4 分子 1 的 S_1,S_2,T_1,T_2和 T_3态的自然跃迁轨道

由表 8.4 可以看出,所有设计的分子均具有比分子 1 相对较小的 ΔE_{ST}(除了分子 6),在 0.06～0.37 eV。对于分子 1,计算的 ΔE_{ST}为 0.42 eV,与文献中计算的数值(0.60 eV)可比。较小的 ΔE_{ST}和较高的 k_{VE}使得分子 1 可作为有效的绿色 TADF 发射体。为进一步探索所研究分子的 TADF 过程,将基于 S_0态几何构型在甲苯溶剂中采用 BMK 泛函计算的所有分子垂直激发的能量图做出,如图 8.5 和图 S13(附录Ⅱ所示)所示;将基于优化

的 S_0 和 S_1 构型得到的 S_1 和 T_1 跃迁过程的跃迁能(E_{VA} 和 E_{VE})、振子强度(f_{VA} 和 f_{VE})以及构型相互作用(Configuration Interaction,CI)描述列于表 S2(附录Ⅱ)。由图 8.5 可以看出分子 1 中,T_1 态并不是最邻近 S_1 态的三重态,因此系间窜越过程可能发生在 S_1 到 T_4 态(或 T_2 和 T_3 态)。然而,反系间窜越仍然应该生在 T_1 到 S_1 态过程,这是由于较高的三重态与 T_1 态之间的能隙较小,将发生快速的内转换过程。

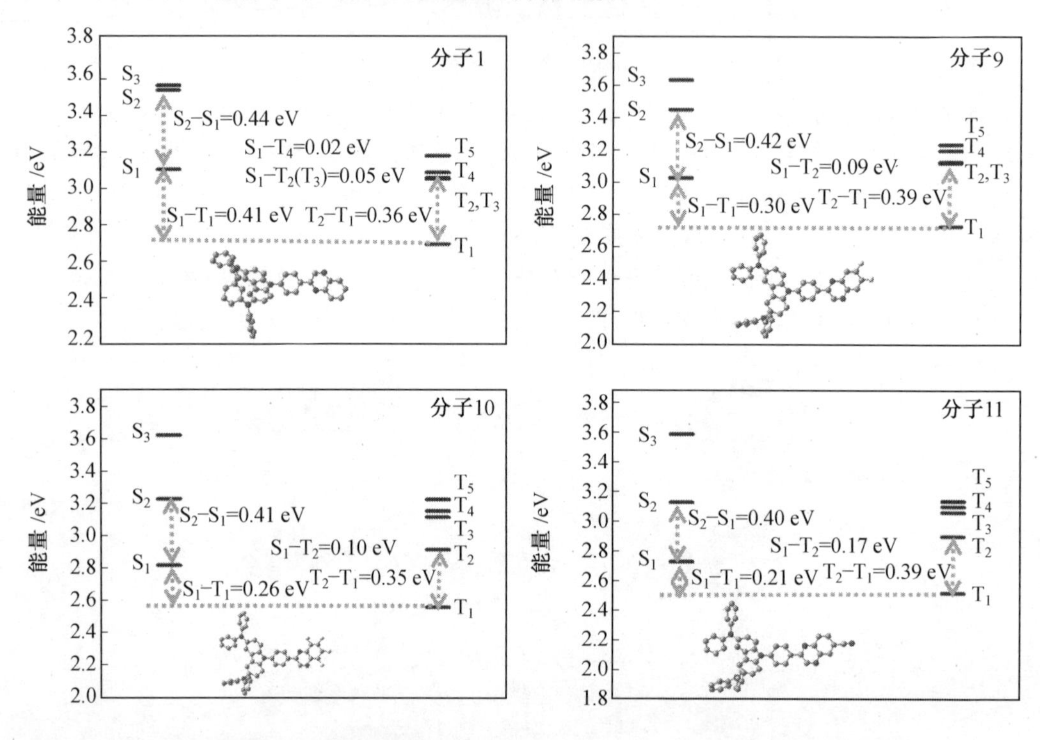

图 8.5 基于 BMK 泛函在甲苯溶剂中计算的 S_0 态的分子 1 及 9~11 的垂直激发能量分布

向受体中引入电子给体和受体单元,改变给受体之间的连接位置将会影响 ΔE_{ST}。向分子 1 中引入—OCH_3 基团使得分子 2 的 ΔE_{ST} 和 k_{VE} 相对分子 1 略微减小。然而,引入—CH_3 使得分子 3 的 k_{VE} 减小至 $1.30\times10^7 s^{-1}$,而 ΔE_{ST}(0.36 eV) 与分子 2 保持一致。结合计算的振子强度和辐射跃迁速率,分子 2 和 3 也可像分子 1 一样被用作绿色 TAF 发射体。向分子 1 引入吸电子基团导致分子 4 获得更小的 ΔE_{ST}(0.10 eV),但是使得 k_{VE} 显著减小(见表 8.3)。改变给受体之间的连接位置,分子 5~8 的 ΔE_{ST} 与分子 1~4 基本保持在同一水平上,但是 k_{VE} 显著减小,表明改变给受体之间的连接位置并不能增强 TADF 的性能。另一方面,当向分子 1 的喹喔啉单元引入吸电子取代基(—2F,—4F,—CN),分子 9~11 的 ΔE_{ST} 减小至 0.21~0.30 eV。然而,三种分子的 k_{VE} 与分子 1 保持在同一数量级(除了分子 10,分子 10 的 k_{VE} 为 $0.80\times10^7\ s^{-1}$)。结合分子 9~11 较小的 ΔE_{ST} 和较高的 k_{VE} 及发射波长,我们可以合理地推断分子 9 可能在实验上被用作一种绿色的 TADF 发射体,分子 10 和 11 可以被用作有效的黄色和橙色 TADF 发射体。

表 8.4 基于 BMK 泛函计算的甲苯溶剂中基于 S_0 和 S_1 态几何构型的最低单重态—最低三重态能隙(ΔE_{ST}) eV

化合物	能态 S_0			能态 S_1		
	$E_{VA}S_1$	$E_{VA}T_1$	ΔE_{ST}	$E_{VE}S_1$	$E_{VE}T_1$	ΔE_{ST}
1	3.17	2.75	0.42	2.55	2.32	0.23
2	3.13	2.77	0.36	2.48	2.27	0.21
3	3.20	2.84	0.36	2.55	2.39	0.16
4	2.95	2.85	0.10	2.27	2.26	0.01
5	3.17	2.86	0.31	2.49	2.38	0.11
6	3.26	2.80	0.46	2.59	2.39	0.20
7	3.22	2.85	0.37	2.56	2.43	0.13
8	2.91	2.85	0.06	2.17	2.17	0.00
9	3.02	2.72	0.30	2.38	2.28	0.10
10	2.82	2.56	0.26	2.15	2.12	0.03
11	2.73	2.52	0.21	2.10	2.05	0.05

8.4 本章小结

本章中,为了获得高效的长波长 TADF 发射体,将 DAC－Ⅱ电子给体和 2－苯基－喹喔啉－基电子受体相结合,设计了一系列新型分子。量子化学计算结果进一步证明分子 1 为高效的绿色 TADF 发射体,可以同时获得高的辐射跃迁速率和小的 ΔE_{ST}。通过简单地向分子 1 的喹喔啉单元中引入较小的取代基,发射波长可以实现由绿光区到橙光区的调控。当向分子 1 的受体单元中引入较小的取代基(—OCH_3,—CH_3 和—CF_3),增大的空间位阻导致分子 2～4 具有相对分子 1 较小的 ΔE_{ST}。分子 2 和 3 由于具有较小的 ΔE_{ST} 和高的 k_{VE},可能被用作绿色发射体。尽管分子 4 具有最小的 ΔE_{ST},然而较低的 k_{VE} 导致分子 4 相对分子 1～3 具有较差的 TADF 性能。因为分子 5～8 的 k_{VE} 较低,改变给受体连接位置并不能增强这些分子的性能,因此这可能不是活的高效 TADF 发射体的有效方法。有趣的是,向受体中引入吸电子基团导致分子 9～11 相对分子 1 具有较小的 ΔE_{ST},可比的 k_{VE} 和红移的发射光谱。对于分子 9,发射波长为 522 nm,结合该分子较小的 ΔE_{ST} 和较高的 k_{VE},它可能被用作高效的绿色 TADF 发射体。而对于分子 10 和 11,发射波长分别红移至 576 nm 和 590 nm,可能被用作高效的黄色和橙色 TADF 发射体。因此引入较小的取代基团对于调控光物理性质并获得高效的长波长 TADF 发射体是一种好的策略。我们希望这些结果能够为利用现有分子结构设计高效的长波长 TADF 发射体并用于 OLED 器件开辟新的道路。

本章参考文献

[1] TANG C W, VANSLYKE S A. Organic electroluminescent diodes[J]. Appl. Phys. Lett., 1987, 51:913-915.

[2] BURROUGHES J H, BRADLEY D D C, BROWN A R, et al. Light-emitting diodes based on conjugated polymers[J]. Nature, 1990, 347:539-541.

[3] REINEKE S, ROSENOW T C, LÜSSEM B, et al. Improved high-brightness efficiency of phosphorescent organic LEDs comprising emitter molecules with small permanent dipole moments[J]. Adv. Mater., 2010, 22: 3189-3193.

[4] REINEKE S, LINDNER F, SCHWARTZ G, et al. White organic light-emitting diodes with fluorescent tube efficiency[J]. Nature, 2009, 459:234-238.

[5] LU K Y, CHOU H H, HSIEH C H, et al. Wide-range color tuning of iridium biscarbene complexes from blue to red by different N^N ligands: an alternative route for adjusting the emission colors[J]. Adv. Mater., 2011, 23:4933-4937.

[6] FAN C, ZHU L P, LIU T X, et al. Using an organic molecule with low triplet energy as a host in a highly efficient blue electrophosphorescent device[J]. Angew. Chem. Int. Ed., 2014, 53:2147-2151.

[7] TANG C W, VANSLYKE S A, CHEN C H. Electroluminescence of doped organic thin films[J]. J. Appl. Phys., 1989, 65(9):3610-3616.

[8] LIN S H, WU F I, TSAI H Y, et al. Highly efficient deep-blue organic electroluminescent devices doped with hexaphenylanthracenefluorophores[J]. J. Mater. Chem., 2011, 21:8122-8128.

[9] ADACHI C, BALDO M A, THOMPSON M E, et al. Nearly 100% internal phosphorescence efficiency in an organic light emitting device[J]. J. Appl. Phys., 2001, 90:5048-5051.

[10] BALDO M A, THOMPSON M E, FORREST S R. High-efficiency fluorescent organic light-emitting devices using a phosphorescent sensitizer[J]. Nature, 2000, 403:750-753.

[11] HU J Y, PU Y J, SATOH F, et al. Bisanthracene-based donor-acceptor-type light-emitting dopants: highly efficient deep-blue emission in organic light-emitting devices[J]. Adv. Funct. Mater., 2014, 24:2064-2071.

[12] LI W J, PAN Y Y, XIAO R, et al. Employing ~100% excitons in OLED by utilizing a fluorescent molecule with hybridized local and charge-transfer excited state[J]. Adv. Funct. Mater., 2014, 24:1609-1614.

[13] MÉHES G, NOMURA H, ZHANG Qisheng, et al. Enhanced electroluminescence efficiency in a spiro-acridine derivative through thermally activated delayed fluorescence[J]. Angew Chem. Int. Ed., 2012, 51:11311-11315.

[14] ZHANG Q S, LI B, HUANG S P, et al. Efficient blue organic light-emitting diodes employing thermally activated delayedfluorescence [J]. Nat. Photonics, 2014, 8:326-332.

[15] GOUSHI K, YOSHIDA K, SATO K, et al. Organic light-emitting diodes employing efficient reverse intersystem crossing for triplet-to-singlet stateconversion[J]. Nat. Photonics, 2012, 6:253-258.

[16] ENDO A, OGASAWARA M, TAKAHASHI A, et al. Thermally activated delayed fluorescence from Sn^{4+}-porphyrin complexes and their application to organic light-emitting diodes—A novel mechanism for electroluminescence[J]. Adv. Mater., 2009, 21:4802-4806.

[17] UOYAMA H, GOUSHI K, SHIZU K, et al. Highly efficient organic light-emitting diodes from delayedfluorescence[J]. Nature, 2012, 492:234-238.

[18] LI J, NAKAGAWA T, MACDONALD J, et al. Highly efficient organic light-emitting diode based on a hidden thermally activated delayed fluorescence channel in a heptazine derivative[J]. Adv. Mater., 2013, 25:3319-3323.

[19] Monkman A P. Singlet generation from triplet excitons in fluorescent organic light-emitting diodes[J]. ISRN Mater. Sci., 2013, 670130:1-19.

[20] NISHIMOTO T, YASUDA T, LEE S Y, et al. A six-carbazole-decorated cyclophosphazene as a host with high triplet energy to realize efficient delayed-fluorescence OLED[J]. Mater. Horiz., 2014, 1: 264-269.

[21] HIRATA S, SAKAI Y, MASUI K, et al. Highly efficient blue electroluminescence based on thermally activated delayed fluorescence[J]. Nat. Mater., 2015, 14:330-336.

[22] KIM M, JEON S K, HWANG S H, et al. Stable blue thermally activated delayed fluorescent organic light-emitting diodes with three times longer lifetime than phosphorescent organic light-emitting diodes[J]. Adv. Mater., 2015, 27:2515-2520.

[23] PARK I S, LEE S Y, ADACHI C, et al. Full-color delayed fluorescence materials based on wedge-shaped phthalonitriles and dicyanopyrazines: systematic design, tunable photophysical properties, and OLED performance[J]. Adv. Funct. Mater., 2016, 26:1813-1821.

[24] LIN T A, CHATTERJEE T, TSAI W L,et al. Sky-blue organic light emitting diode with 37% external quantum effi ciency using thermally activated delayed fluorescence from spiroacridine-triazine hybrid[J]. Adv. Mater., 2016, 28: 6976-6983.

[25] ZHANG Q S, KUWABARA H, POTSCAVAGE W J, et al. Anthraquinone-Based Intramolecular Charge-Transfer Compounds: Computational Molecular Design, Thermally Activated Delayed Fluorescence, and Highly Efficient RedElec-

troluminescence[J]. J. Am. Chem. Soc., 2014, 136:18070-18081.

[26]RAJAMALLI P, SENTHILKUMAR N, GANDEEPAN P, et al. A new molecular design based on thermally activated delayed fluorescence for highly efficient organic light emittingdiodes[J]. J. Am. Chem. Soc., 2016, 138:628-634.

[27] SHIZU K, TANAKA H, UEJIMA M, et al. Strategy for designing electron donors for thermally activateddelayed fluorescence emitters[J]. J. Phys. Chem. C, 2015, 119:1291-1297.

[28]HUANG S P, ZHANG Q S, SHIOTA Y, et al. Computational prediction for singlet- and triplet-transition energies of charge-transfercompounds[J]. J. Chem. Theory Comput., 2013, 9:3872-3877.

[29] SUN H T, ZHONG C, BRÉDAS J L. Reliable prediction with tuned range-separated functionals of the singlet-triplet gap in organic emitters for thermally activated delayed fluorescence[J]. J. Chem. Theory Comput., 2015, 11:3851-3858.

[30] RUPAKHETI C, SAADON R A, ZHANG Y Q, et al. Diverse optimal molecular libraries for organic light-emitting diodes[J]. J. Chem. Theory Comput., 2016, 12:1942-1952.

[31] GAO Y, GENG Y, WU Y, et al. Investigation on the effect of connected bridge on thermally activated delayed fluorescence property for DCBPy emitter[J]. Dyes and Pigments, 2017, 145: 277-284.

[32] OLIVIER Y, MORAL M, MUCCIOLI L,et al. Dynamic nature of excited states of donor-acceptor TADF materials for OLED: how theory can reveal structure-propertyrelationships[J]. J. Mater. Chem. C, 2017, 5:5718-5729.

[33] GIBSON J, PENFOLD T J. Nonadiabatic coupling reduces the activation energy in thermally activated delayedfluorescence[J]. Phys. Chem. Chem. Phys., 2017, 19:8428-8434.

[34] PENG Q, FAN D, DUAN R H, et al. Theoretical study of conversion and decay processes of excited triplet and singlet states in a thermally activated delayed fluorescence molecule[J]. J. Phys. Chem. C, 2017, 121, 13448-13456.

[35] STEPHENS P J, DEVLIN F J, CHABALOWSKI C F, et al. Ab initio calculation of vibrational absorption and circular dichroism spectra using density functional force fields[J]. J. Phys. Chem., 1994, 98:11623-11627.

[36] BOESE A D, MARTIN J M L. Development of density functionals for thermochemical kinetics[J]. J. Chem. Phys., 2004, 121:3405-3416.

[37] ZHAO Y, TRUHLAR D G. Hybrid meta density functional theory methods for thermochemistry, thermochemical kinetics, and noncovalent interactions: the mpw1b95 and mpwb1k models and comparative assessments for hydrogen bonding and van der waals interactions[J]. J. Phys. Chem. A, 2004, 108:6908-6918.

[38] ZHAO Y, TRUHLAR D G. The M06 suite of density functionals for main group

thermochemistry, thermochemical kinetics, noncovalent interactions, excited states, and transition elements: two new functionals and systematic testing of four M06-class functionals and 12 other functionals[J]. Theor. Chem. Acc., 2008, 120:215-241.

[39]ADAMO C, SCUSERIA G E. Accurate excitation energies from time-dependent density functional theory: Assessing the PBE0 model[J]. J. Chem. Phys., 1999, 111:2889-2899.

[40]PERDEW J P, BURKE K, ERNZERHOF M. Generalized gradient approximation made simple[J]. Phys. Rev. Lett., 1996, 77:3865-3868.

[41]TANAKA H, SHIZU K, NAKANOTANI H, et al. Dual intramolecular charge-transfer fluorescence derived from a phenothiazine- triphenyltriazinederivative[J]. J. Phys. Chem. C, 2014, 118: 15985-15994.

[42] CHESICK J P, FRASER S J, LINNETT J W. Correlated atomic and molecular wavefunctions using limited Gaussian basissets[J]. Trans. Faraday Soc., 1968, 64:257-268.

[43] MCCUMBER D E. Einstein relations connecting broadband emission and absorytionsyectra[J]. Phys. Rev., 1964, 136:A954-A957.

[44] LU T, CHEN F W. Multiwfn: a multifunctional wavefunctionanalyzer[J]. J. Comput. Chem., 2012, 33:580-592.

[45]GUIDO C A, CORTONA P, MENNUCCI B, et al. On the metric of charge transfer molecular excitations: a simple chemical descriptor[J]. J. Chem. Theory Comput., 2013, 9 (7):3118-3126.

[46]WANG L J, LI T, FENG P C, et al. Theoretical tuning of the singlet-triplet energy gap to achieve efficient long-wavelength thermally activated delayed fluorescence emitters: the impact of substituents[J]. Phys. Chem. Chem. Phys., 2017, 19:21639-21647.

[47] IMPROTA R, BARONE V, SCALMANI G, et al. A state-specific polarizable continuum model time dependent density functional theory method for excited state calculations in solution[J]. J. Chem. Phys., 2006, 125:054103.

[48] IMPROTA R, SCALMANI G, FRISCH M J, et al. Toward effective and reliable fluorescence energies in solution by a new state specific polarizable continuum model time dependent density functional theory approach[J]. J. Chem. Phys., 2007, 127:074504.

附　　录

附录Ⅰ　第7章补充数据

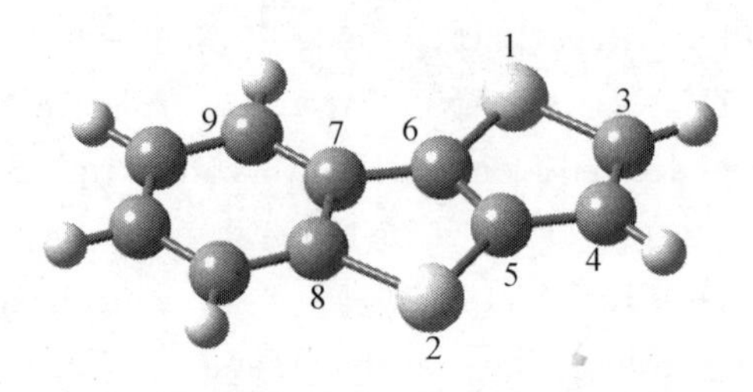

图 S1　优化的 TBT 的基态几何结构
（原子标号标于分子结构上）

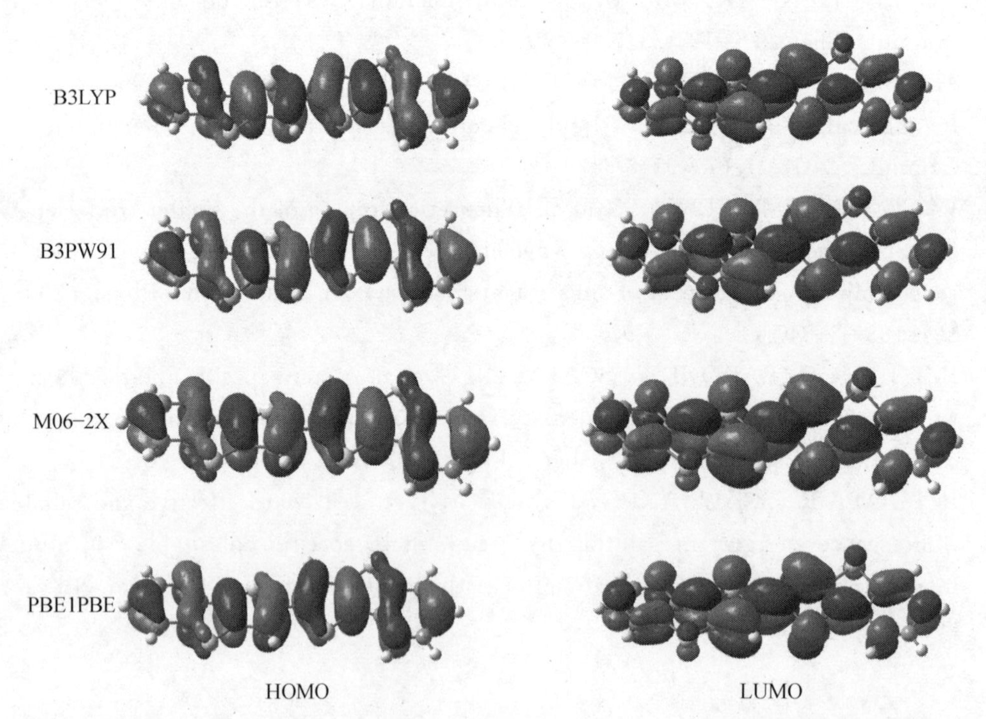

图 S2　基于 B3LYP/6-31G**，B3PW91/6-31G**，M06-2X/6-31G** 和 PBE1PBE/6-31G** 基组计算的化合物 1 的前线分子轨道

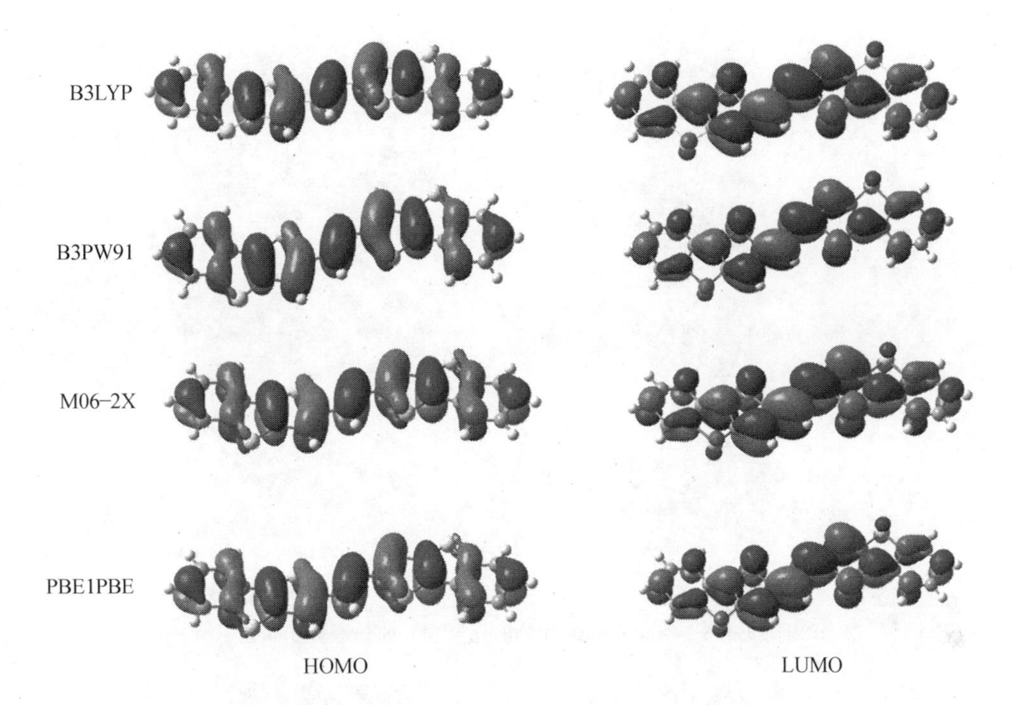

图 S3 基于 B3LYP/6－31G**，B3PW91/6－31G**，M06－2X/6－31G**和 PBE1PBE/6－31G**基组计算的化合物 2 的前线分子轨道

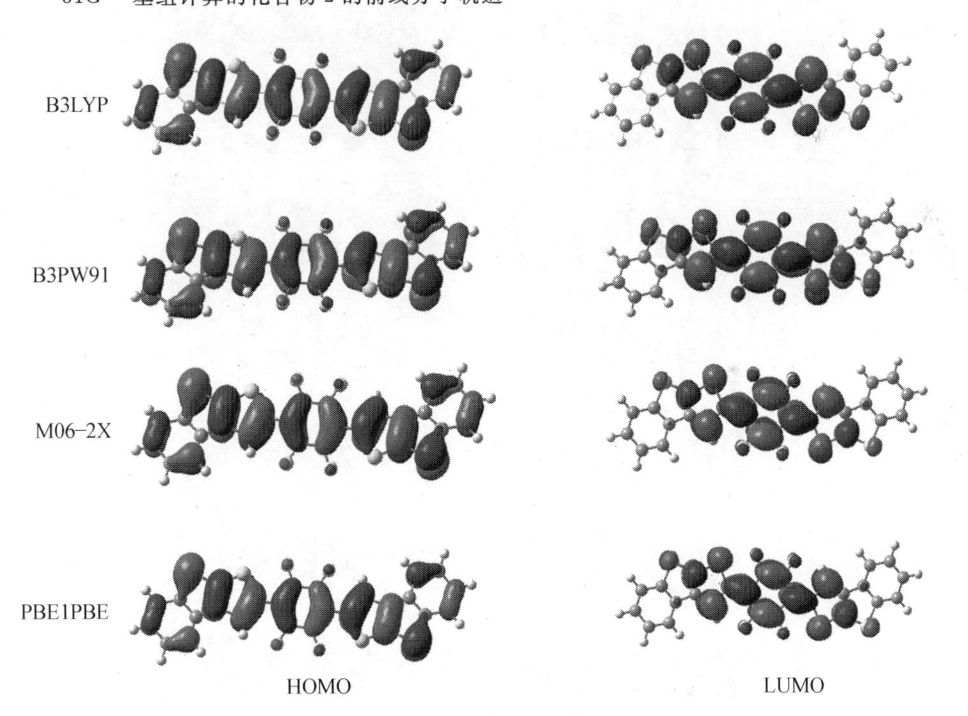

图 S4 基于 B3LYP/6－31G**，B3PW91/6－31G**，M06－2X/6－31G**和 PBE1PBE/6－31G**基组计算的化合物 4 的前线分子轨道

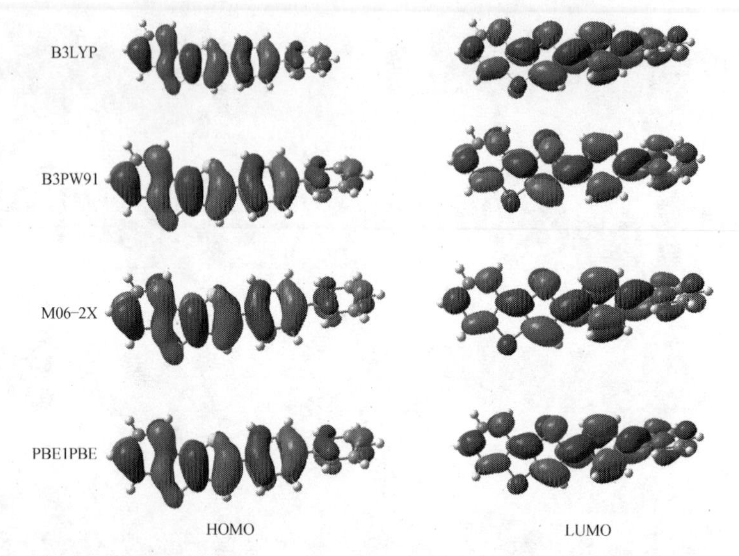

图 S5　基于 B3LYP/6－31G**，B3PW91/6－31G**，M06－2X/6－31G** 和 PBE1PBE/6－31G** 基组计算的化合物 6 的前线分子轨道

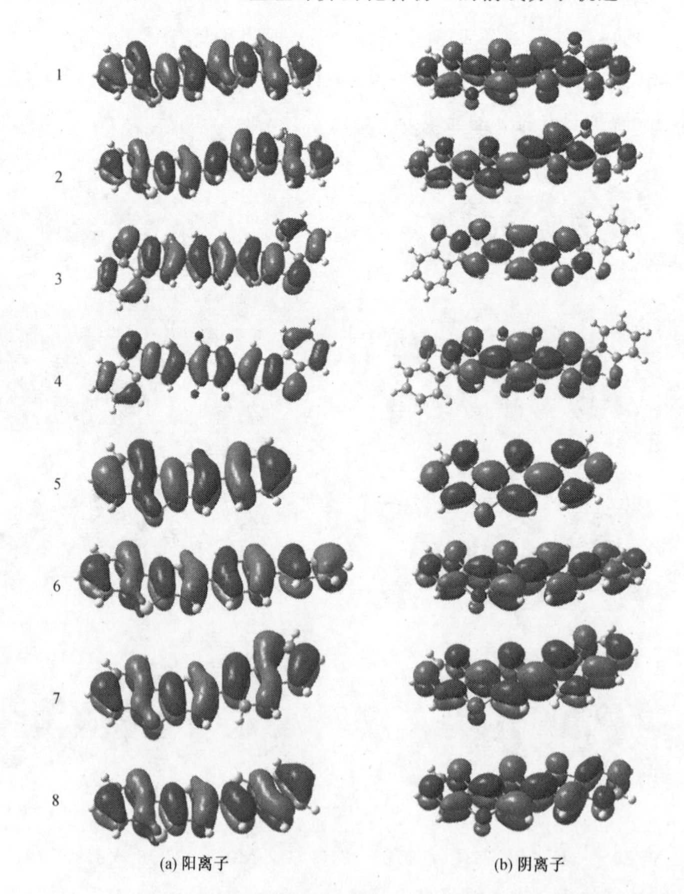

图 S6　基于 B3LYP/6－31G** 基组得到的化合物 1～8 的阳离子态和阴离子态的 SOMO 轨道

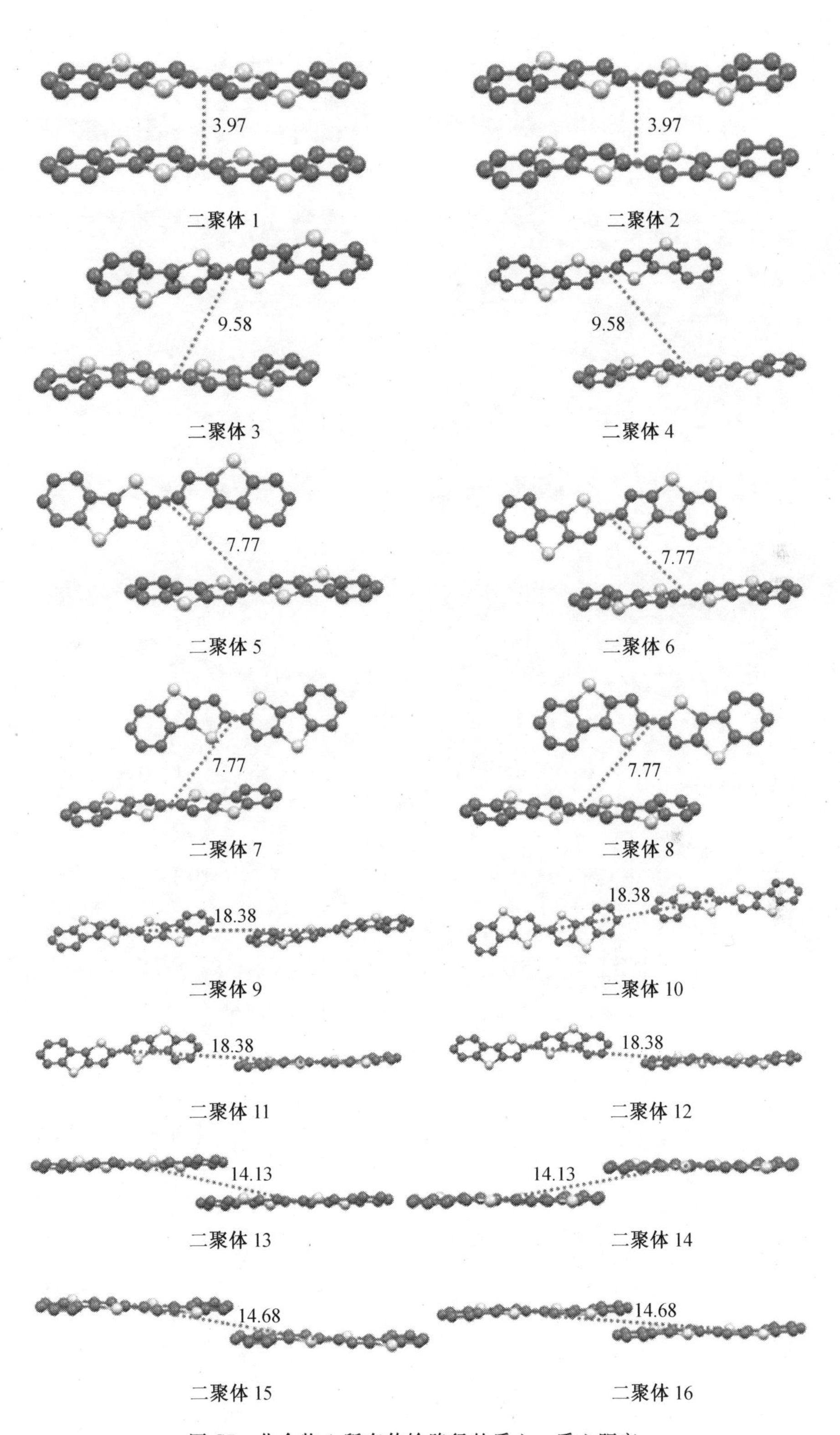

图 S7　化合物 1 所有传输路径的质心－质心距离

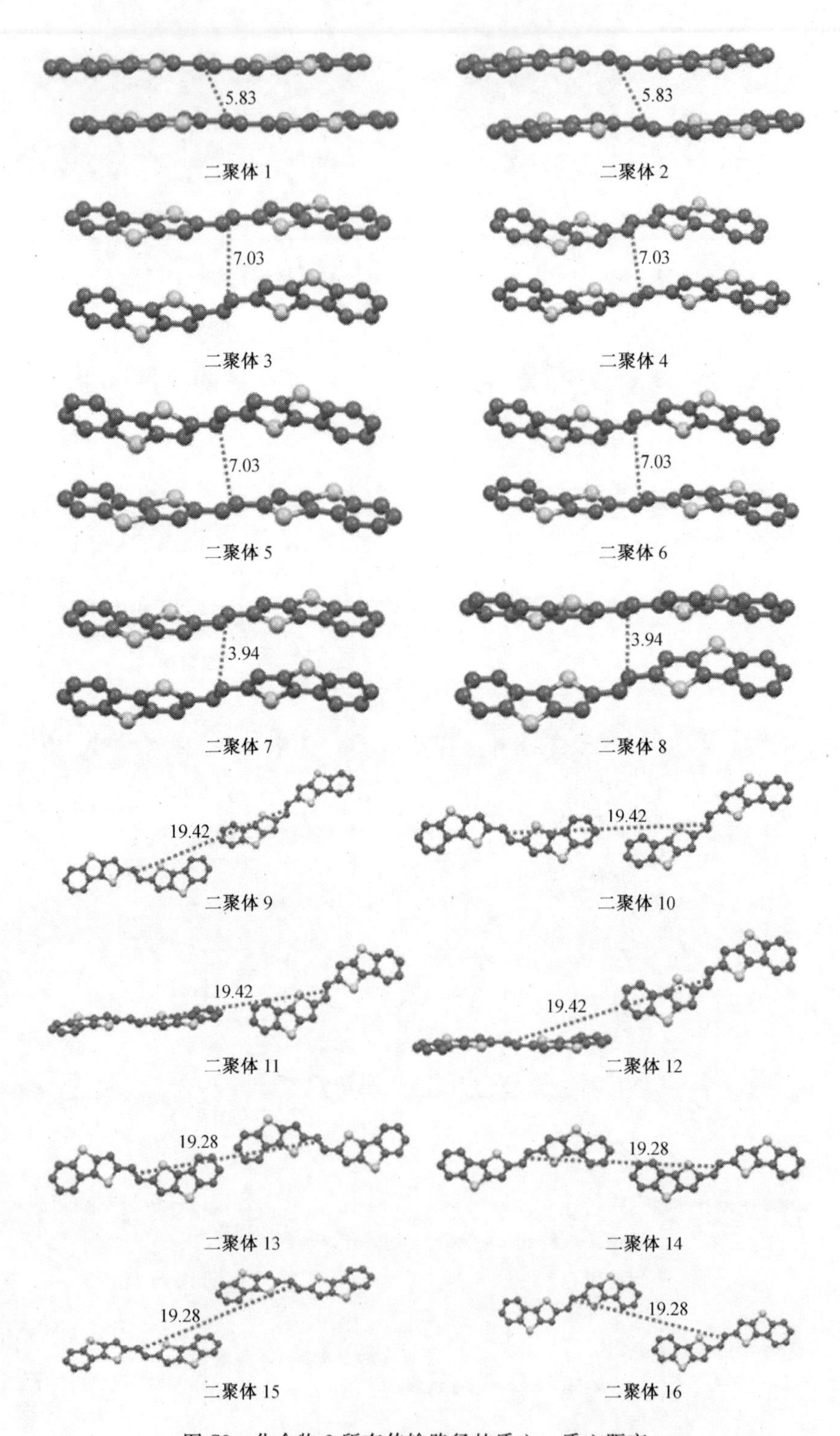

图 S8　化合物 2 所有传输路径的质心一质心距离

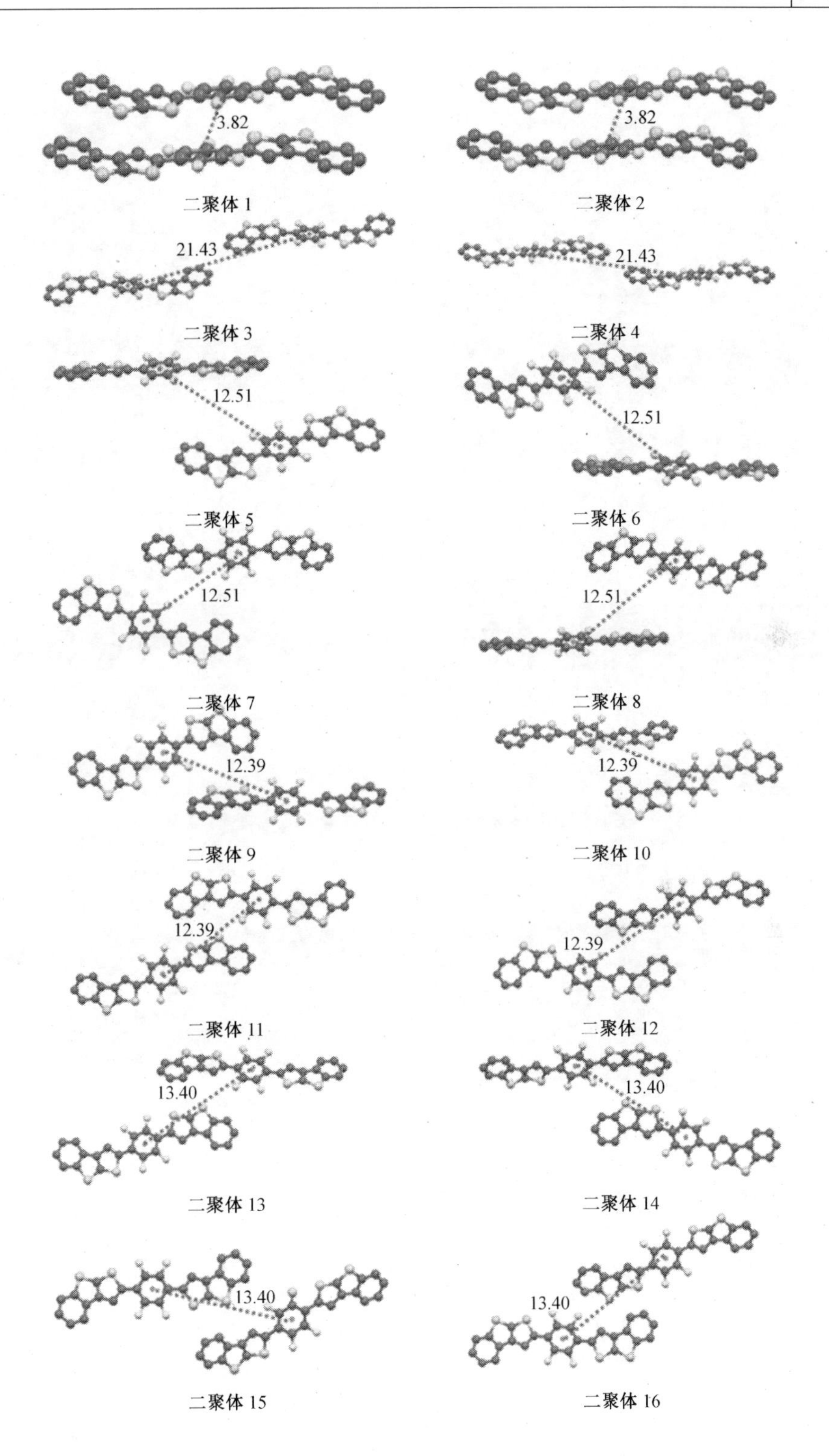

图 S9 化合物 4 所有传输路径的质心—质心距离

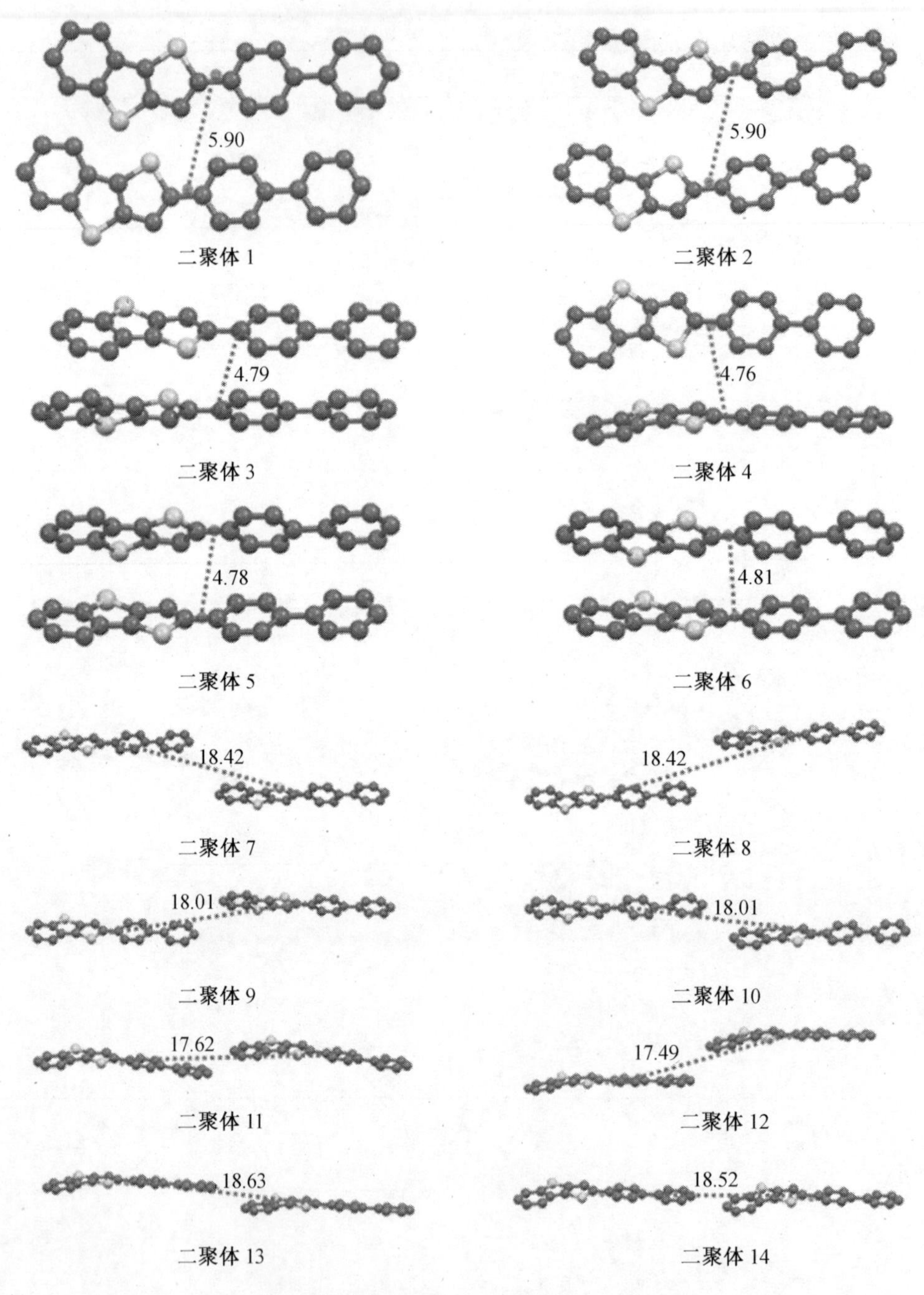

图 S10　化合物 6 所有传输路径的质心—质心距离

表 S1 优化的 TBT 在中性态和离子态的键参数

	键参数	中性态	阳离子态	阴离子态
键长/Å	*R*(C7—C6)	1.44	1.41	1.40
	R(C5—S2)	1.76	1.72	1.78
	R(C5—C6)	1.38	1.44	1.42
	R(C6—S1)	1.74	1.74	1.78
键角/(°)	*θ*(C9—C7—C8)	119.0	119.5	116.8
	θ(C6—C5—S2)	112.1	112.7	110.0
	θ(S1—C3—C4)	113.0	114.8	111.5
	θ(C7—C6—C5)	114.6	113.8	116.4
二面角/(°)	*θ*(C7—C6—C5—S2)	0.0	0.0	0.0
	θ(C7—C8—S2—C5)	0.0	0.0	0.0

表 S2 优化的化合物 3 在中性态和离子态的键参数

	键参数	中性态	阳离子态	阴离子态
键长/Å	*R*(S1—C2)	1.78	1.78	1.81
	R(C2—C3)	1.46	1.43	1.43
	R(C2—C6)	1.37	1.40	1.40
	R(C6—C7)	1.43	1.40	1.42
键角/(°)	*θ*(C6—C2—C3)	128.6	128.4	130.4
	θ(C6—C2—S1)	111.0	110.8	109.6
	θ(C2—C3—C4)	120.5	121.0	121.5
	θ(C2—C3—C5)	122.0	121.9	123.2
	θ(C4—C3—C5)	117.6	117.1	115.4
二面角/(°)	*θ*(C6—C2—C3—C4)	26.3	0.6	1.4
	θ(S1—C2—C3—C5)	27.4	0.6	1.5

表 S3 优化的化合物 5 在中性态和离子态的键参数

	键参数	中性态	阴离子态	阴离子态
键长/Å	R(S1—C2)	1.77	1.78	1.81
	R(C2—C3)	1.47	1.44	1.43
	R(C2—C6)	1.38	1.41	1.42
	R(C6—C7)	1.42	1.39	1.39
	R(C7—C8)	1.38	1.43	1.40
键角/(°)	θ(S1—C2—C6)	111.3	111.4	109.5
	θ(C6—C2—C3)	128.0	127.8	129.3
	θ(C2—C3—C5)	120.2	120.4	121.5
	θ(C6—C7—C8)	114.3	113.8	116.0
二面角/(°)	θ(S1—C2—C3—C4)	28.4	0.1	0.0
	θ(S1—C2—C3—C5)	151.9	179.9	180.0

表 S4 优化的化合物 7 在中性态和离子态的键参数

	键参数	中性态	阳离子态	阴离子态
键长/Å	R(S1—C2)	1.77	1.78	1.80
	R(C2—C3)	1.47	1.43	1.43
	R(C2—C6)	1.38	1.40	1.41
	R(C3—C4)	1.39	1.41	1.42
	R(C6—C7)	1.42	1.39	1.40
	R(C7—C8)	1.38	1.42	1.40
键角/(°)	θ(S1—C2—C6)	111.3	111.2	109.7
	θ(C6—C2—C3)	127.9	127.6	129.8
	θ(C2—C3—C4)	122.0	120.9	123.4
	θ(C4—C3—C5)	118.4	118.2	116.2
二面角/(°)	θ(S1—C2—C3—C4)	26.2	0.0	0.0
	θ(S1—C2—C3—C5)	153.9	180.0	180.0

表 S5　优化的化合物 8 在中性态和离子态的键参数

	键参数	中性态	阳离子态	阴离子态
键长/Å	R(S1—C2)	1.77	1.78	1.80
	R(C2—C3)	1.45	1.42	1.41
	R(C2—C6)	1.38	1.41	1.42
	R(C6—C7)	1.42	1.39	1.39
	R(C7—C8)	1.39	1.42	1.40
	R(C3—C5)	1.37	1.40	1.40
键角/(°)	θ(S1—C2—C6)	111.6	111.6	110.0
	θ(C2—C3—S4)	121.0	122.6	121.4
	θ(C2—C3—C5)	127.3	125.9	128.9
	θ(S4—C3—C5)	111.7	111.5	109.7
二面角/(°)	θ(S1—C2—C3—S4)	29.9	0.0	0.0
	θ(S1—C2—C3—C5)	151.2	180.0	180.0

表 S6　基于 B3LYP/6—31G**，B3PW91/6—31G**，M06—2X/6—31G** 和 PBE1PBE/6—31G** 基组得到的 HOMO，LUMO 能量和能隙　eV

化合物 1	B3LYP	B3PW91	M06—2X	PBE1PBE	实验值
E_{HOMO}	−5.29	−5.43	−6.56	−5.56	−5.46
E_{LUMO}	−1.87	−1.95	−1.01	−1.77	−2.31
E_{gap}	3.42	3.48	5.55	3.79	3.15
化合物 2	B3LYP	B3PW91	M06—2X	PBE1PBE	实验值
E_{HOMO}	−5.11	−5.23	−6.34	−5.36	−5.53
E_{LUMO}	−2.10	−2.20	−1.31	−2.03	−2.81
E_{gap}	3.01	3.03	5.03	3.33	2.72
化合物 4	B3LYP	B3PW91	M06—2X	PBE1PBE	实验值
E_{HOMO}	−5.43	−5.55	−6.68	−5.68	−5.34
E_{LUMO}	−2.00	−2.07	−1.20	−1.90	−2.31
E_{gap}	3.43	3.48	5.48	3.78	3.03
化合物 6	B3LYP	B3PW91	M06—2X	PBE1PBE	实验值
E_{HOMO}	−5.40	−5.54	−6.67	−5.67	−5.53
E_{LUMO}	−1.56	−1.64	−0.70	−1.46	−2.09
E_{gap}	3.84	3.90	5.97	4.21	3.44

附录Ⅱ 第8章补充数据

表 S1 采用不同泛函和 6−31G* 基组,基于优化的 S_0 几何构型计算的分子 1 的二面角(θ_1, θ_2和 θ_3) 和键长 (l_1, l_2和 l_3)

化合物 1	$\theta_1/\theta_2/\theta_3$/(°)	$l_1/l_2/l_3$/Å
B3LYP	−19.2/51.8/48.1	1.482/1.417/1.427
MPW1B95	−21.0/49.5/44.3	1.473/1.405/1.414
BMK	−19.3/51.2/48.5	1.482/1.416/1.426
M062X	−24.7/49.6/47.0	1.482/1.412/1.421
PBE0	−21.2/50.8/47.9	1.477/1.409/1.418
CAM−B3LYP	−22.8/52.8/50.6	1.482/1.414/1.423

表 S2 采用 TD−B3LYP 和 TD−BMK 泛函及 6−31G * 基组在甲苯溶剂中基于优化的 S_0和 S_1态几何构型计算的 S_1和 T_1跃迁过程的跃迁能(E_{VA}和 E_{VE})、振子强度(f_{VA}和 f_{VE})和构型相互作用(CI)描述

泛函			S_0构型				S_1构型			
			E_{VA}/eV	CI	cj/%	f_{VA}	E_{VE}/eV	CI	cj/%	f_{VE}
1	BMK	S_1	3.165 0	H→L	90.4	0.348 3	2.546 9	H→L	95.0	0.174 0
		S_2	3.601 1	H−1→L	96.3	0.012 8	3.146 9	H−1→L	97.4	0.008 3
		S_3	3.626 1	H→L+2	91.4	0.036 7	3.440 6	H→L+2	93.1	0.035 5
		T_1	2.752 7	H−4→L	34.9	0.000 0	2.320 7	H→L	42.7	0.000 0
		T_2	3.112 9	H→L+2	75.0	0.000 0	2.641 1	H→L	48.5	0.000 0
		T_3	3.119 7	H−12→L	61.1	0.000 0	2.842 1	H→L+2	84.3	0.000 0
		T_4	3.149 5	H→L	36.3	0.000 0				
		T_5	3.240 6	H−3→L	32.7	0.000 0				
	B3LYP	S_1	2.270 9	H→L	99.2	0.132 5	1.722 3	H→L	99.3	0.104 5
		S_2	2.550 5	H−1→L	99.6	0.004 6	2.174 2	H−1→L	99.5	0.005 0
		S_3	3.158 5	H→L+2	59.6	0.134 8	2.809 5	H→L+1	97.8	0.058 6
		T_1	2.192 0	H→L	89.9	0.000 0	1.662 6	H→L	96.0	0.000 0
		T_2	2.539 3	H−1→L	98.1	0.000 0	2.164 8	H−1→L	99.0	0.000 0
		T_3	2.628 2	H−4→L	46.0	0.000 0	2.262 2	H−4→L	59.9	0.000 0

注:HOMO 简写为“H”,LUMO 简写为“L”。

续表 S2

泛函			S_0构型				S_1构型			
			E_{VA}/eV	CI	cj/%	f_{VA}	E_{VE}/eV	CI	cj/%	f_{VE}
2	BMK	S_1	3.128 2	H→L	92.3	0.175 7	2.483 1	H→L	95.3	0.152 7
		S_2	3.527 4	H−1→L	97.5	0.004 6	3.073 7	H−1→L	97.5	0.006 1
		S_3	3.668 8	H→L+2	91.4	0.041 7	3.456 5	H→L+2	92.3	0.033 8
		T_1	2.771 1	H−4→L	25.9	0.000 0	2.265 7	H→L	43.6	0.000 0
		T_2	3.111 5	H−13→L	42.7	0.000 0	2.588 5	H→L	48.9	0.000 0
		T_3	3.131 2	H−13→L	37.8	0.000 0	2.856 4	H→L+2	83.6	0.000 0
		T_4	3.146 7	H→L+2	79.5	0.000 0				
		T_5	3.268 4	H−3→L+2	35.1	0.000 0				
	B3LYP	S_1	2.200 0	H→L	99.2	0.065 3	1.666 3	H→L	99.4	0.092 5
		S_2	2.471 7	H−1→L	99.6	0.002 1	2.115 5	H−1→L	99.5	0.004 2
		S_3	3.095 9	H→L+1	96.5	0.095 8	2.740 3	H→L+1	97.9	0.051 2
		T_1	2.156 9	H→L	93.8	0.000 0	1.610 0	H→L	96.1	0.000 0
		T_2	2.466 2	H−1→L	98.8	0.000 0	2.107 0	H−1→L	98.6	0.000 0
		T_3	2.589 8	H−4→L	28.9	0.000 0	2.205 5	H−4→L	37.7	0.000 0
3	BMK	S_1	3.204 3	H→L	93.2	0.094 4	2.551 1	H→L	95.5	0.046 2
		S_2	3.589 7	H−1→L	97.5	0.002 3	3.143 5	H−1→L	97.6	0.001 9
		S_3	3.638 2	H→L+2	92.0	0.041 7	3.431 4	H→L+2	93.3	0.040 9
		T_1	2.838 8	H−4→L	54.7	0.000 0	2.393 1	H−4→L	44.0	0.000 0
		T_2	3.118 0	H→L+2	80.4	0.000 0	2.581 1	H→L	71.1	0.000 0
		T_3	3.119 8	H−13→L	43.7	0.000 0	2.828 2	H→L+2	84.7	0.000 0
		T_4	3.186 1	H→L	74.3	0.000 0				
		T_5	3.264 0	H−3→L+2	37.0	0.000 0				
	B3LYP	S_1	2.246 5	H→L	99.2	0.034 1	1.693 9	H→L	99.2	0.027 4
		S_2	2.517 7	H−1→L	99.6	0.001 1	2.158 8	H−1→L	99.5	0.001 2
		S_3	3.158 3	H→L+1	91.9	0.063 0	2.802 7	H→L+1	97.9	0.015 4
		T_1	2.225 5	H→L	96.5	0.000 0	1.676 8	H→L	98.2	0.000 0
		T_2	2.513 9	H−1→L	99.1	0.000 0	2.154 6	H−1→L	99.2	0.000 0
		T_3	2.615 6	H−4→L	61.5	0.000 0	2.227 4	H−4→L	73.3	0.000 0

续表 S2

	泛函		S_0构型				S_1构型			
			E_{VA}/eV	CI	cj/%	f_{VA}	E_{VE}/eV	CI	cj/%	f_{VE}
4	BMK	S_1	2.951 7	H→L	92.1	0.000 7	2.268 4	H→L	94.3	0.000 3
		S_2	3.314 7	H−1→L	96.8	0.003 6	2.853 9	H−1→L	96.7	0.001 9
		S_3	3.658 0	H−14→L	87.1	0.003 3	3.470 6	H→L+3	92.9	0.041 0
		T_1	2.850 5	H−4→L	72.8	0.000 0	2.263 9	H→L	94.0	0.000 0
		T_2	2.946 7	H→L	90.9	0.000 0	2.460 0	H−4→L	85.8	0.000 0
		T_3	3.108 6	H−13→L	79.5	0.000 0	2.847 8	H−1→L	95.8	0.000 0
		T_4	3.158 0	H→L+2	79.7	0.000 0				
		T_5	3.273 8	H−2→L+2	38.4	0.000 0				
	B3LYP	S_1	2.018 6	H→L	98.7	0.000 3	1.452 3	H→L	98.8	0.000 2
		S_2	2.275 6	H→L	99.4	0.001 9	1.911 9	H−1→L	99.3	0.001 3
		S_3	2.918 4	H→L+1	96.1	0.000 3	2.574 2	H→L+1	97.7	0.000 1
		T_1	2.016 7	H→L	98.6	0.000 0	1.449 6	H→L	98.7	0.000 0
		T_2	2.273 0	H−1→L	99.3	0.000 0	1.907 5	H−1→L	99.2	0.000 0
		T_3	2.598 9	H−6→L	78.6	0.000 0	2.242 7	H−4→L	88.5	0.000 0
5	BMK	S_1	3.165 5	H→L	95.3	0.010 0	2.489 1	H→L	97.3	0.006 6
		S_2	3.558 3	H−1→L	97.9	0.002 5	3.101 3	H−1→L	98.1	0.006 8
		S_3	3.630 0	H→L+2	92.4	0.043 6	3.420 6	H→L+2	93.5	0.035 5
		T_1	2.858 7	H−4→L	59.7	0.000 0	2.381 1	H→L	47.4	0.000 0
		T_2	3.101 2	H−12→L	36.8	0.000 0	2.519 0	H→L	47.2	0.000 0
		T_3	3.113 4	H→L+2	67.4	0.000 0	2.814 1	H→L+2	84.9	0.000 0
		T_4	3.141 2	H→L	45.1	0.000 0				
		T_5	3.260 5	H−3→L+2	36.7	0.000 0				
	B3LYP	S_1	2.214 9	H→L	99.2	0.004 7	1.634 7	H→L	99.5	0.004 6
		S_2	2.497 9	H−1→L	99.5	0.000 7	2.125 0	H−1→L	99.6	0.003 3
		S_3	3.154 1	H→L+1	97.3	0.002 4	2.761 2	H→L+1	98.7	0.002 4
		T_1	2.192 7	H→L	97.4	0.000 0	1.610 5	H→L	98.5	0.000 0
		T_2	2.495 2	H−1→L	98.7	0.000 0	2.118 4	H−1→L	96.2	0.000 0
		T_3	2.625 2	H−4→L	66.5	0.000 0	2.242 8	H−4→L	75.7	0.000 0

续表 S2

泛函			S_0构型				S_1构型			
			E_{VA}/eV	CI	cj/%	f_{VA}	E_{VE}/eV	CI	cj/%	f_{VE}
6	BMK	S_1	3.255 0	H→L	96.5	0.004 2	2.592 8	H→L	97.9	0.004 2
		S_2	3.611 6	H−1→L	98.4	0.002 1	3.180 2	H−1→L	98.5	0.002 0
		S_3	3.673 9	H→L+2	87.4	0.044 8	3.444 5	H→L+2	89.6	0.037 1
		T_1	2.800 8	H−4→L	42.6	0.000 0	2.392 4	H−2→L	47.9	0.000 0
		T_2	3.136 0	H−12→L	79.0	0.000 0	2.595 2	H→L	82.8	0.000 0
		T_3	3.147 2	H→L+2	72.8	0.000 0	2.838 7	H→L+2	82.3	0.000 0
		T_4	3.237 0	H→L	77.1	0.000 0				
		T_5	3.284 2	H−3→L+2	35.8	0.000 0				
	B3LYP	S_1	2.286 2	H→L	99.4	0.002 0	1.715 2	H→L	99.6	0.002 9
		S_2	2.552 7	H→L	99.7	0.000 5	2.193 2	H−1→L	99.7	0.000 8
		S_3	3.198 3	H→L+2	77.0	0.019 6	2.885 2	H→L+1	97.2	0.002 3
		T_1	2.274 2	H→L	97.5	0.000 0	1.698 4	H→L	98.6	0.000 0
		T_2	2.543 9	H−1→L	55.8	0.000 0	2.185 5	H−1→L	70.4	0.000 0
		T_3	2.561 9	H−4→L	28.3	0.000 0	2.208 3	H−1→L	29.2	0.000 0
7	BMK	S_1	3.224 1	H→L	96.3	0.007 5	2.564 6	H→L	97.6	0.007 8
		S_2	3.584 2	H−1→L	98.2	0.001 7	3.156 2	H−1→L	98.3	0.005 2
		S_3	3.639 5	H→L+2	87.7	0.042 3	3.418 7	H→L+2	90.3	0.037 5
		T_1	2.852 3	H−4→L	64.5	0.000 0	2.433 0	H−4→L	62.7	0.000 0
		T_2	3.113 1	H→L+2	21.2	0.000 0	2.552 9	H→L	89.1	0.000 0
		T_3	3.121 3	H−12→L	59.0	0.000 0	2.814 3	H→L+2	83.2	0.000 0
		T_4	3.217 5	H→L	80.9	0.000 0				
		T_5	3.272 8	H−3→L+2	32.8	0.000 0				
	B3LYP	S_1	2.250 7	H→L	99.4	0.003 4	1.691 1	H→L	99.5	0.005 3
		S_2	2.519 6	H−1→L	99.7	0.000 8	2.170 2	H−1→L	99.6	0.002 4
		S_3	3.161 6	H→L+2	65.7	0.022 9	2.827 6	H→L+1	98.3	0.003 7
		T_1	2.244 6	H→L	99.0	0.000 0	1.679 1	H→L	99.2	0.000 0
		T_2	2.517 5	H−1→L	98.3	0.000 0	2.163 6	H−1→L	92.7	0.000 0
		T_3	2.602 8	H−4→L	67.9	0.000 0	2.233 5	H−4→L	73.5	0.000 0

续表 S2

	泛函		S_0构型				S_1构型			
			E_{VA}/eV	CI	cj/%	f_{VA}	E_{VE}/eV	CI	cj/%	f_{VE}
8	BMK	S_1	2.908 6	H→L	95.1	0.001 6	2.174 6	H→L	96.5	0.001 4
		S_2	3.250 6	H−1→L	97.8	0.008 1	2.743 2	H−1→L	97.7	0.015 7
		S_3	3.646 9	H−13→L	86.4	0.002 8	3.429 3	H→L+1	94.5	0.002 9
		T_1	2.845 9	H−4→L	49.7	0.000 0	2.167 5	H→L	96.3	0.000 0
		T_2	2.901 0	H→L	92.5	0.000 0	2.445 5	H−4→L	83.8	0.000 0
		T_3	3.100 2	H−13→L	78.4	0.000 0	2.743 8	H−1→L	95.3	0.000 0
		T_4	3.160 0	H→L+2	80.0	0.000 0				
		T_5	3.247 4	H−1→L	96.1	0.000 0				
	B3LYP	S_1	1.977 5	H→L	99.2	0.001 0	1.361 7	H→L	99.2	0.001 0
		S_2	2.230 0	H−1→L	99.6	0.004 1	1.821 4	H−1→L	99.5	0.010 7
		S_3	2.872 7	H→L+1	98.0	0.001 6	2.481 9	H→L+1	98.7	0.001 4
		T_1	1.974 4	H→L	99.0	0.000 0	1.356 6	H→L	99.2	0.000 0
		T_2	2.227 8	H−1→L	99.4	0.000 0	1.814 7	H−1→L	99.1	0.000 0
		T_3	2.596 1	H−6→L	78.8	0.000 0	2.476 9	H→L+1	98.3	0.000 0
9	BMK	S_1	3.019 4	H→L	91.9	0.309 6	2.375 3	H→L	95.9	0.085 1
		S_2	3.439 4	H−1→L	97.3	0.009 7	2.959 4	H−1→L	97.8	0.003 7
		S_3	3.621 9	H→L+2	91.8	0.044 4	3.437 9	H→L+2	92.5	0.033 1
		T_1	2.718 8	H→L	38.6	0.000 0	2.283 7	H→L	71.6	0.000 0
		T_2	3.111 5	H→L+2	70.2	0.000 0	2.554 0	H−4→L	52.0	0.000 0
		T_3	3.118 4	H→L	35.0	0.000 0	2.834 6	H→L+2	84.5	0.000 0
		T_4	3.188 5	H−13→L	78.4	0.000 0				
		T_5	3.225 1	H−3→L+2	29.3	0.000 0				
	B3LYP	S_1	2.132 7	H→L	99.3	0.126 8	1.537 5	H→L	99.4	0.055 9
		S_2	2.406 8	H−1→L	99.6	0.004 5	1.993 5	H−1→L	99.6	0.002 9
		S_3	3.059 1	H→L+1	96.6	0.183 6	2.661 1	H→L+1	98.0	0.034 3
		T_1	2.065 2	H→L	93.6	0.000 0	1.506 0	H→L	98.3	0.000 0
		T_2	2.398 0	H−1→L	98.8	0.000 0	1.987 9	H−1→L	99.4	0.000 0
		T_3	2.642 4	H−2→L	28.8	0.000 0	2.275 0	H−4→L	69.0	0.000 0

续表 S2

泛函			S_0构型				S_1构型			
			E_{VA}/eV	CI	cj/%	f_{VA}	E_{VE}/eV	CI	cj/%	f_{VE}
10	BMK	S_1	2.818 2	H→L	93.5	0.283 8	2.153 6	H→L	96.7	0.040 1
		S_2	3.224 6	H−1→L	97.8	0.008 6	2.726 5	H−1→L	98.2	0.001 9
		S_3	3.617 9	H→L+2	89.7	0.077 1	3.340 2	H→L+1	91.3	0.029 5
		T_1	2.560 7	H→L	45.6	0.000 0	2.116 1	H→L	87.9	0.000 0
		T_2	2.914 9	H→L	37.1	0.000 0	2.372 2	H−4→L	75.8	0.000 0
		T_3	3.113 5	H→L+2	82.1	0.000 0	2.719 4	H−1→L	97.2	0.000 0
		T_4	3.151 5	H−1→L	58.1	0.000 0				
		T_5	3.222 1	H−14→L	84.2	0.000 0				
	B3LYP	S_1	1.955 9	H→L	99.5	0.131 8	1.322 9	H→L	99.4	0.030 0
		S_2	2.222 2	H−1→L	99.6	0.005 3	1.779 3	H−1→L	99.6	0.001 9
		S_3	2.855 0	H→L+1	98.2	0.138 4	2.457 1	H→L+1	98.3	0.015 5
		T_1	1.886 7	H→L	94.8	0.000 0	1.304 3	H→L	99.0	0.000 0
		T_2	2.214 0	H−1→L	99.1	0.000 0	1.775 3	H−1→L	99.5	0.000 0
		T_3	2484 5	H−4→L	40.2	0.000 0	2.129 0	H−4→L	85.4	0.000 0
11	BMK	S_1	2.731 7	H→L	94.3	0.316 5	2.100 2	H→L	97.0	0.085 1
		S_2	3.133 7	H−1→L	98.2	0.007 7	2.665 1	H−1→L	98.3	0.003 1
		S_3	3.597 4	H−13→L	73.9	0.002 7	3.422 6	H→L+1	74.4	0.041 8
		T_1	2.517 6	H→L	55.6	0.000 0	2.047 0	H→L	88.2	0.000 0
		T_2	2.904 4	H→L	32.5	0.000 0	2.401 3	H−4→L	67.9	0.000 0
		T_3	3.070 8	H−13→L	64.1	0.000 0	2.656 0	H−1→L	97.2	0.000 0
		T_4	3.089 9	H−1→L	75.2	0.000 0				
		T_5	3.112 1	H→L+2	81.7	0.000 0				
	B3LYP	S_1	1.848 5	H→L	99.5	0.156 1	1.261 9	H→L	99.5	0.066 1
		S_2	2.111 6	H−1→L	99.7	0.005 5	1.704 1	H−1→L	99.6	0.003 5
		S_3	2.835 3	H→L+1	98.2	0.094 4	2.488 4	H→L+1	98.1	0.022 4
		T_1	1.784 3	H→L	96.2	0.000 0	1.229 4	H→L	98.9	0.000 0
		T_2	2.103 7	H−1→L	99.3	0.000 0	1.698 6	H−1→L	99.5	0.000 0
		T_3	2.487 6	H−2→L	32.5	0.000 0	2.161 1	H−4→L	71.8	0.000 0

表 S3 基于 BMK 泛函在甲苯和气相中得到的分子 1 的激发能和发射能以及吸收和发射波长

方法	BMK(甲苯溶剂)	BMK(气相)
$E_{VA}S_1$/eV	3.17	3.13
λ_{ab}/nm	392	396
$E_{VE}S_1$/eV	2.55	2.43
λ_{em}/nm	487	511
$\lambda_{em,实验值}$/nm	在掺杂膜中为 526 nm，在甲苯中为 544 nm	

表 S4 基于 PBE0/6－311G(d)、M06－2X/6－311G(d) 和 CAM－B3LYP/6－311G(d)方法在甲苯溶剂中得到的分子 1 的激发能(E_{VA})和发射能(E_{VE})、吸收波长(λ_{ab})和发射波长(λ_{em})，以及最低单重态－三重态能隙(ΔE_{ST})

方法	PBE0/6－311G(d)	M06－2X/6－311G(d)	CAM－B3LYP/6－311G(d)
$E_{VA}S_1$/eV	2.49	3.54	3.71
$E_{VA}T_1$/eV	2.34	3.05	2.60
$\Delta E_{ST,垂直}$/eV	0.15	0.49	1.11
λ_{ab}/nm	498	350	334
$E_{VE}S_1$/eV	1.85	2.93	3.05
$E_{VE}T_1$/eV	1.76	2.13	1.52
$\Delta E_{ST,绝热}$/eV	0.09	0.80	1.53
λ_{em}/nm	670	423	407

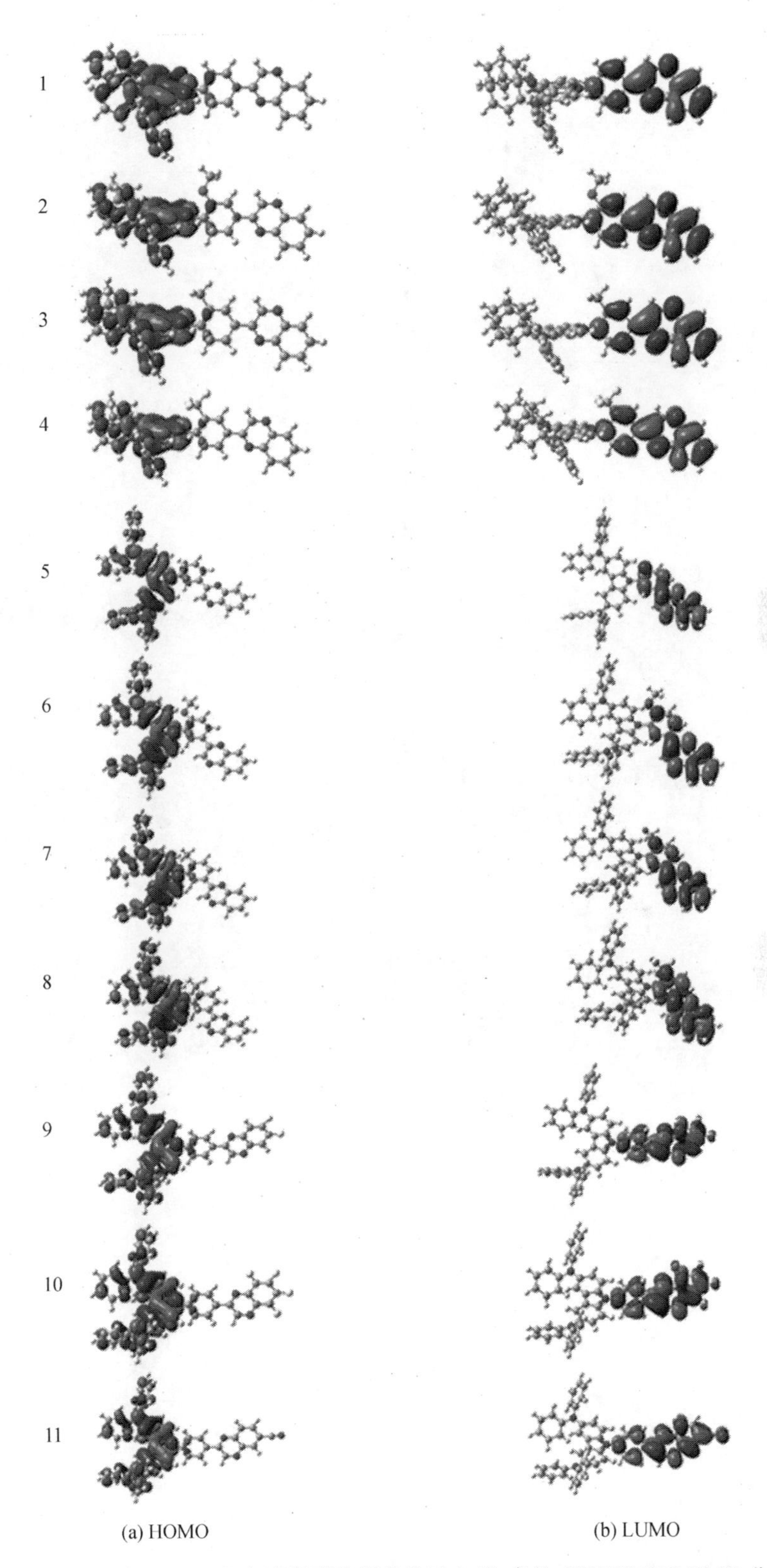

图 S1 基于 BMK/6－31G(d)方法得到的所有分子在 S1 态的 HOMO 和 LUMO 分布

2

3

4

5

6

7

8

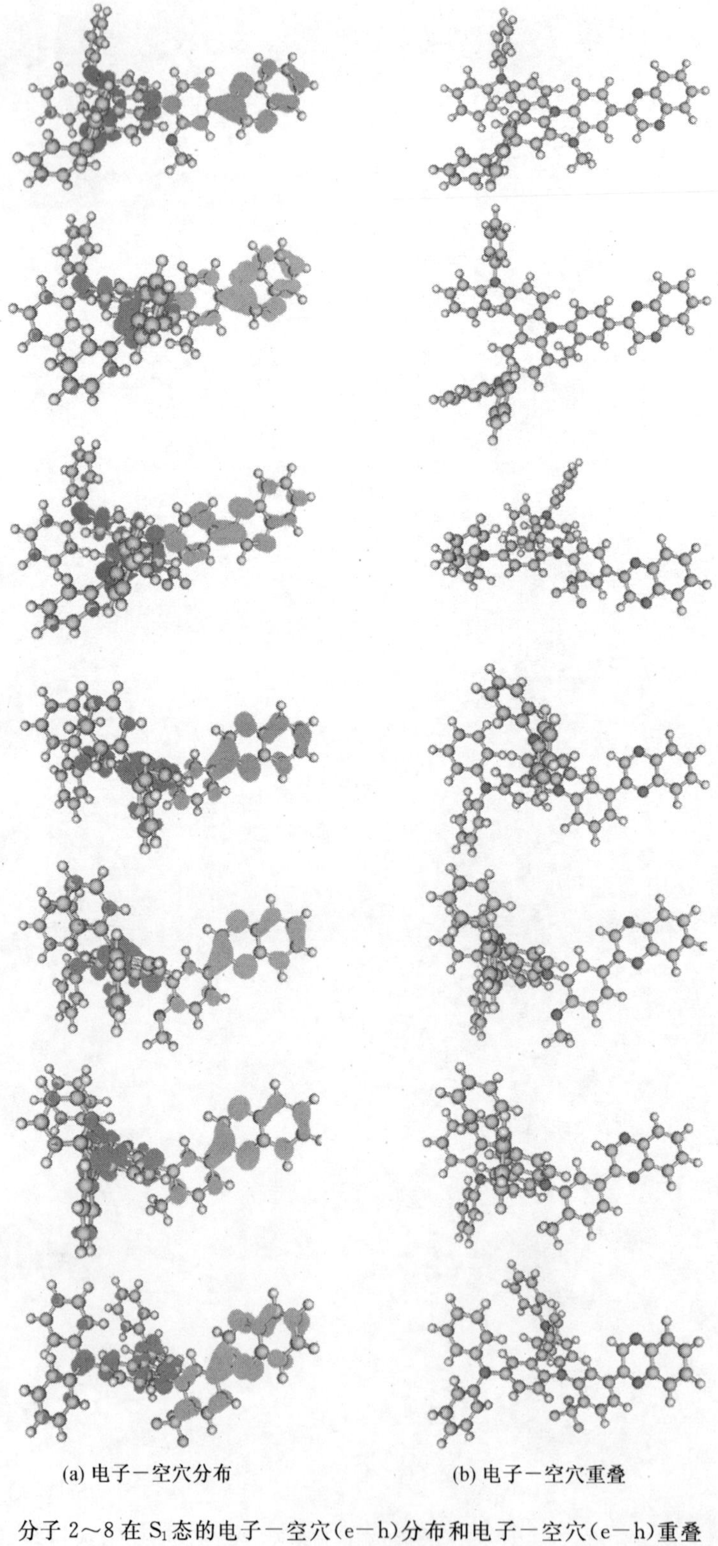

(a) 电子一空穴分布

(b) 电子一空穴重叠

图 S2　分子 2～8 在 S_1 态的电子一空穴(e－h)分布和电子一空穴(e－h)重叠

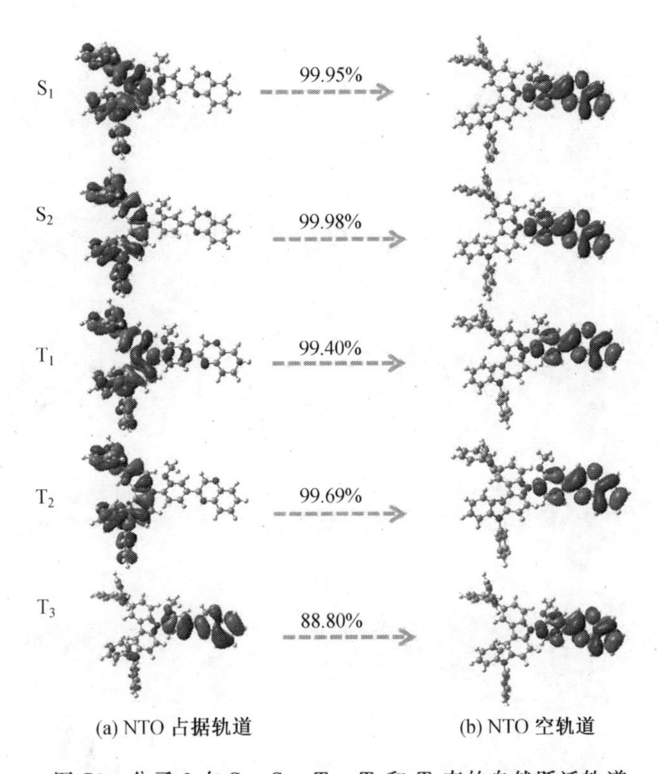

图 S3 分子 2 在 S_1，S_2，T_1，T_2和 T_3态的自然跃迁轨道

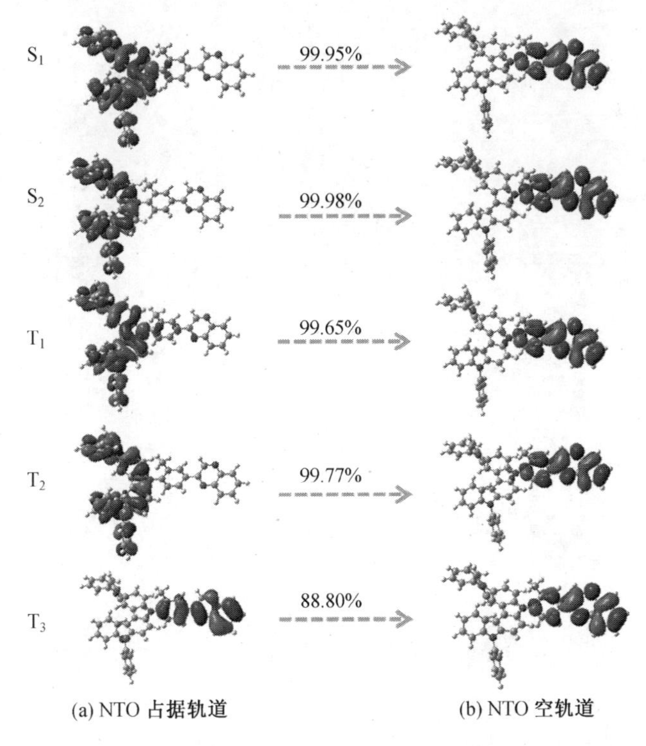

图 S4 分子 3 在 S_1，S_2，T_1，T_2和 T_3态的自然跃迁轨道

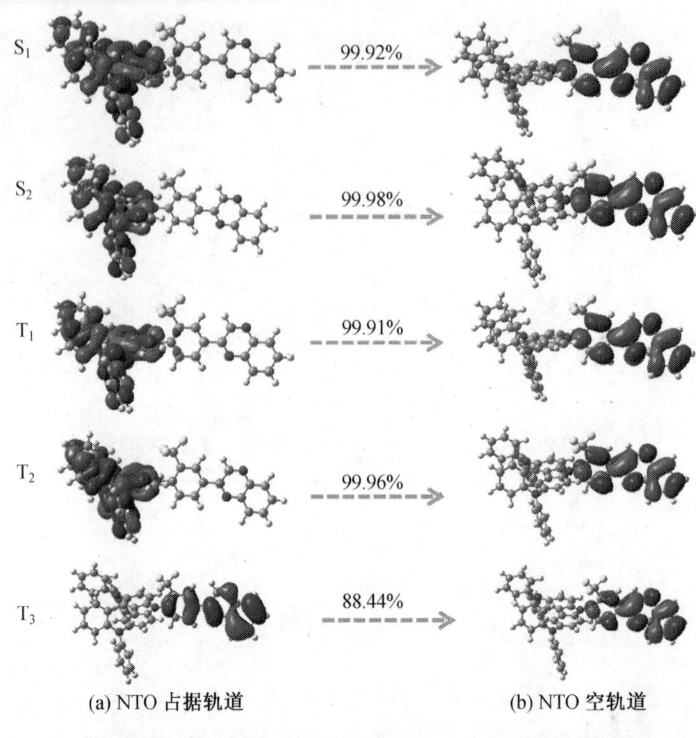

图 S5　分子 4 在 S_1，S_2，T_1，T_2 和 T_3 态的自然跃迁轨道

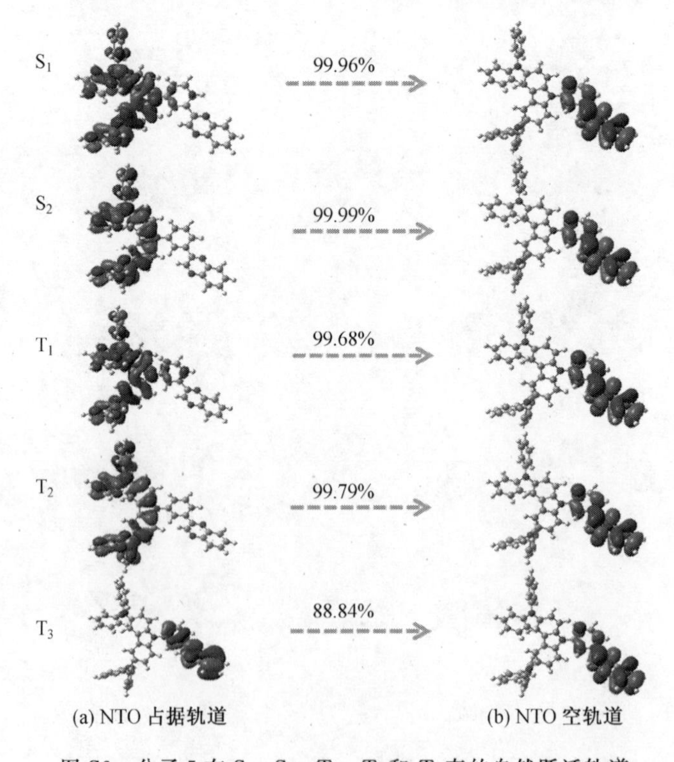

图 S6　分子 5 在 S_1，S_2，T_1，T_2 和 T_3 态的自然跃迁轨道

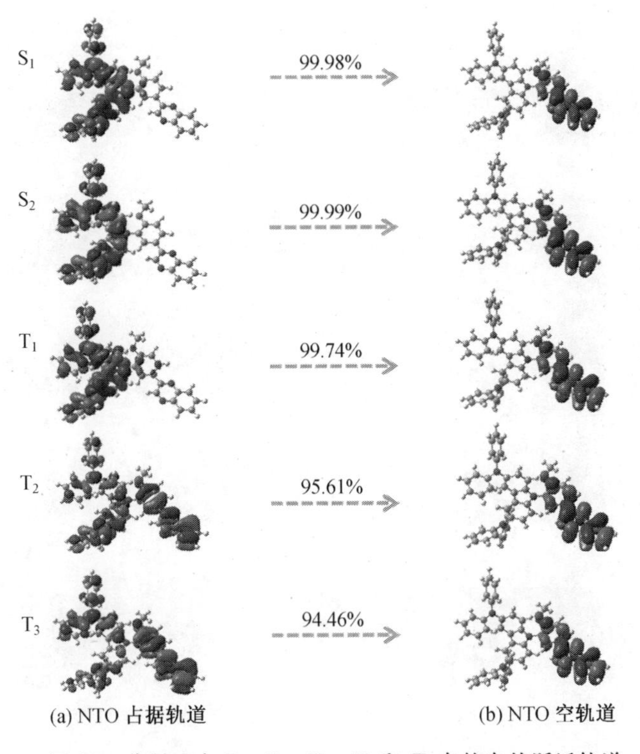

图 S7 分子 6 在 S_1，S_2，T_1，T_2和 T_3态的自然跃迁轨道

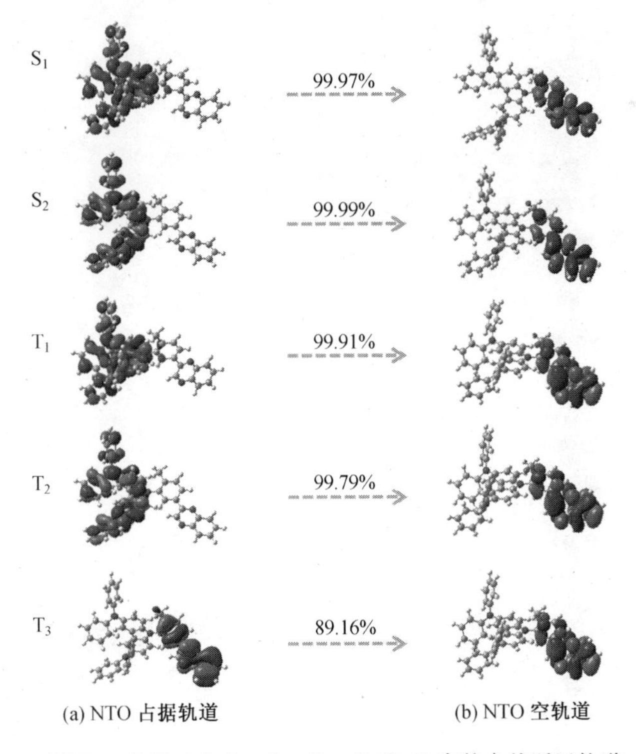

图 S8 分子 7 在 S_1，S_2，T_1，T_2和 T_3态的自然跃迁轨道

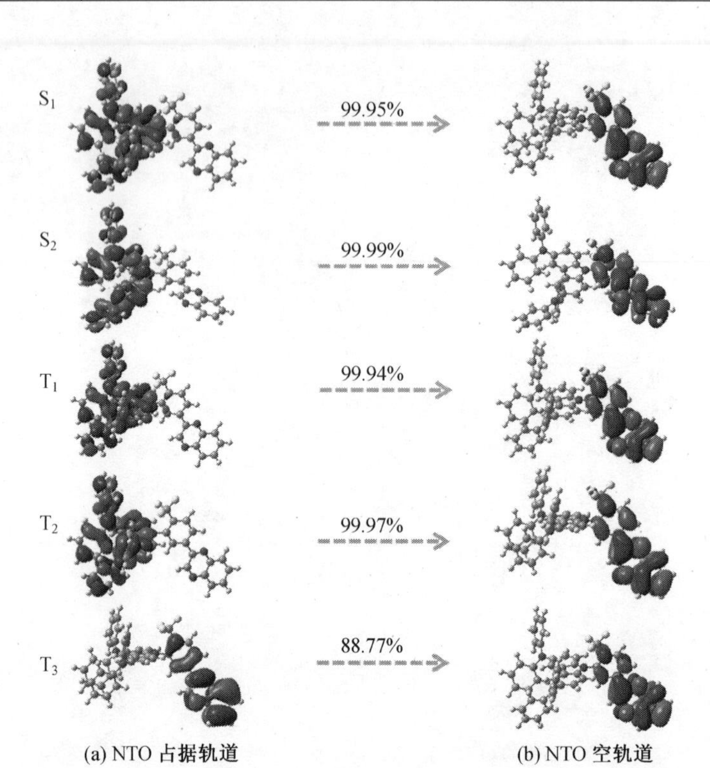

图 S9 分子 8 在 S_1，S_2，T_1，T_2 和 T_3 态的自然跃迁轨道

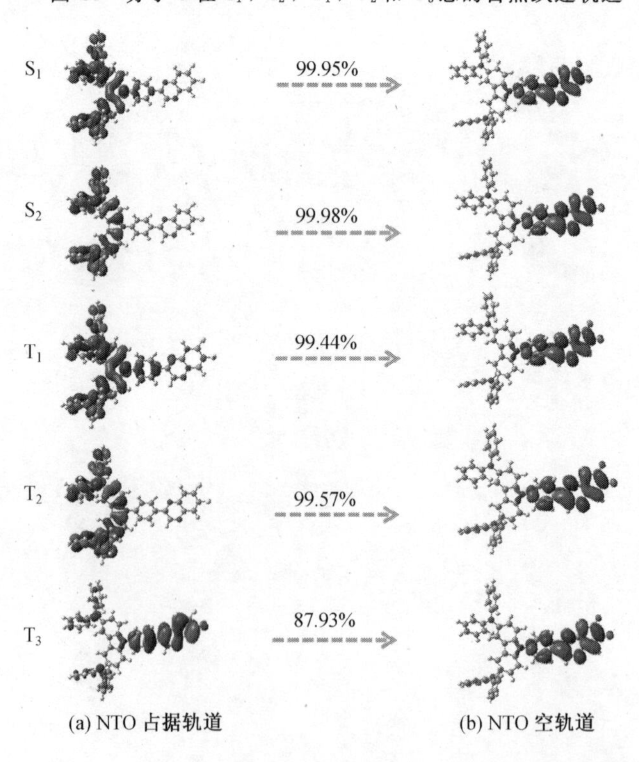

图 S10 分子 9 在 S_1，S_2，T_1，T_2 和 T_3 态的自然跃迁轨道

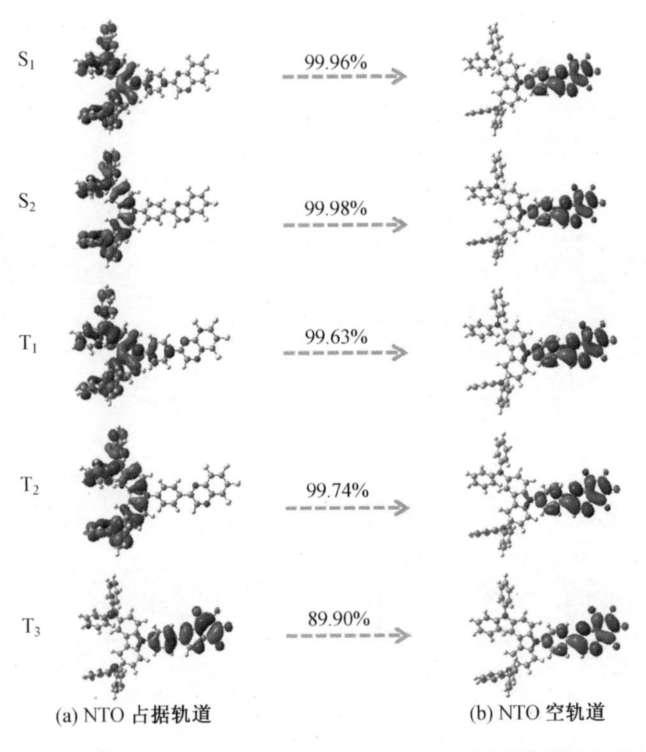

图 S11 分子 10 在 S_1，S_2，T_1，T_2 和 T_3 态的自然跃迁轨道

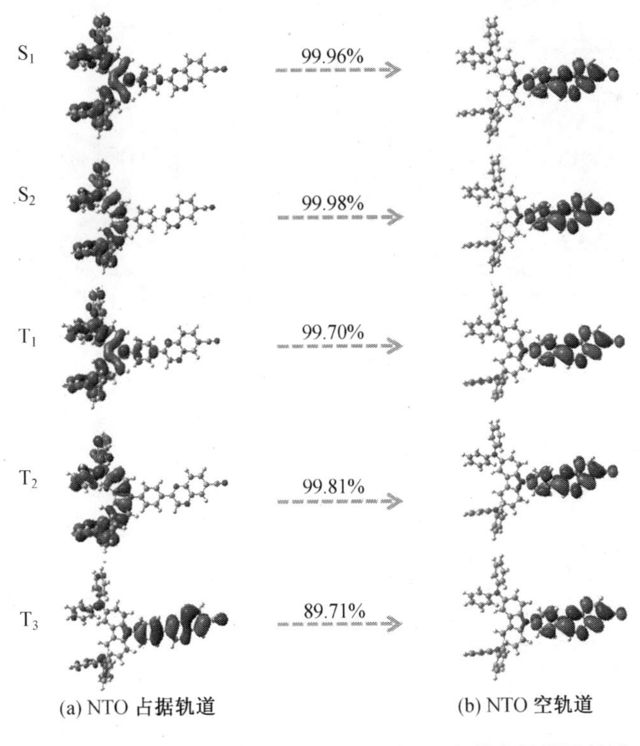

图 S12 分子 11 在 S_1，S_2，T_1，T_2 和 T_3 态的自然跃迁轨道

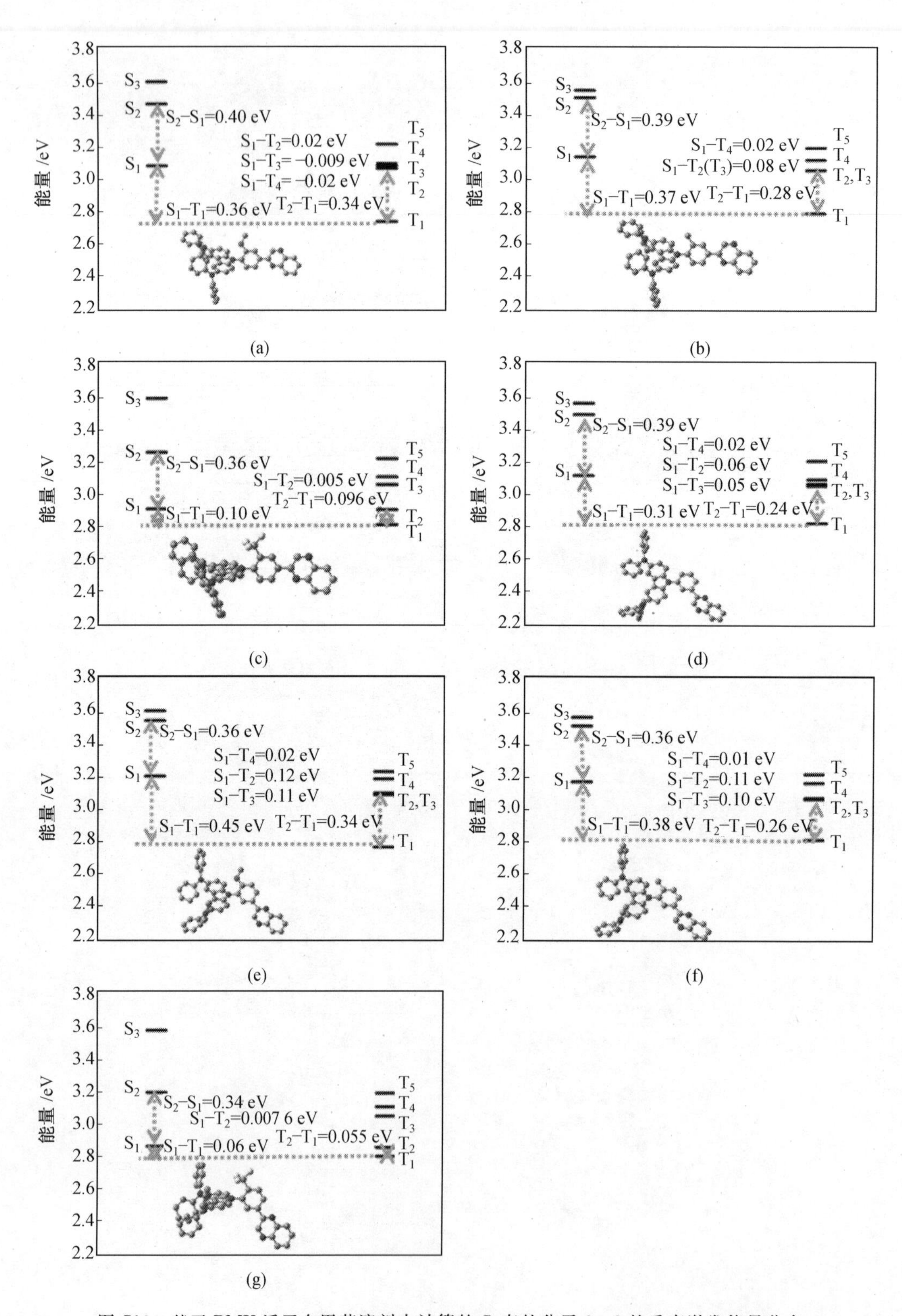

图 S13 基于 BMK 泛函在甲苯溶剂中计算的 S_0 态的分子 2～8 的垂直激发能量分布